운전면허학과시험 컴퓨터수험요령

Section 01 학과시험 개요

01 시험방법

① 접수 후 빈자리가 있을 경우 즉시 응시가 가능하며, 컴퓨터에 익숙하지 않은 사람도 응시가 가능하다.
② PC를 이용한 학과시험은 컴퓨터의 모니터 화면을 통해 문제를 보고 마우스로 정답을 클릭(또는 손가락으로 터치)하는 방식으로 시험을 치르며 컴퓨터 수성 싸인펜이 필요없으므로 기존 중의 시험과 달리 정답을 수정하는데 제한이 없다.

2. 시험내용

① 문장형 문제는 40문제(21문제) : 운전면허의 취득, 자동차의 점검 및 관리 등, 자동차를 운전하기 전의 마음가짐, 방규준수, 자동차의 안전한 운전, 특별한 상황에서의 운전, 고속도로에서의 운전, 교통사고 발생시 조치, 운전에 따른 범죄 책임, 자전거, 환경친화적 자동차
② 안전표지 문제(4문제) : 교통신호, 자전거
③ 사진형 문제(6문제) : 시내도로(일부·주택지역), 교외일반도로(일반지역), 자동차전용도로(6문제) : 날씨, 기상(가상 및 야간), 인명보호(도로환경), 자전거
④ 일러스트형 문제(8문제) : 사진형 문제 형태의 동일
⑤ 동영상형 문제(1문제) : 사진형 문제 형태와 동일

3. 주의사항

① 학과시험은 40문자간 실시하며 시험시간 경과시 자동 종료된다.
② 종료 버튼을 클릭하면 바로 합격, 불합격 판정이 되므로 종료 버튼을 신중하게 클릭한다.

4. 합격기준 및 결과발표

시험종료 버튼과 동시에 컴퓨터에서 채점되어 점수를 확인할 수 있다. 확인 후 시험관에게 응시표를 제출하여 합격, 불합격 결과를 확인한다.

※ 학과합격시 합격일로부터 1년 이내 기능시험에 합격해야 한다(1년 이내 기능시험 불합격 시 신규 접수해야 함)
다(1종 : 70점 이상, 2종 : 60점 이상일 때 합격)

Section 02 컴퓨터수험방법

01 수험방법

시험장에 입장하면 응시표와 신분증을 시험감독관에게 제출하고 좌석을 지정받은 후 해당 좌석의 앞에 있는 컴퓨터의 전원을 켜고, 모니터 화면에 '컴퓨터 학과시험 안내'의 [시작] 버튼을 누른다.

컴퓨터 학과시험 안내

02
메인 화면에서 [수험번호입력] 버튼을 누릅니다.

03
① 수험번호를 입력할 공란을 클릭한 후 ② [번호] 버튼을 클릭하여 수험 표의 수험번호를 입력합니다. ③ 그리고 [시험시작] 버튼을 누릅니다.

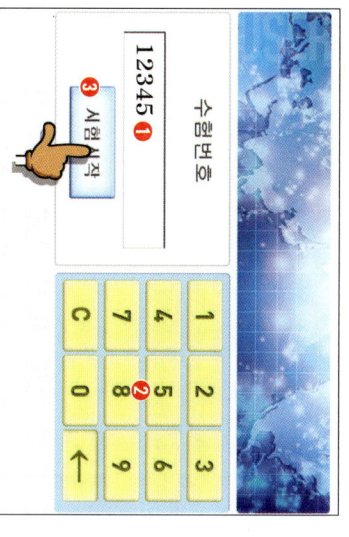

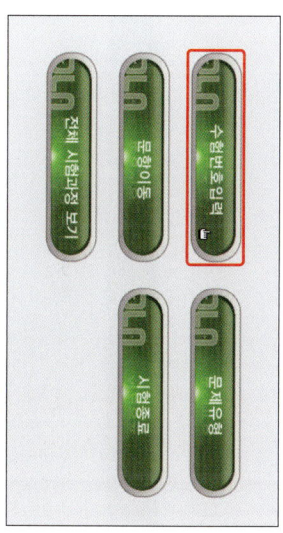

화면상단에 문의의 수험 번호, 응시자 성명 및 응시 종목이 올바르게 입력되었는지 확인합니다.

04
메인 화면에서 [문제유형] 버튼을 클릭하면 문제유형 화면에 나타납니다.

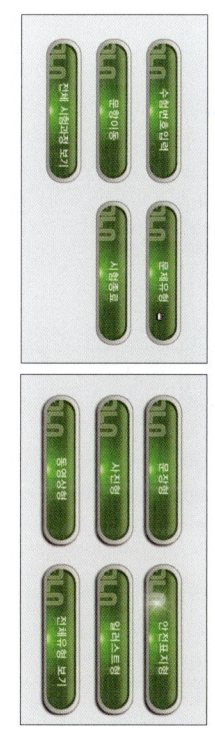

운전면허학과시험 문제은행

05
매일 화면에서 [문장형] 버튼을 클릭하면 아래 그림처럼 '문제유형-4지1답 형'으로 시작됩니다. 각 문항에 대한 답을 선택하면 다음과 같습니다.

① 화면상의 문제보기를 직접 클릭하거나 ② 화면 하단에 답을 선택하면 문제에 대한 답을 선택합니다. ■ 버튼을 클릭(또는 터치)합니다. 그러면 선택된 보기가 붉은 색으로 변합니다.

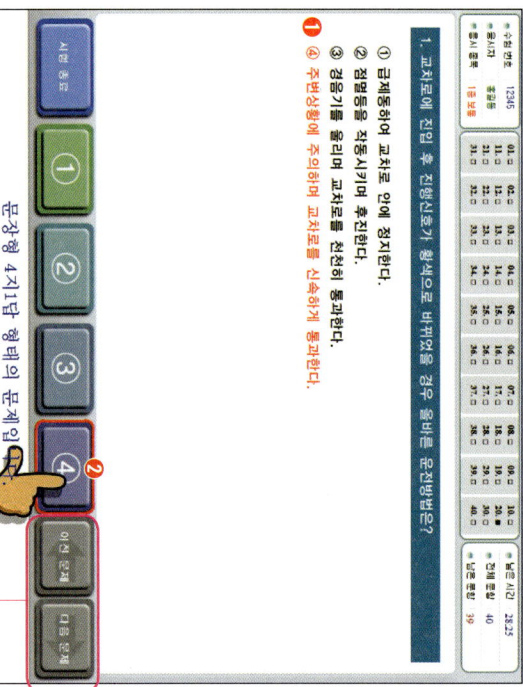

① 급제동하여 교차로 앞에 정지한다.
② 경음기를 작동시키며 후진한다.
③ 경음기를 울리며 교차로를 천천히 통과한다.
④ 주변상황에 주의하며 교차로를 신속하게 통과한다.

답을 선택한 후 다음 문제로 넘어가려면 우측 하단에 위치한 [다음 문제] 버튼을, 이전 문제로 넘어가려면 [이전 문제] 버튼을 클릭합니다.

06
'문장형-4지1답형' 문제에 답을 표기한 후 다음 '문장형-4지2답형', '사진형-4지1답형', '사진형-4지2답형', '일러스트형-5지2답형', '일러스트형-4지2답형', '동영상형-4지1답형'의 각각의 문제에 답을 표기합니다.

답을 선택한 후 다른 답으로 변경하고자 할 경우 다시 원하는 답으로 클릭하면 됩니다.

답을 표기한 후 [다음 문제] 버튼을 클릭하면 답으로 선택된 자동으로 도 지정된 후 다음 문제로 넘어갑니다.

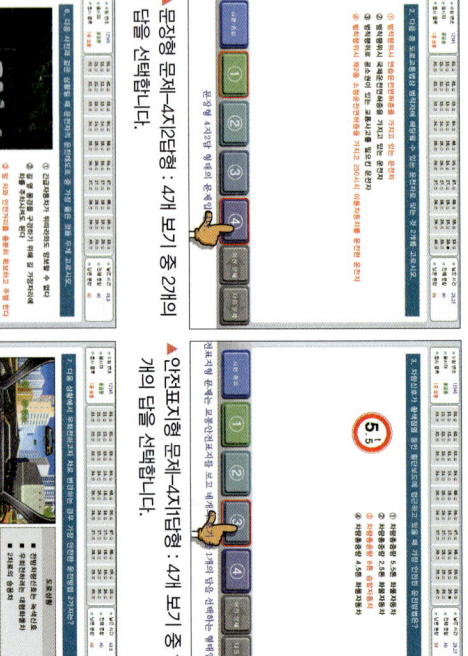

문장형 문제-4지1답형 : 4개 보기 중 1개의 답을 선택합니다.

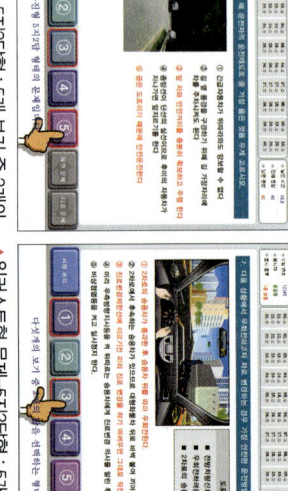

문장형 문제-4지2답형 : 4개 보기 중 2개의 답을 선택합니다.

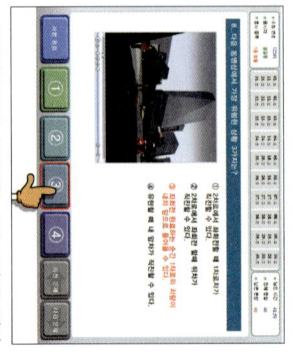

사진형 문제-4지1답형 : 4개 보기 중 1개의 답을 선택합니다.

사진형 문제-4지2답형 : 5개 보기 중 2개의 답을 선택합니다.

안전표지형 문제-4지1답형 : 4개 보기 중 1개의 답을 선택합니다.

일러스트형 문제-5지2답형 : 5개 보기 중 2개의 답을 선택합니다.

동영상형 문제-4지1답형 : 4개 보기 중 1개의 답을 선택합니다.

07
각 문항에 해당되는 답을 표기하면 상단 답안지의 각 답란이 답 예시로 답이 표기된 것을 볼 수 있습니다. 만약 답을 표기한 문항에는 ① 가 나타나고 표기하지 않은 문항에는 ② 이 표기되며, 주관식 답안의 신속히 문항에는 ○ 표기가 나타나지 않은 문제로 이동됩니다. ❸ 해당 답란을 클릭하면 지 표기된 문항이 있으면 해당 문제로 이동됩니다.

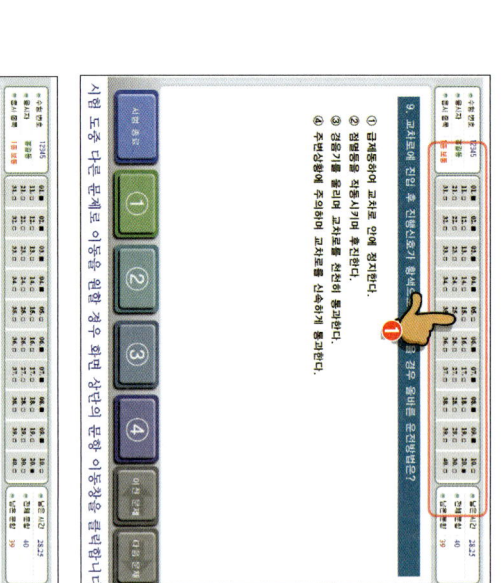

9. 교차로에 진입 후 전방신호기 황색으로 변경된 경우 올바른 운전방법은?
① 급제동하여 교차로 앞에 정지한다.
② 경음기를 작동시키며 후진한다.
③ 경음기를 울리며 교차로를 천천히 통과한다.
④ 주변상황에 주의하며 교차로를 신속하게 통과한다.

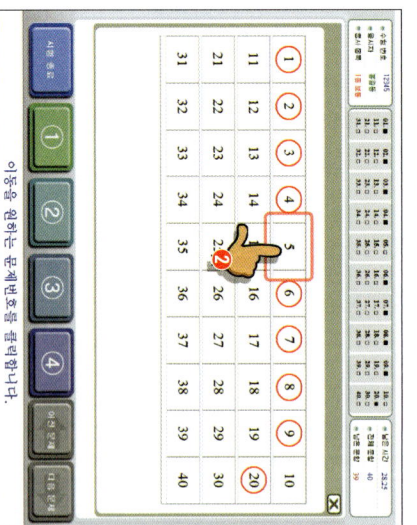

이동은 문제번호로 해야 합니다.

5. ① ③

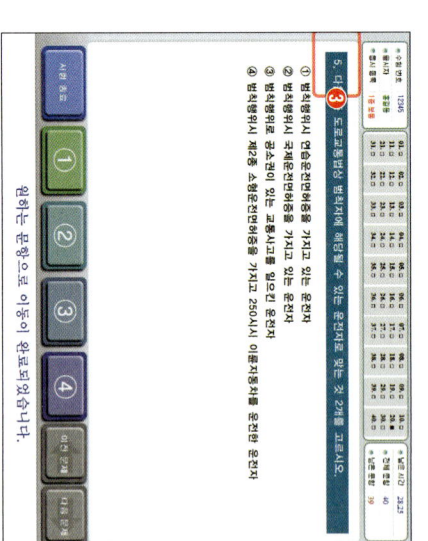

맞는 것 2개를 고르시오.

답을 선택하지 않은 문제를 이동하려면 그림과 같이 우측 상단에 '남은 문항'에 숫자가 표기되므로 풀고 바 를 누르기 전에 남은 문항수가 '0'으로 되어있는지 확인합니다. 또한 남은 시간을 수시로 확인하여 시간 배분을 잘 해야 합니다.

08
모든 문제에 답을 표기하고 시험을 종료하려면 그림과 같이 ① 좌측 하단의 [시험 종료] 버튼을 클릭합니다. ② 우측 그림과 같이 나타난 경고창에서 [시험 종료] 버튼을 클릭합니다. ③ 그러면 자동으로 합격, 불합격 여부를 확인할 수 있으며, 응시원서에 체출하여 합격, 불합격 대로를 도장을 받습니다.

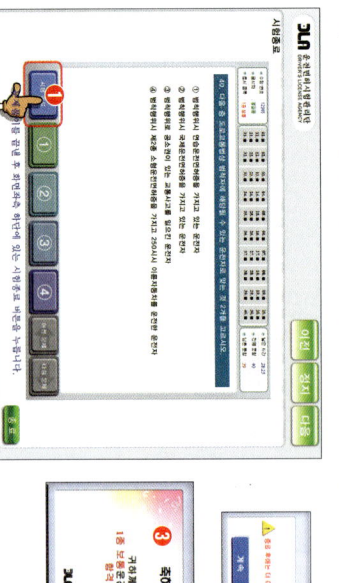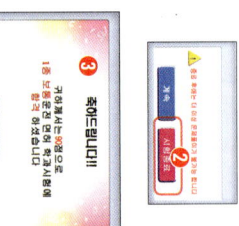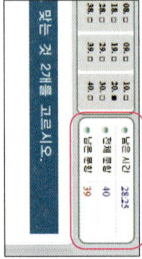

Section 02 자동차운전면허 시험안내

01 운전면허 응시 자격

1. 운전면허 종류별 운전할 수 있는 차량

운전면허 구분			운전할 수 있는 차량
종별			
제1종	대형면허		① 승용자동차, 승합자동차, 화물자동차 ② 건설기계 - 덤프트럭, 아스팔트살포기, 노상안정기 - 콘크리트믹서트럭, 콘크리트펌프, 천공기(트럭적재식) - 콘크리트믹서트레일러, 아스팔트콘크리트재생기 - 도로보수트럭, 3톤 미만의 지게차 ③ 특수자동차(트레일러, 레커는 제외) ④ 원동기장치자전거
	보통면허		① 승용자동차 ② 승차정원 15인 이하의 승합자동차 ③ 적재중량 12톤 미만의 화물자동차 ④ 건설기계(도로를 운행하는 3톤 미만의 지게차에 한함) ⑤ 총중량 10톤 미만의 특수자동차(트레일러 및 레커는 제외) ⑥ 원동기장치자전거(배기량 125cc 제외)
	소형면허		① 3륜화물자동차, ② 3륜승용자동차, ③ 원동기장치자전거
	특수면허	대형견인차	① 견인형 특수자동차 ② 제2종 보통면허로 운전할 수 있는 차량
		소형견인차	① 총중량 3.5톤 이하의 견인형 특수자동차 ② 제2종 보통면허로 운전할 수 있는 차량
		구난차	① 구난형 특수자동차 ② 제2종 보통면허로 운전할 수 있는 차량
제2종	보통면허		① 승용자동차(승차정원 10인 이하 승합자동차 포함) ② 적재중량 4톤 이하의 화물자동차 ③ 총중량 3.5톤 이하의 특수자동차(트레일러 및 레커 제외) ④ 원동기장치자전거
	소형면허		① 이륜자동차(125cc 초과), ② 원동기장치자전거
	원동기장치자전거면허		원동기장치자전거

참고 | 적재중량 3톤 이하 또는 총중량 3.5톤 이하의 화물자동차 및 건설기계(3톤 미만의 지게차에 한함)는 제1종 보통면허가 있어야 운전할 수 있고, 적재중량 3톤 초과 또는 총중량 3.5톤 초과의 화물자동차, 특수자동차(트레일러 및 레커는 제외), 건설기계(definition)는 제1종 대형면허가 있어야 운전할 수 있다.

참고 | 피견인자동차는 제1종 대형면허, 제1종 보통면허 또는 제2종 보통면허를 가지고 있는 사람이 그 면허로 운전할 수 있는 자동차(단, 총중량 750kg을 초과하는 피견인자동차를 견인하려면 견인하는 자동차를 운전할 수 있는 면허 외에 제1종 특수면허를 소지해야 함)

2. 운전면허 시험자격·결격·면제

(1) 운전면허 시험자격

연허종류	자격
1종대형, 1종특수면허	만 19세 이상으로 1·2종 보통면허 취득 후 1년 이상
1·2종 보통, 2종소형	만 18세 이상
1·2종 원동기장치 자전거면허	만 16세 이상

(2) 운전면허 응시결격(응시 불가능) 사유 -1

① 만 18세 미만인 사람(원동기장치자전거는 만 16세 미만)
② 정신미약자, 정신질환자, 간질환자
③ 듣지 못하는 사람(제1종 대형·특수 운전면허에 한함), 앞을 보지 못하는 사람, 그밖에 대통령령이 정하는 신체 장애인
④ 앞을 보지 못하는 사람(한쪽 눈만 보지 못하는 사람의 경우에는 제1종 운전면허 중 대형·특수 운전면허에 한함) 듀가

(3) 운전면허 응시결격(응시 불가능) 사유 -2

다음에 해당하는 사람은 규정된 기간이 지나지 않으면 운전면허 시험에 응시할 수 없다.

① 무면허 운전금지 등의 규정을 위반하여 자동차를 운전한 경우에는 그 위반한 날부터 호효정지기간 중 운전하여 취소된 경우에는 위반한 날부터 1년(원동기장치자전거 면허: 6월) 이내(단, 사람을 사상한 후 사고발생 시의 조치 및 신고를 하지 않은 경우: 운전면허 취소된 날부터 5년 이내)

② 주취 중 운전금지 또는 과로한 때의 규정에 위반하여 운전을 하다가 사람을 사상한 후 사고발생 시의 조치 및 신고를 하지 아니한 경우에는 운전면허가 취소된 날부터 5년 이내

③ 무면허, 주취 중 운전금지, 과로한 때의 운전금지 이외의 사유로 사상한 후 사고발생 시의 조치 및 신고규정에 의한 필요한 조치 및 신고를 하지 않은 경우: 운전면허가 취소된 날부터 4년 이내

④ 주취 중 운전금지 규정에 위반하여 운전을 하거나 동규정에 의한 음주측정 불응하여 운전면허가 취소된 경우에는 운전면허가 취소된 날부터 3년 이상 자동차 이용범죄 또는 자동차를 훔치거나 빼앗은 자가 무면허로 운전한 경우에는 그 위반한 날로부터 3년 이내

⑤ ①~④에 정한 사유 이외의 사유로 운전면허가 취소된 경우에는 운전면허가 취소된 날부터 1년 이내인 경우(원동기장치자전거 면허를 받고자 하는 경우에는 6월로 하되, 적성검사를 받지 않고 운전면허가 취소된 경우나 제1종 운전면허를 받은 사람이 적성검사에 불합격되어 다시 제2종 운전면허를 받고자 하는 경우에는 예외)

⑥ 운전면허효력의 정지처분을 받고 있는 경우에는 그 정지기간

(4) 운전면허 응시제한

운전면허의 행정처분 또는 기타 도로교통법을 위반한 행위로 인하여 일정기간 응시하지 못하게 하는 제도이다.

제한기간	사유
바로 면허시험에 응시가능한 경우	• 적성검사 또는 면허경신 미필자 • 2종에 응시하는 1종 적성검사 불합격자
6개월 제한	• 원동기장치자전거 취득하고자 하는 자(단순음주, 단순무면허인 경우)
1년 제한	• 무면허운전 자동차 이용 범죄 • 공동위험행위로 면허 취소되고 2회 위반한 경우 • 단순음주 방법으로 운전면허가 취소된 자 • 다른 사람이 부정한 수단으로 면허 취득한 자
2년 제한	• 3회 이상 무면허 운전 • 공동위험행위 운전면허 취소 • 부정한 방법으로 면허를 2회 이상 취득한 자 • 운전면허 허위·부정발급 • 음주운전, 측정불응 2회 이상한 자
3년 제한	• 음주운전 3회 이상 교통사고 낸 자 • 자동차 이용 범죄, 자동차 강·절취한 후 무면허로 운전한 자
4년 제한	• 5년 제한 이외의 사유로 사상사고 야기 후 도주
5년 제한	• 무면허, 음주운전, 약물복용, 과로운전, 공동위험행위 중 사상사고 야기 후 필요한 구호조치를 하지 않고 도주

참고 | 결격기간이 없는 경우 : 면허증 갱신기간을 경과하여 면허효력이 실효된 자

02 응시절차

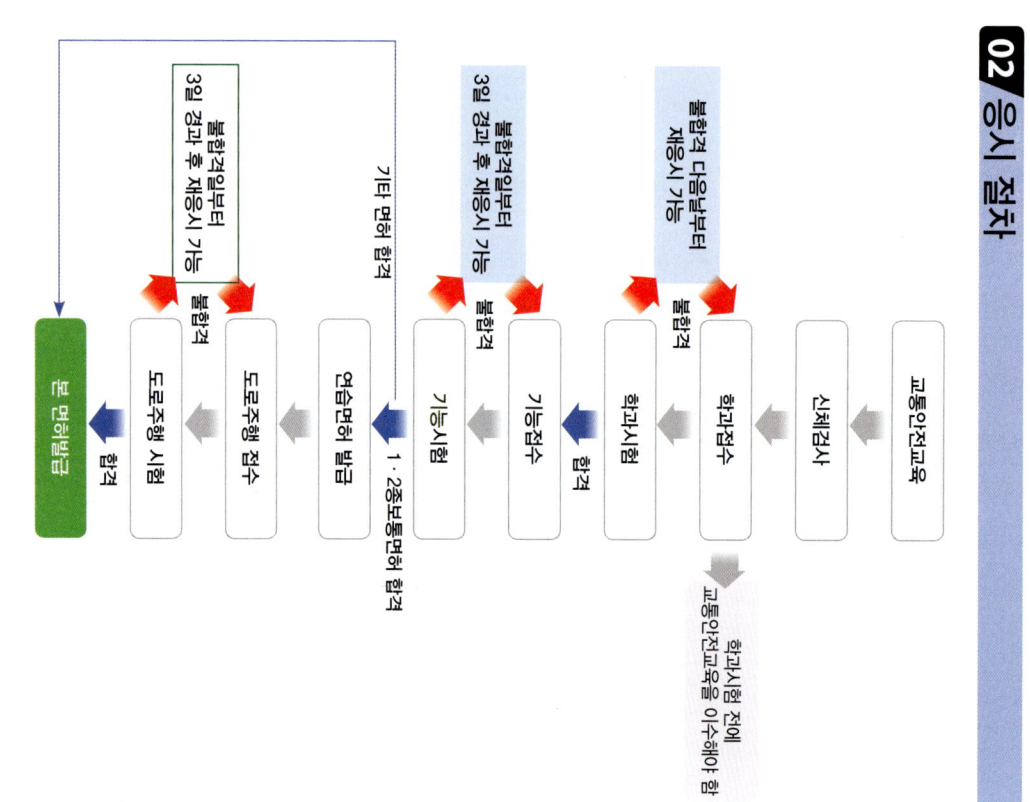

1. 응시원서 접수

① 원서작성 : 운전면허시험장 경찰서에서 응시원서를 교부받아 기재
 (음주기장자전거면허는 관할경찰서에서 신청 가능)

② 구비서류 : 반명함판 컬러사진 3매, 신분증, 응시수수료(10,000원)
 ※ 운전면허시험장은 '신체검사'를 경찰서 내에서 검사를 받고 와야 함, 경찰서는 운전면허시험장의 신체검사실이 없으므로 병원에서 검사를 받고 와야 함

③ 전국 운전면허시험장 평일 09:00~17:00 응시접수 가능(토요휴무제), 청각장애인 확대시험은 16:30분까지 접수), PC학과시험은 당일 응시하므로 별도로 예약을 필요가 없음

기타 면허 합격: 1·2종보통면허 합격

2. 적성검사(신체검사)

① 운전면허시험장의 신체검사장이나 지정된 적성검사 병원에서 신체검사를 받아야 함(적성검사는 운전면허시험장 접수시 제출), 대체로 장·단기, 응시원서는 당일 운전면허시험장의 신체검사에서 검사를 받고 와야함, 신체장애가 있는 사람은 운전면허시험장에 설치된 '운동능력평가기기'의 측정에 의해 차량을 조작할 수 있는 경우 응시할 수 있으며, 한쪽 눈에 장애가 있으나 다른 쪽 눈의 시력이 0.8 이상이고, 수평시야가 120°이상, 수직시야가 20°이상, 중심시야 20°내 암점과 반맹이 없어야 한다.

※ 적성검사(신체검사) 기준

항목	제종 운전면허	제2종 운전면허
시력	• 두 눈을 동시에 뜨고 잰 시력이 0.80이상이고 각각 0.5 이상 • 한쪽 눈을 보지 못하는 자는 다른 쪽 눈의 시력이 0.8, 수평시야 120°이상, 수직시야 20°이상, 중심시야 20°내 암점과 반맹이 없어야 한	• 두 눈을 동시에 뜨고 잰 시력이 0.5 이상 • 한쪽 눈을 보지 못하는 자는 다른 쪽 눈의 시력이 0.6 이상
색맹	• 적색, 녹색, 황색의 색체 식별 가능	
청력	• 1종 대형, 특수 운전면허에 한하여 55데시벨의 소리를 들을 수 있을 것(보청기 사용자 40데시벨)	
신체 상태	• 조향장치 그 밖의 장치를 조정할 수 있는 등 정상운전이 가능한 자 • 보조수단 사용자는 운동능력 평가기기 측정 결과 정상운전이 가능한 자	

3. 교통안전교육

학과시험 응시전에 반드시 교통안전교육을 이수해야 한다. 시험 시, 도로주행 검정 시 하는 교육과는 달리 교육기관에서 시청각 교육을 1시간 받아야 한다(단, 자동차운전전문학원의 경우 학과교육수료로 대체된다).

	교통안전교육	취소자안전교육
교육대상	운전면허를 취득하고자 하는 사람	중대사고자, 음주 재취득하려면 면허취소 사람
교육시간	학과시험 접수 전까지 1시간	학과시험 접수 전까지 6시간
교육장소	시험장 내 교육장이나 교육장에서 교육 가능	도로교통공단 지정장소에서 교육 가능
교육내용	시청각 교육	시청각, 분임토의, 음주체험
준비물	신분증(수수료 무료)	신분증, 수수료

4. 학과시험 및 합격기준

컴퓨터를 이용한 학과시험(CBT)을 전면적으로 실시한다. 자세한 내용은 '운전면허학과시험 컴퓨터수험요령(1페이지)'을 참조한다.

항목	내용
채점항목	• 주행거리 300m 이상 • 자동차준수 조작 • 차로준수 • 경사로 • 직각주차 • 신호교차로 • 전진(기어구간)
합격기준	• 100점 만점 기준 감점방식으로 전자채점 • 컴퓨터 채점기에 의하여 감점방식으로 채점 • 1종대형 및 1·2종 보통 : 80점 이상 • 1종특수, 2종소형, 원동기 : 90점 이상
채점방식	• 검정이 시작될 때부터 종료될 때까지 좌석안전띠를 착용하지 아니한 때 • 시험 중 안전사고를 일으키거나 차의 바퀴가 하나라도 연석선 접촉한 때 • 각 시험코스를 어느 하나라도 시도하지 않거나 이행하지 않은 때 (예: 경사로에서 정차하지 않고, 직각주차에서 진입해서 30초를 초과하여 통과하지 못한 경우) • 시험관의 지시나 통제를 따르지 않거나 음주, 과로 또는 마약·대마 등 약물의 영향이나 휴대전화 사용 등 정상적인 시험 진행이 어려운 때 • 특별한 사유 없이 교차로 내에서 30초 이상 이내 출발하지 못한 때 • 신호교차로 통과 기준에 미달한 때
실격기준	
기타	• 평가시험 합격자로부터 1일이내에 기능시험에 합격되지 못한 연습운전면허를 발급받아야 한다. (응시일부터 유효하며 최초의 평가시험) • 기능시험 불합격자는 불합격한 날부터 3일 경과 후에 재응시 가능

참고 최초 1종보통, 2종보통 기능시험 전에 기능의무교육 3시간을 이수해야 한다.

6. 도로주행연습

① 장내기능시험에 합격한 응시자에게는 연습운전면허를 교부하여 주거나, 또한 운전면허시험장에서 응시하는 교부하여 주며 연습운전면허증은 1년이고, 정식 운전면허를 취득한 후 그 효력이 상실된다.

② 연습운전면허 소지자는 자동차운전전문학원이나 운전면허시험장에서 도로주행연습을 하거나, 도로주행시험에 표기된 지정된 도로(시·군별 2개) 경과된 도로주행 연습을 할 때에는 운전면허를 받은 지 2년이 경과된 사람과 함께 승차하여 그의 지도를 받고, 주행연습 중 운전면허를 표지판 부착한다.

항목	운전할 수 있는 차량
제1종 보통	① 승용자동차 ② 승차정원 15인 이하의 승합자동차 ③ 적재중량 12톤미만의 화물자동차
제2종 보통	① 승용자동차 ② 승차정원 10인 이하의 승합자동차 ③ 적재중량 4톤 이하의 화물자동차

7. 도로주행시험

① 도로주행시험은 제2종 보통면허를 취득하고자 하는 사람에 대해서만 실시한다.
② 도로주행시험은 기능시험에 합격한 사람이 응시지역의 실제 도로상의 운전능력을 측정한다.
③ 총 연장거리 5km 이상인 4개 코스 중 추첨을 통한 1개 코스 선택하며, 내비게이션 길 안내도 100점 중 제1, 2종 모두 70점 이상 득점 시 합격기준 : 총 배점 100점 중 제1, 2종 모두 70점 이상 득점 시 합격한다.
④ 합격기준 : 총 배점 100점 중 제1, 2종 모두 70점 이상 득점 시 합격한다.
⑤ 도로주행시험에 불합격한 사람은 불합격한 날부터 3일 이상 경과해야 재응시할 수 있다.
⑥ 도로주행시험 결과에 응시자 본인이 도로주행시험장소에서 실시한다.(응시자가 수험장소가 선택 가능)
⑦ 도로주행시험 항목

항목	내용
시험항목	긴급자동차 양보, 어린이보호구역, 지정속도 위반 등 안전운전에 필요한 57개 항목을 평가
합격기준	• 70점 이상 • 시험관이 채점표에 의하여 감점방식으로 채점
실격기준	• 3회 이상 "출발 불능", "클러치 조작 불량으로 "급조작·급출발" 또는 그 밖의 사유로 운전능력이 현저하게 부족한 것으로 인정할 수 있는 경우 • 안전거리 미확보나 경사로에서 뒤로 1미터 이상 밀리는 현상 등 운전능력 부족으로 교통사고를 일으킬 위험이 현저한 경우 또는 교통사고를 야기한 경우 • 음주, 과로, 마약, 대마 등 약물의 영향 및 휴대전화 사용 등으로 정상적 운전이 곤란한 상태에서 운전한 경우 • 어린이보호구역, 노인 및 장애인 보호구역에 지정되어 있는 최고속도를 20km/h 초과한 경우 • 법령에 따른 안전띠 또는 안전모를 착용하지 않은 경우 • 신호 또는 지시에 따르지 않은 경우 • 보행자 보호의무 등을 소홀히 한 경우 • 어린이통학버스의 특별보호의무를 위반한 경우 • 긴급자동차의 우선 통행 시 진로를 양보하지 않거나 일시정지하지 않은 경우 • 실격사유로 지정된 위반행위를 한 경우 또는 지시에 미달한 경우
기타	• 도로주행시험 응시 후 합격(불합격) 여부 판정 기준에 부합하여야 합격할 수 있음 • 도로주행시험에 불합격한 사람은 불합격한 날로부터 3일 경과 후에 재응시할 수 있다.

03 운전면허증의 교부·갱신·반납

1. 운전면허증의 교부

① 발급 대상 : 연습면허 취득 후 도로주행시험(운전전문학원 졸업자는 도로주행검정)에 합격한 자
② 시·도경찰청장은 운전면허시험 합격자에 대하여 운전면허증을 교부
③ 운전면허의 효력은 운전면허증을 발부받은 때부터 발생
④ 운전면허증 분실 시 훼손 : 시·도경찰청에게 신청하여 재교부

2. 적성검사 및 면허증 갱신

(1) 제1종 운전면허
① 2011. 12. 9 이후 면허취득자 적성검사자는 10년 주기 1년 기간
② 2011. 12. 8 이전 면허취득자 적성검사자는 7년 주기 6개월 기간
(면허증 상 표기된 기간)

(2) 제2종 운전면허
① 2011. 12. 9 이후인 면허취득자 면허갱신자는 10년 주기 1년 기간
② 2011. 12. 8 이전 면허취득자 면허갱신자는 9년 주기 6개월 기간
(면허증 상 표기된 기간)

참고
• 납부 기간 신청 : 시험합격 또는 갱신받은 날부터 10일이 되는 날이 속하는 1월 1일 ~ 12월 31일
• 수시적성검사 : 정신병, 간질병, 마약, 알코올 중독, 신체장애 등 상당한 이유가 있을 때 실시
• 정기적성검사 : 법 규정에 의한 적성검사를 받지 않은 자
• 2011. 12. 9. 이후 70세 이상 제1, 2종 상관없이 5년 주기
• 2011. 12. 9. 이후 75세 이상 소지자도 연령별에 의한 작성검사 의무
• 2019.01.01 이후 75세 이상 1종·2종 상관없이 3년 주기

3. 운전면허증의 반납

(1) 운전면허증의 반납 사유
① 운전면허 취소의 처분을 받은 때
② 운전면허증 효력 정지의 처분을 받은 때
③ 운전면허증을 잃어버리고 다시 교부받은 때(잃은 면허증 찾은 때)
④ 연습운전면허증을 받은 사람이 제1종 보통면허 또는 제2종 보통면허증을 받은 때

(2) 반납 기간 및 반납장소
• 반납 기간 : 그 사유가 발생한 날부터 7일 이내에 주소지를 관할하는 시·도경찰청
• 반납장소 : 시·도경찰청장

참고 | 시험장별 기능하는 시험 종류

시험장	1·2종보통	대형	소형	대형견인	구난	소형견인	연습기	다른 원동기
강남	✓	×	×	×	×	×	✓	✓
서부	✓	×	×	×	×	×	✓	✓
도봉	✓	×	×	×	×	×	✓	✓
강서	✓	✓	✓	✓	✓	✓	✓	✓
부산남부	✓	×	×	×	×	×	✓	✓
부산북부	✓	✓	✓	✓	✓	✓	✓	✓
대구	✓	×	×	×	×	×	✓	✓
인천	✓	×	×	×	×	×	✓	✓
울산	✓	×	×	×	×	×	✓	✓
경남	✓	✓	✓	✓	✓	✓	✓	✓
춘천	✓	×	×	×	×	×	✓	✓
강릉	✓	×	×	×	×	×	✓	✓
원주	✓	×	×	×	×	×	✓	✓
용인	✓	✓	✓	✓	✓	✓	✓	✓
안산	✓	×	×	×	×	×	✓	✓
의정부	✓	×	×	×	×	×	✓	✓
청주	✓	×	×	×	×	×	✓	✓
충주	✓	×	×	×	×	×	✓	✓
대전	✓	×	×	×	×	×	✓	✓
예산	✓	✓	✓	✓	✓	✓	✓	✓
전북	✓	×	×	×	×	×	✓	✓
전남	✓	×	×	×	×	×	✓	✓
광주	✓	×	×	×	×	×	✓	✓
문경	✓	✓	✓	✓	✓	✓	✓	✓
태백	✓	×	×	×	×	×	✓	✓
포항	✓	×	×	×	×	×	✓	✓
마산	✓	×	×	×	×	×	✓	✓
제주	✓	×	×	×	×	×	✓	✓

Section 03 운전관련 용어 정의

01 도로교통법의 목적

도로에서 일어나는 교통상의 모든 위험과 장해를 방지하고 제거하여 안전하고 원활한 교통을 확보하는 데에 목적이 있다.

참고 | 도로교통의 3대 요소 : 사람(보행자, 운전자), 도로환경, 자동차

02 용어의 정의

1. 도로

① '도로법'에 의한 도로 : 고속국도, 일반국도, 특별시도/광역시도, 지방도, 시도, 군도, 구도
② '유료도로법'에 의한 유료도로 : 통행료를 징수하는 도로
③ '농어촌도로 정비법'에 따른 농어촌도로
④ 그 밖에 현실적으로 불특정 다수의 사람 또는 차마(車馬)의 통행을 위하여 공개된 장소로서 안전하고 원활한 교통을 확보할 필요가 있는 장소

참고 | 출입이 제한된 이들 단지의 주차장, 유료주차장, 학교 운동장 등은 도로에 해당되지 않는다.
(공지, 예비, 군인, 유원지, 제방 등)

2. 자동차전용도로

자동차만 통행 가능한 도로를 말한다. 보행자는 물론 이륜자동차, 손수레, 유모차 등은 통행할 수 없다.

자동차전용도로 표지판

3. 고속도로

자동차의 고속교통에만 사용하기 위하여 지정된 도로이다.

4. 차선과 차로

① 차선 : 차로와 차로를 구분하기 위하여 그 경계지점을 안전표지에 의하여 표시한 선을 말한다.
② 백색점선 : 차선은 백색실선이 원칙이나 교차로, 횡단보도, 철길건널목 등은 표시하지 않는다.

참고 | 차선의 표시기준 : 백색실선 : 차로 변경 불가, 백색점선 : 차로 변경 가능

③ 차로 : 차마가 도로의 정해진 부분을 한 줄로 통행하도록 차선에 의하여 구분되는 차도의 부분

5. 차도

연석선(路緣石線, 차도와 인도를 구분하는 돌 등으로 이어진 선), 안전지대 또는 비슷한 인공구조물을 이용하여 경계를 표시하여 모든 차의 교통에 사용하는 도로의 부분이다.

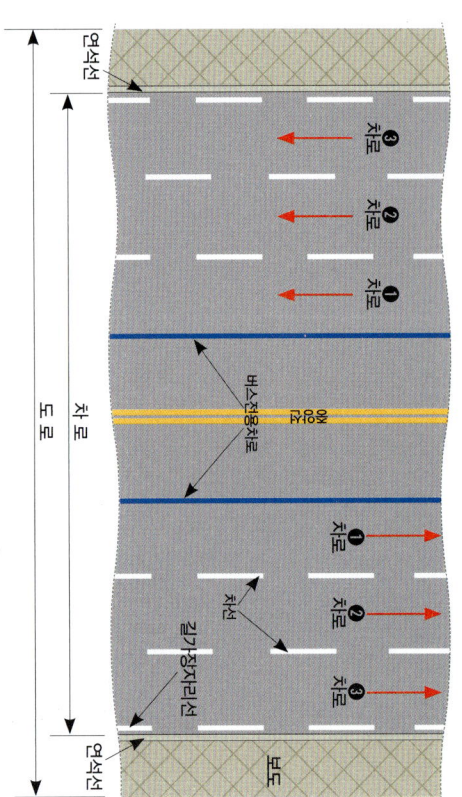

[시내 일반도로의 차로와 차선]

6. 중앙선

차마의 통행방향을 명확하게 구분하기 위하여 도로에 황색실선, 황색점선 등의 안전표지로 표시한 선이나 중앙분리대·울타리 등으로 설치한 시설물을 말한다. 가변차로가 설치된 경우에는 신호기가 지시하는 진행방향의 가장 왼쪽의 황색점선을 말한다.

종류	내용
황색실선	중앙선 표시는 도로 폭 2차로 이상 도로에 황색실선, 황색점선으로 하며, 고속도로는 황색점선의
황색점선	차마가 넘어서는 안 되는 반대 방향의 차로로 넘어갈 수 있으나, 실선이 있는 쪽에서는 남어갈 수 없음을 표시한 선

7. 보도

연석선, 안전표지나 그와 비슷한 인공구조물로 경계를 표시하여 보행자(유모차 및 보행보조용 의자차를 포함)의 통행에 사용하도록 한 도로의 부분을 말한다.

참고 | '보행보조용 의자차'란 수동 휠체어, 전동 휠체어, 의료용 스쿠터를 말한다. 노약자, 장애인이 이용하는 보행보조용 장비로, 이륜차·자전거를 끌고 가는 사람은 보행자로 본다.

8. 길가장자리구역

보도와 차도가 구분되지 아니한 도로에서 보행자의 안전을 확보하기 위하여 안전표지 등으로 경계를 표시한 도로의 가장자리 부분이다.

9. 자전거도로

안전표지, 위험방지용 울타리나 그와 비슷한 공작물로 경계를 표시하여 자전거 및 개인형 이동장치가 통행할 수 있도록 설치된 도로이다.

참고 | 자전거 도로의 구분
1. 자전거 전용도로 : 자전거만 통행할 수 있도록 분리대, 경계석, 그 밖에 이와 유사한 시설물에 의하여 차도 및 보도와 구분하여 설치
2. 자전거·보행자 겸용도로 : 자전거 외에 보행자도 통행할 수 있도록 하는 자전거도로
3. 자전거 전용차로 : 차도의 일정부분을 자전거만 통행하도록 차선 및 안전표지나 노면표시로 다른 차가 통행하는 차로와 구분한 차로
4. 자전거 우선도로 : 자동차의 통행량이 대통령령으로 정하는 기준보다 적은 도로의 일부 구간 및 차로를 정하여 자전거와 다른 차가 상호 안전하게 통행할 수 있도록 도로에 노면표시로 설치한 자전거 도로

자전거전용도로 표지판

10. 횡단보도

보행자가 도로를 횡단할 수 있게 안전표지로 표시한 도로의 부분이다.

참고 | 횡단보도 설치할 수 없는 경우(예외) : 육교, 지하도, 다른 횡단보도에서 200m 이내에는 설치할 수 없다.

횡단보도 표지판

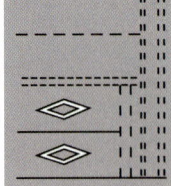
횡단보도 예고

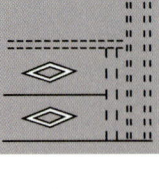
횡단보도 정지선

11. 횡단보도

보행자가 도로를 횡단하는 보행자나 통행하는 차마의 안전을 위하여 안전표지나 그와 비슷한 인공구조물로 표시한 도로의 부분을 말한다.

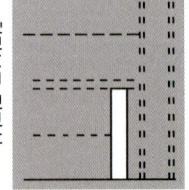
안전지대 표시

12. 안전지대

두 개 이상의 도로를 횡단하는 보행자나 구분된 도로가 교차하는 부분으로, '十'자로 교차로, 'T'자로 교차로 등이 있다.

참고 | 횡단보도 설치가 도로를 횡단할 수 있게 안전표지한 도로의 부분

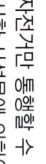

13. 신호기

도로교통에서 문자·기호 또는 등화로 진행·정지·방향전환·주의 등의 신호를 표시하기 위하여 사람이나 전기의 힘으로 조작되는 장치를 말한다.

참고 | 철길건널목에 설치된 경보등과 차단기 또는 도로바닥에 있는 기계에 해당되지 않는다.

14. 안전표지

교통안전에 필요한 주의·규제·지시 등을 표시하는 표지판이나 도로의 바닥에 표시하는 기호·문자 또는 선 등을 말한다.

15. 차마(車馬) : 차(車)와 우마(牛馬)

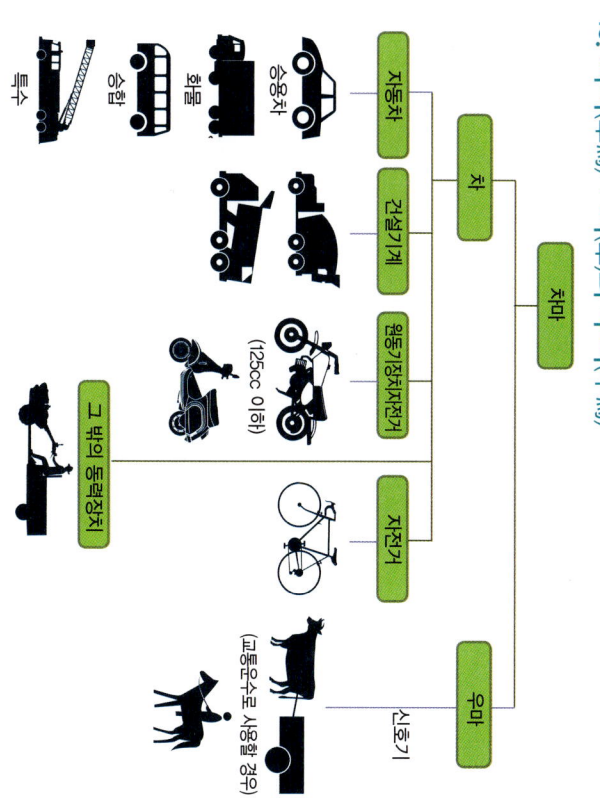

16. 차동차

① 철길이나 가설된 선에 의하지 아니하고 원동기를 사용하여 운전되는 차(견인되는 자동차의 일부로 본다)

② 승용자동차, 승합자동차, 화물자동차, 특수자동차, 이륜자동차(원동기장치자전거는 제외)

③ 건설기계(26종): 불도저, 굴삭기, 로더, 지게차, 스크레이퍼, 덤프트럭, 기중기, 모터 그레이더, 롤러, 노상안정기, 콘크리트 배칭플랜트, 콘크리트 피니셔, 콘크리트 살포기, 콘크리트 믹서트럭, 콘크리트 펌프, 아스팔트 믹싱플랜트, 아스팔트 피니셔, 아스팔트 살포기, 골재살포기, 쇄석기, 공기압축기, 천공기, 항타 및 항발기, 사리채취기, 준설선, 그 외 특수 건설기계

17. 원동기장치자전거

① '자동차관리법' 제3조의 규정에 의한 이륜자동차 가운데 구동장치의 배기량 125cc 이하

② 50cc 미만(전기 동력: 정격출력 0.59kw 미만)의 원동기 장치 자동차

참고 | 이륜차 가운데 배기량 125cc를 초과하면 이륜자동차, 배기량 125cc 이하는 원동기장치자전거라 한다.

18. 자전거

참고 | '자동차관리법' 제3조의 규정에 의한 이륜자동차 가운데 구동장치의 조향장치 및 제동장치가 있는 비파괴를 이용한 차를 말한다.

19. 긴급자동차

① 소방자동차, 구급자동차, 혈액공급차
② 기타 긴급한 용도로 사용되는 자동차
- 범죄수사·교통단속 그 밖에 긴급한 경찰임무 수행하는 데 사용되는 자동차
- 군 내부의 질서유지나 부대의 질서있는 이동을 유도하는 데 사용되는 자동차
- 도주자의 체포 또는 피수용자·피관찰자의 호송·경비를 위하여 사용되는 자동차

20. 어린이통학버스

유치원, 초등학교, 특수학교, 보육시설, 학원, 체육시설 등 아이(13세 미만)를 교육대상으로 하는 시설에서 어린이의 이용에 주로 사용되는 자동차로 관할 경찰서장에게 신고된 차

- 도로상의 위험을 방지하기 위한 응급작업에 사용되는 자동차
- 민방위 업무를 수행하는 기관에서 긴급예방 또는 복구를 위해 사용되는 자동차
- 긴급배달 우편물의 운송에 사용되는 자동차 및 전파감시용 자동차

21. 운전

도로에서 차마를 그 본래의 사용방법에 따라 사용하는 것을 말한다.

참고 | 자동차의 주차 후진, 도로에서의 시동, 내리막길에서 시동을 끄고 타력으로 주행하는 것도 운전에 해당된다.

22. 정차

운전자가 5분을 초과하지 아니하고 차를 정지시키는 것으로서 주차 외의 정지상태를 말한다.

23. 주차

운전자가 승객을 기다리거나 화물을 싣거나 고장이나 그 밖의 사유로 인하여 차를 계속하여 정지상태에 두는 것 또는 운전자가 차로부터 떠나서 그 차를 운전할 수 없는 상태를 말한다.

참고 | 사람의 승강을 위한 5분 이내 정차는 주차가 아니라 정차로 간주한다. 정차를 할 때에는 차도의 우측 가장자리에 정차해야 한다.

24. 서행

자동차가 정지시킬 수 있는 정도의 느린 속도로 진행시키는 것을 말한다.

25. 앞지르기

차의 운전자가 앞서가는 다른 차의 옆을 지나서 그 차의 앞으로 나가는 것을 말한다.

26. 일시정지

차의 운전자가 그 차의 바퀴를 일시적으로 완전히 정지시키는 것을 말한다.

27. 보행자전용도로

보행자만이 다닐 수 있게 안전표지나 그와 비슷한 공작물로써 표시한 도로를 말한다.

28. 초보운전자

① 처음 운전면허를 받은 날(처음 운전면허를 받은 날부터 2년이 경과되기 전에 운전면허가 취소된 경우에는 그 후 다시 운전면허를 받은 날을 말한다)부터 2년이 경과되지 않은 사람을 말한다.

② 원동기장치자전거 면허만을 받은 사람이 자동차 운전면허를 받은 경우에는 처음 운전면허를 받은 것으로 본다.

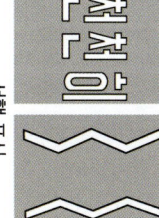
서행 표시

Section 04 자동차 점검

01 승차 전의 점검

① 창조등, 미등 등 각종 등화의 정상 작동 여부 확인
② 전면 유리창, 실내외 후사경의 상태 확인
③ 타이어의 공기압, 균열, 파손부위, 마모상태, 타이어에 박힌 이물질(못 등) 유무 점검 확인한다.
④ 주차한 상태의 바닥면에 오일이나 부동액 등이 누유되어 있다면 엔진룸을 점검하여 연결부에서 새는지 여부를 점검하고, 만약 있다면 엔진룸을 점검하여 연결부에서 새는지 여부를 점검한다.

02 운전석에서의 점검

(1) 계기판의 점검
승차 후 운전석에서는 계기판을 통해 각종 장치의 작동, 엔진의 온도, 냉각수 온도, 배터리 등 계기판 경고등을 살펴보며 자동차의 결함으로 인한 사고를 미연에 방지한다.

(2) 각종 페달의 점검
액셀러레이터 페달, 브레이크 페달, 클러치 페달을 밟았을 때 정상 상태 외 다른 느낌이 있는지 확인한다.

(3) 와이퍼 점검
운행 전에는 반드시 와이퍼의 작동 여부를 확인하여 갑작스런 우천 시 또는 차량에 의한 이물질 등으로 인한 안전 사고를 방지한다.

참고 | 브레이크 페달의 정상 상태 확인
시동이 꺼진 상태에서 약간의 공기가 들어가는지를 확인한다.

03 자동차의 주요 점검 사항

(1) 엔진 오일량 점검
① 점검 시 차량을 바닥이 평평한 곳에 주차시킨 후, 충분히 워밍업(warming up)시킨다. 그리고 시동을 끄고 내려 5~7분 후(오일이 오일팬(크랭크케이스)으로 완전히 내려간 후) 오일량을 점검한다.
② 오일 레벨 게이지를 빼낸 후, 다시 레벨 게이지를 넣고 뽑아 오일 양을 측정한다. 오일 레벨 게이지의 눈금 중간 이상 적당하다(만약, 오일이 'L' 아래에 있으면 적당량의 오일을 보충하고 오일이 샐 수 있으므로 바로 정비한다.)

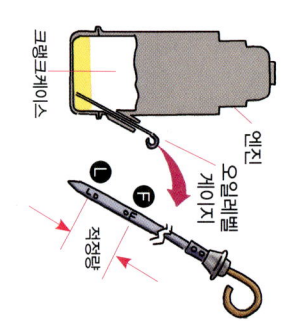

(2) 냉각수의 점검
① 냉각수는 라디에이터 내에 들어있는 액체로 엔진의 열을 식히는 역할을 하며 냉각수 부족시 엔진 과열의 화재발생의 위험이 있다.
② 엔진이 정상작동 온도일 때 공회전 상태로 보조탱크의 냉각수양이 대시(F)과 최소선(L) 사이에 있는지 확인하고 부족시 최대선(F)까지 보충해야 한다.
③ 색깔은 초록색이 정상이다.
④ 자동차 전용 냉각수를 일시적으로 중류수를 넣어 사용할 수 있다. 냉각수 점검 시 주의 사항 : 냉각수를 오래 방치시 열로 주전자 냉각수를 일체 화상을 입게 되므로 충분히 엔진 열을 식힌 후 수건 등 옷감으로 라디에이터 캡을 감싼 후 열어야 한다.

참고 | 각종 오일 등 색상
- 연한 갈색 : 엔진오일(경유차 : 검정색), 기어오일
- 녹색(연둑색) : 부동액(냉각수) ※ 달콤한 냄새가 난다.
- 연두색 : 브레이크 오일
- 하늘색 : 워셔액
- 연한 붉은색 : 자동변속기 오일, 파워스티어링 오일, 브레이크 오일

(3) 브레이크 점검
① 공기압이 현저히 감소되면 제동력 상실로 교통사고 발생 가능성이 높아진다.
② 브레이크에는 최대선과 최소선 근처 사이를 유지해야 한다.

(4) 타이어 점검
① 공기압이 높을 경우 : 타이어의 마모가 크며, 미끄러지기 쉽고, 트레이드 중앙부가 빨리 마모되고, 진동의 흡수력이 감소되어, 승차감이 나빠진다.
② 공기압이 낮을 경우 : 타이어가 마모가 심하며(트레이드 안쪽에 마모 됨), 핸들조작이 힘들고 연료가 많이 소모된다.
③ 좌우 타이어의 공기압을 같게 하고, 타이어의 한쪽 면만 편마모 되지 않도록 주행 후 위치를 바꾸어 준다.

(5) 배터리 점검(투시창의 색을 통해 배터리 상태를 확인)
① 초록색 : 양호한 상태
② 검정색(또는 붉은색) : 배터리 점검이 필요한 상태
③ 무색(현색) : 방전 또는 수명이 다 된 상태

Section 05 자동차의 안전한 운전

01 출발 전 확인사항

1. 출발 전 안전확인
① 승차하기 전에 자동차 및 자동차 주변을 살펴본다.
② 승차 중에는 진행방향으로 방향지시등을 켜고 후사경 또는 운전자의 눈을 통해 다시 한 번 주변의 안전을 확인한다.

2. 운전자세
① 운전석의 위치 조정은 클러치 페달을 밟았을 때 무릎이 약간 굽은 정도로 맞춤며, 운전석의 등받이는 바른 자세로 기대게 기댄 상태에서 안 손으로 핸들을 잡으며 운전할 때 팔꿈치가 약간 굽은 정도로 맞춘다.
② 머리지지대는 충돌시 머리를 안전하게 감싸 줄 수 있도록 안쪽 중심과 머리지지대의 중심을 일직선 맞춘다.

참고 | 운전자세가 좋지 못하면 장거리 운전시 피로해지거나 척추 등 허리에 무리가 갈 수 있으므로 바르게 자세로 운전하는 습관을 들인다.

04 교통안전표지

안전표지는 도로통행의 주의, 규제방법 등을 나타낸 것으로 주의표지·규제표지·지시표지·보조표지·노면표시의 5종류가 있다.

종류	설명
주의표지	도로의 상태가 위험하거나 도로 또는 그 부근에 위험물이 있는 경우 필요한 안전조치를 할 수 있게 도로사용자에게 알리는 표지
규제표지	도로교통의 안전을 위하여 각종 제한, 금지 등의 규제를 하는 경우에 이를 도로사용자에게 알리는 표지
지시표지	도로의 통행방법과 통행구분 등 필요한 지시를 도로사용자가 이에 따르도록 알리는 표지이다.
보조표지	주의, 규제, 지시 등의 안전표지의 주기능을 보충하여 도로사용자에게 알리는 표지
노면표시	주의, 규제, 지시 등의 내용을 노면에 기호, 문자 또는 선으로 도로 사용자에게 알리는 표지

[주의표지의 예]

[규제표지의 예]

[지시표지의 예]

[보행자전용도로]

100m앞부터
[거리 표지]

일시정지 표시
[노면표시의 예]

4. 기타지름

(1) 녹색등화표시(↑)의 등화 : 차마는 화살표로 지정한 차로로 진행할 수 있다.
(2) 적색×표 등화 : 차마는 ×표가 있는 차로로 진행할 수 없다.
(3) 적색×표 등화의 점멸 : 차마는 ×표가 있는 차로로 진입할 수 없고, 이미 진입한 경우에는 신속히 그 차로 밖으로 진로를 변경하여야 한다.

05 도로(안내)표지

도로(안내)표지는 지역의 명칭, 방면, 거리 등을 나타내고 통행의 편의를 도모하기 위한 표지로서 5종류가 있다.

1. 도로(안내)표지의 종류 및 의미

종류	설명
경계표지	시, 도, 군, 읍, 면 등 행정구역의 경계를 나타내는 표지
이정표지	목적지까지의 거리를 나타내는 표지
방향표지	방향 또는 방면을 나타내는 방향 또는 방면 및 도로 노선을 나타내는 표지
노선표지	진행방향의 도로노선, 노선번호를 나타내는 표지
기타표지	관광지 표지, 터널 표지, 양보차로 표지, 시종점 표지, 돌아가는 길 예고 표지, 매표소 표지, 오르막차로 표지, 자동차전용도로 예고 표지, 하천 표지, 교량 표지, 주차장 표지, 휴게소 표지, 자동차전용도로 표지, 긴급신고 표지 등

2. 도로안내표지의 내용

150m 전방 교차로에서 우회전하면 종친 방향으로 진행할 수 있지만, 좌측의 신촌 방향으로 방향지시기(우회)금지 손을 이용하여 좌측으로 바꾸어가 끝날 때까지 신호해야 한다.(좌회전 겸)

[도계 표지]

좌우 이정 표지

3방향 표지

[노선 표지]

관광지 표지

참고 ▶ **도로표지 색**
1. 도로표지의 바탕은 녹색, 관광지 표지의 바탕은 갈색
2. 다음 도로표지의 바탕은 청색
   ① 도시지역의 도로 중 고속국도, 일반도로 외의 도로
   ② 브행인 표지, 비상주차장 표지, 휴게소 표지, 자동차전용도로 표지
3. 도로표지(안내표지) 구분
   ① 시내도로 : 사각형-녹색바탕-백색글자
   ② 시외도로 : 사각형-청색바탕-백색글자
   ③ 관광지 : 사각형-갈색바탕-백색글자

06 진로 변경 방법

1. 차의 신호

모든 차의 운전자는 좌회전, 우회전, 횡단, 유턴, 서행, 정지 또는 후진하거나 같은 방향으로 진행하면서 진로를 바꾸려고 하는 때에는 방향지시기(이하 "손"이라 한다)·등화·또는 손으로 신호를 하여야 한다.

(1) 좌회전 방향지시기(기) 조작 시

① 신호를 행할 경우
   • 좌회전, 유턴할 때
   • 같은 방향으로 진로를 바꿀 때
   • 신호의 시기
② 신호의 시기
   • 교차로의 가장자리에 이르기 전 30m 이상의 지점 (일반 도로에서는 30m 이상의 지점, 고속도로에서는 100m 이상의 지점) 에서 신호를 하여야 한다.

(2) 우회전 방향지시기(기) 조작 시
① 신호를 행할 경우
   • 우회전, 보도를 횡단할 때
   • 주행 차로를 오른쪽으로 바꾸고자 할 때
② 신호의 방법 : 오른쪽으로 바꾸고자 하는 지점 (고속도로에서는 100m) 이상의 지점에서 신호를 조작한다.

(3) 정지 시
① 신호의 시기 : 정지하고자 할 때
② 신호의 방법 : 브레이크 페달을 밟으면 제동등이 자동으로 켜진다.

(4) 서행 시
① 신호의 시기 : 주로 도로가 급한 곳이나 고갯마루를 넘어서 차량등이 정차할 경우 전방으로 시야를 확보할 수 있도록
② 신호의 방법 : 수신호시는 팔을 수평으로 차체 밖으로 내어 45° 밑으로 펴서 흔들 수 있다.

2. 진로변경 금지 및 횡단·유턴 금지 등

(1) 진로변경 금지
모든 차의 운전자는 차의 진로를 변경하려는 경우에 그 변경하려는 방향으로 오고 있는 다른 차의 정상적인 통행에 장애를 줄 우려가 있을 때에는 진로를 변경하여서는 안된다.

3. 좌석안전띠의 착용

① 좌석안전띠는 사고 발생 시 피해를 최소화하고 올바른 운전자세를 갖게 한다.
② 모든 도로에서 운전자와 동승자 모두 착용해야 한다.

02 차마의 통행

1. 차마의 통행

(1) 차마의 통행구분
① 차마는 도로의 중앙 우측을 통행하는 것이 원칙이다.
② 차마는 도로(보도와 차도가 구분된 도로에서는 차도를 말한다)의 중앙(중앙선이 설치되어 있는 경우에는 그 중앙선) 우측 부분을 통행해야 한다.
③ 보·차도가 구분되지 않은 도로에서는 도로의 중심으로부터 우측부분을 통행해야 한다.

(2) 우측통행의 예외
① 도로가 일방통행인 때 좌측부분으로 통행이 가능하다.
② 우측 부분의 폭이 6m 미만인 도로에서 앞지르기할 때 좌측으로 통행이 가능하다.
③ 도로의 파손 또는 공사로 인하여 우측통행이 불가능할 때 좌측부분으로 통행이 가능하다.

2. 차로에 따른 통행

(1) 차로에 따른 통행할 의무
① 차로가 설치되어 있는 도로에서는 그 차로를 따라 통행해야 한다.
② 시·도경찰청장이 통행방법을 따로 지정한 때에는 그 방법에 따라 통행한다.

(2) 차로의 설치
① 시·도경찰청장은 도로에 차로를 설치하고자 하는 때에는 노면표시로 표시해야 한다.
② 차로는 횡단보도, 교차로, 철길건널목에는 설치할 수 없다.
③ 보도와 차도의 구분이 없는 도로에 차로를 설치하는 때에는 보행자가 안전하게 통행할 수 있도록 그 도로의 양쪽에 길가장자리 구역을 설치해야 한다.

(3) 차로에 따른 통행구분(일반도로)
도로의 중앙에서 오른쪽으로 2차로(일방통행로가 설치된 도로 및 일방통행도로에서는 도로의 왼쪽부터 1차로로 한다) 이상 설치된 도로 및 일방통행도로에서 그 차로에 따른 통행차의 기준은 다음 표와 같다.

차로구분	통행할 수 있는 차종
왼쪽 차로	승용자동차 경형·소형·중형 승합자동차
오른쪽 차로	대형승합자동차 화물자동차 특수자동차 건설기계(법 제2조제18호나목에 규정된 건설기계) 이륜자동차 원동기장치자전거(개인형 이동장치 제외)

※ 왼쪽차로 : 차로를 반으로 나누어 1차로에 가까운 부분의 차로, 다만, 홀수인 경우 가운데 차로는 제외한다.
※ 오른쪽 차로 : 왼쪽 차로를 제외한 나머지 차로

(4) 차로의 너비보다 넓은 차의 통행허가
① 차로의 너비보다 넓은 차가 통행하려는 경우에는 신청서를 제출하여 허가한 때 차로를 초과하여 통행할 수 있다.
② 통행허가를 받은 운전자는 허가 받은 내용을 확인할 수 있는 서류를 휴대하고 통행해야 한다.

(5) 횡단등 도로에서 버스전용차로를 통행할 수 있는 자동차
① 36인승 이상의 승합자동차와 16인승 이상의 통학용 및 통근용 승합자동차
② 택시(승객을 승·하차할 경우에만 일시 통행 가능)
③ 통근용 승합차
④ 어린이통학버스
⑤ 긴급자동차

03 신호

1. 신호의 지시에 따를 의무
① 보행자나 차마는 신호기 또는 안전표지가 표시하는 신호 또는 지시를 따라야 한다.
② 비행경찰공무원 자동차는 경찰공무원 또는 경찰공무원을 보조하는 사람의 지시를 따라야 한다.
③ 신호기의 신호와 경찰공무원 등의 수신호가 다른 경우에는 경찰공무원의 수신호를 우선하므로 경찰공무원 또는 군사경찰, 모범운전자 등이 있으나 녹색이 아니네, 해설에 전합하는 보조원의 포함되지 않는다.
④ 신호등이 표시하는 신호와 교통정리를 하는 경찰공무원 및 군사경찰의 신호가 다른 경우에는 경찰공무원의 신호에 따라야 한다.

2. 신호등의 종류, 등화의 배열순서 및 신호순서

신호등의 종류	등화의 배열 및 신호순서
차량등 4색등	① 녹색 → ② 황색 → ③ 적색 및 녹색화살표 등화 → ④ 적색 및 황색 → ① 녹색
3색등	① 녹색 → ② 황색 → ③ 적색
2색등	① 녹색 → ② 녹색점멸
보행등	

3. 차량등(4색등)

(1) 녹색 등화
① 차마는 직진할 수 있고 다른 교통에 방해되지 않게 천천히 우회전할 수 있다.
② 비보호 좌회전 표시가 있는 곳에서는 신호에 따르는 다른 교통에 방해가 되지 않을 때에는 좌회전할 수 있다.(다만, 신호위반의 책임을 진다.)

(2) 녹색화살표시 등화
차마는 화살표시 방향으로 진행할 수 있다.

(3) 적색 등화
차마는 정지선, 횡단보도 및 교차로의 직전에 정지해야 한다.

(4) 적색의 점멸
차마는 정지선이나 횡단보도가 있을 때에는 그 직전이나 교차로의 직전에 일시정지한 후 다른 교통에 주의하면서 진행할 수 있다.

(5) 황색 등화
① 차마는 정지선이 있거나 횡단보도가 있을 때에는 그 직전이나 교차로의 직전에 정지해야 하며, 이미 교차로에 진입한 경우에는 신속히 교차로 밖으로 진행해야 한다.
② 차마는 우회전할 수 있고 우회전하는 경우에는 보행자의 횡단을 방해하지 못한다.

(6) 황색등화의 점멸
차마는 다른 교통 또는 안전표지의 표시에 주의하면서 진행할 수 있다.

(2) 제한선에서의 진로변경 금지

① 차마의 운전자는 안전표지(진로변경 제한선 표시)로 특별히 진로변경이 금지된 곳에서는 진로를 변경해서는 안 된다.

② 다만, 도로의 파손이나 도로공사 등으로 인하여 장애물이 있는 때에는 예외로 한다.

진로변경제한선 표시
통행하고 있는 차의 진로변경을 제한한다.

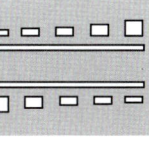 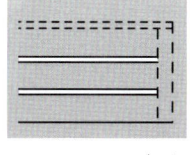

차가 접선이 있는 쪽에서는 진로를 변경할 수 있으나, 실선이 있는 쪽에서는 진로변경이 제한된다.

(3) 횡단·유턴·후진 금지

차마의 운전자는 보행자나 다른 차마의 정상적인 통행을 방해할 우려가 있을 때에는 차마를 운전하여 도로를 횡단하거나 유턴 또는 후진해서는 안 된다.

(4) 진로양보 의무

① 모든 차(긴급자동차 제외)의 운전자는 뒤에서 따라오는 차보다 느린 속도로 가고자 하는 경우에는 도로의 우측 가장자리로 피하여 진로를 양보해야 한다.
(단, 통행구분이 설치된 도로의 경우 제외)

② 모든 차의 운전자는 통행의 우선순위가 같거나 느린 차가 뒤따라오는 때에는 도로의 우측 가장자리로 피하여 진로를 양보해야 한다.

(5) 끼어들기(새치기) 금지

① 모든 차의 운전자는 법에 의한 명령 또는 경찰공무원의 지시에 따르거나 위험방지를 위하여 정지 또는 서행하고 있는 다른 차 앞에 끼어들지 못한다.

② 긴급자동차가 긴급한 용무 수행 시에는 예외로 한다.

07 앞지르기

1. 앞지르기의 정의
앞지르기는 앞차의 옆을 지나 그 차의 앞으로 나아가는 것을 말한다(안전지대 옆을 그냥 지나쳐 앞으로 나아갔다면 이는 진로변경에 해당).

2. 앞지르기 방법
앞차의 좌측으로 앞지르기를 해야 하며 반대방향의 교통 및 앞차의 전방 교통에 주의를 기울인다.

3. 앞지르기 운전 순서

① 앞지르기 금지 장소가 아닌지 확인한다.

② 전방의 안전을 확인함과 동시에 후사경 등으로 좌측과 좌측 후방을 확인한다.

③ 좌측 방향지시기를 켠다.

④ 약 3초 후 최고속도의 제한범위 내에서 가속하면서 진로를 서서히 좌측으로 바꾼다. 앞차의 좌측을 통과할 때에는 일정한 간격을 유지하면서 통과한다.

⑤ 차로를 충분히 확보하면서 우측 방향지시기를 켠다.

⑥ 앞지르기한 차가 후사경에 보일 경우에는 앞지르기를 당한 차를 볼 수 있는 거리까지 주행한 후에 우측으로 방향지시기를 켠다.

⑦ 방향지시기를 끈다.

> **참고** | 앞지르기 방해 금지
> 모든 차의 운전자는 앞지르기를 하는 때에는 속도를 높여 경쟁하거나 앞지르기를 하는 차의 앞을 가로막는 등 앞지르기를 방해해서는 안된다.

4. 앞지르기 금지시기

① 앞차의 좌측에 다른 차가 나란히 진행할 때

② 앞차가 다른 차를 앞지르고 있거나 앞지르려고 할 때

③ 앞차가 도로의 중앙 좌측 부분을 통과하거나, 위험방지를 위하여 정지 또는 서행하고 있을 때

④ 앞차가 좌회전 중이거나 좌회전하려 할 때

> **참고** | 그 밖에 앞지르기가 금지되는 경우
> · 앞차가 좌회전하려고 좌측으로 진로를 바꾸고 있는 경우
> · 앞차가 도로의 중앙이나 좌측 부분을 통행하고 있는 경우
> · 뒤따라오는 차가 자기 차를 앞지르기하려는 경우

5. 앞지르기 금지장소

① 교차로   ② 터널 안
③ 다리 위   ④ 도로의 구부러진 곳
⑤ 비탈길의 고갯마루 부근
⑥ 가파른 비탈길의 내리막

08 통행 우선순위

1. 통행의 도로에서 우선순위

① 1순위 : 긴급자동차
② 2순위 : 긴급자동차 이외의 자동차
③ 3순위 : 원동기장치자전거
④ 4순위 : 자동차 및 원동기장치자전거 이외의 차마

2. 차마 서로 간의 통행 우선순위
최고속도 순서에 따라 결정한다.

3. 비탈길 좁은 도로에서의 우선순위

① 화물을 적재한 차가 우선한다.
② 조건이 같으면 내려가는 차가 우선(사람과 화물을 동일한 조건)한다.

09 보행자 통행

1. 보행자의 통행방법

① 보행자는 보도와 차도가 구분되지 않은 도로에서는 도로의 좌측 또는 길 가장자리 구역으로 통행할 수 있다.

② 보행자가 차도의 우측을 통행할 수 있는 경우
· 말·소 등의 큰 동물을 몰고 가는 사람
· 사다리·목재나 그 밖에 보행자의 통행에 지장을 줄 물건을 운반 중인 사람
· 도로의 청소 또는 보수 등 도로에서 작업 중인 사람
· 군부대 그 밖에 이에 준하는 단체의 행렬
· 기 또는 현수막 등을 휴대한 행렬 및 장의행렬

10 운행 속도와 안전거리

1. 속도의 준수
자동차 등의 운전자는 규정에 의한 최고속도를 초과하거나 최저속도에 미달하여 운전해서는 안 된다(교통사고 등의 부득이한 경우 제외).

 최고속도 제한표지

 최저속도 제한 노면표시

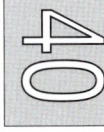 속도제한 노면표시

2. 자동차의 운행속도

(1) 일반도로 및 자동차 전용도로

도로 구분		최고속도	최저속도
일반도로	편도 2차로 이상 도로	80km/h 이내	규제없음
	편도 2차로 미만 도로	60km/h 이내	규제없음
	주거·상업·공업지역	50km/h 이내	규제없음
자동차전용도로		90km/h	30km/h

참고 | 시·도경찰청장이 인정하여 지정한 노선

(2) 비·안개·눈 등으로 인한 악천후 시 감속운행

① 최고속도의 100분의 20을 줄인 속도로 운행하여 하는 경우
  • 비가 내려 노면이 젖어 있는 경우
  • 눈이 20mm 미만 쌓인 경우
② 최고속도의 100분의 50을 줄인 속도로 운행하여 하는 경우
  • 폭우·폭설·안개 등으로 가시거리가 100m 이내인 경우
  • 노면이 얼어붙은 경우
  • 눈이 20mm 이상 쌓인 경우

(3) 견인차가 아닌 차로 다른 자동차를 견인할 때의 속도(고속도로 제외)

① 총중량 2,000kg에 미달하는 자동차를 그의 3배 이상의 총중량 자동차로 견인하는 경우 : 30km/h 이내
② 위의 규정 외의 견인하는 경우 : 25km/h 이내

참고 | 대형견인차 내행차, 소형견인차 이외의 자동차로 다른 자동차를 견인할 때에는 25km/h 이내
(단, 이륜차가 이륜차를 견인하지 못함)

3. 안전거리

(1) 안전거리 확보

운전자는 앞차를 따르는 때에는 앞차가 갑자기 정지하게 되는 경우 그 앞차와의 충돌을 피할 수 있는 거리를 확보해야 한다.

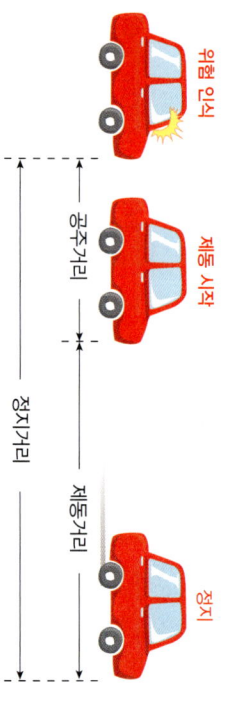

① 정지거리 = 공주거리 + 제동거리
② 공주거리 : 운전자가 위험을 감지하고 브레이크 페달을 밟아 브레이크가 실제로 듣기 시작하기까지 사이에 자동차가 주행한 거리를 말한다.
③ 제동거리 : 브레이크가 듣기 시작하여 자동차가 정지할 때까지의 거리를 말한다.

참고 | 1. 과로 및 음주 운전상태는 산소상태가 비정상임으로 공주거리가 길어진다. 중량이 큰 차나 속도가 빠를수록 제동거리가 길어진다.
2. 타이어 마모상태 및 노면상태 등에 따라 제동거리가 길어진다.
3. 주행속도가 빠르거나 중량이 무거운 차량을 신고 주행할 때에는 안전거리를 길게 유지해야 한다.

(2) 진로변경 금지

모든 차의 운전자는 위험을 방지하기 위한 경우가 아니면 운행하고 있는 다른 차의 정상적인 통행에 장애를 줄 우려가 있을 때에는 진로를 변경해서는 안 된다.

(3) 급제동 금지

모든 차의 운전자는 위험을 방지하기 위한 경우가 아니면 운행하고 있는 다른 차의 정상적인 통행에 장애를 줄 우려가 있을 때에는 타이어가 빠르게 정지하거나 가까이 접근한 경우가 아니면 급브레이크를 걸어서는 안 된다.

참고 | 브레이크 배털 밟는 법
브레이크 배털은 여러 번에 나누어 밟는다(제동등의 점멸은 후속차에 신호를 보내 추돌의 위험을 방지한다).

---

11 / 서행과 일시정지

1. 서행

차를 즉시 정지시킬 수 있는 정도의 느린 속도로 진행하는 것을 말한다.

(1) 반드시 서행하여야 할 장소

① 교통정리가 행하여지고 있지 않은 교차로
② 도로가 구부러진 부근
③ 비탈길의 고갯마루 부근
④ 가파른 비탈길의 내리막
⑤ 시·도경찰청장이 안전표지 등으로 지정한 곳

(2) 서행하여야 할 시기

① 교차로에서 좌·우회전할 때
② 교통정리가 행하여지고 있지 않은 교차로에 들어가려고 할 때

2. 일시정지

(1) 일시정지해야 할 장소

① 교통정리가 행하여지고 있지 않고 좌·우를 확인할 수 없거나 교통이 빈번한 교차로
② 시·도경찰청장이 필요하다고 인정하여 안전표지 등으로 지정한 곳

(2) 일시정지해야 할 시기

① 어린이가 보호자 없이 도로를 횡단하거나, 도로에서 놀이를 하는 등 교통상 위험이 있는 때
② 앞을 보지 못하는 사람이 흰색 지팡이를 이용하거나 지체장애인이 안내견
③ 차도를 통행하는 사람 또는 노상에서 교통상의 위험을 방지하기 위하여 있을 때
④ 긴급용무 중인 긴급자동차를 피양할 때
⑤ 도로 이외의 지역을 출입하거나 도로를 횡단할 때
⑥ 횡단보도가 횡단하는 보행자가 있을 때
⑦ 어린이 승·하차를 하기 위해 어린이 통학버스가 정차 중일 때

---

12 / 교차로의 통행방법

1. 신호에 교차로가 있을 때의 통행

① 신호가 녹색신호를 따라 다른 자동차의 신호변경으로 인해 정지선 내로 진입하여야 한다.
② 횡단보도가 있는 속도를 줄여 신호에 대비한다.
③ 황색신호로 바뀌었을 때의 주의사항 : 횡단보도가 있는 교차로에서 녹색신호로 바뀌어 있더라도 주변 차량으로 인해 사고가 발생할 수 있는 지역에 특히 주의해야 한다.

참고 | 딜레마 존(Dilemma zone)
교차로의 정지선 직전 3초간의 거리를 말한다. 딜레마존은 감속으로 신호 변경 시 운전자는 정지선 직전 오산하여 교차로에 진입할 때에는 미리 도로의 우측 가장자리를 서행하여야 하며, 감속으로 신호 변경에 주의해야 한다.

2. 교차로에서의 좌·우회전 시

(1) 교차로에서 우회전을 하고자 하는 때

모든 차의 운전자는 교차로에서 우회전을 하고자 하는 때에는 미리 도로의 우측 가장자리를 서행하면서 우회전해야 한다. 이때 신호에 따라 교차로를 통과하는 보행자 또는 자전거 등에 주의해야 한다.

(2) 교차로에서 좌회전을 하고자 하는 때

모든 차의 운전자는 교차로에서 좌회전을 하고자 하는 때에는 미리 도로의 중앙선을 따라 서행하면서 교차로의 중심 안쪽을 이용하여 좌회전해야 한다(단, 시·도경찰청장이 교차로의 상황에 따라 특히 필요하다고 인정하여 지정한 곳에서는 교차로의 중심 바깥쪽을 통과할 수 있다).

참고 | 교차로에 이르기 전 30m 이상 지점부터 우측 방향지시기를 조작한 후 교차로를 서행하면서 교차로를 통과한다.

(3) 좌·우회전 시 말려듦 방지

특히 우회전 시 내륜차로 인해 오른쪽 후방의 사각으로 향한 보행자나 자전거 등이 말려 들 수 있으므로 우회전시 이에 주의해야 한다(특히, 횡단거리가 긴 대형차의 경우 더욱 주의한다).

참고 |
내륜차(内輪差): 회전시 앞바퀴가 이루는 회전 반경보다 뒷바퀴에 의해 이루어지는 회전반경이 작은 것
외륜차(外輪差): 회전시 바깥쪽의 앞바퀴가 이루는 회전 반경보다 뒷바퀴가 이루는 회전 반경이 더 큰 것을 말한다.

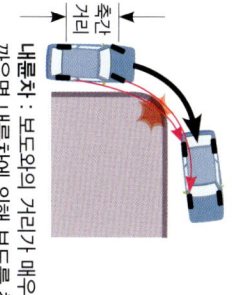

(4) 일방통행로에서 좌회전

일방통행로에서 좌회전할 때에는 미리 도로의 좌측 가장자리를 따라 교차로의 중심 안쪽으로 서행한다.

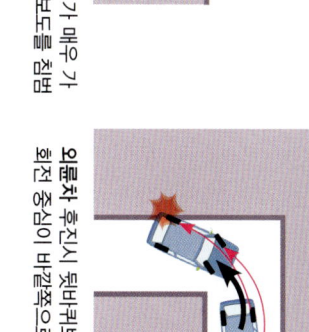

참고 | 좌회전 차로가 2개인 경우
승용차는 1, 2차로, 승합차·화물차·특수차는 2차로로 좌회전한다.

(5) 그 외 상황에 따른 좌·우회전 방법

① 우회전 또는 좌회전을 하기 위하여 손이나 방향지시기 또는 등화로써 신호를 하는 차가 있는 경우에 그 차의 뒤차는 신호를 한 앞차의 진행을 방해해서는 안된다.

② 운전자는 도로의 진행 방향에 좌회전할 수 있는 차로가 2개 이상 설치되어 있는 경우 좌회전하려고 하는 교차로에서 진행하려는 진로의 예정 진행방향 구간의 도로에 차로가 설치되어 있는 경우에는 그 진로의 예정 진행방향 구간의 도로의 차로에 따라 좌회전하여야 한다.

③ 모든 차의 운전자는 교통정리를 하고 있지 아니하고 일시정지나 양보를 표시하는 안전표지가 설치되어 있는 교차로에 들어가려고 하는 때에는 다른 차의 진행을 방해해서는 안된다.

3. 교통정리가 없는 교차로에서의 양보운전

① 먼저 진입한 차량의 양보: 모든 차의 운전자는 교차로에 들어가려고 하는 차의 운전자는 그 차가 통행하고 있는 도로의 폭보다 교차하는 도로의 폭이 넓은 경우에는 서행하여야 하며, 폭이 넓은 도로로부터 교차로에 들어가려고 하는 다른 차가 있을 때에는 그 차에 진로를 양보하여야 한다.

② 우선순위가 같은 차의 양보: 우선순위가 같은 차가 동시에 교차로에 들어가려고 하는 때에는 우측도로의 차에 진로를 양보하여야 한다.

③ 직진 및 우회전 차의 양보: 교차로에서 좌회전하려고 하는 차의 운전자는 그 교차로에서 직진하거나 우회전하려는 다른 차가 있을 때에는 그 차에 진로를 양보하여야 한다.

4. 교통정리가 없는 교차로에서의 비보호좌회전

① 비보호좌회전: 비보호좌회전 표지가 있는 곳에서는 녹색신호 시 좌회전할 수 있는 곳으로서, 반대 방향 직진 차량 등 다른 교통에 방해가 되지 않도록 진행할 수 있다.

참고 | 교차로에서 정차할 때
정지선 직전에 정차하게 하며, 정지선을 침범하거나 횡단보도 등에 정차해서는 안된다.

13 보행자의 보호

1. 보행자의 주의
중앙 도로에서 보행자 옆을 통과할 때에는 안전거리를 두고 서행해야 하며, 안전지대에 보행자가 있을 경우 그 옆을 통과할 때에는 사행해야 한다.

2. 횡단 중인 보행자 보호
보행자가 횡단보도를 횡단하고 있을 때에는 일시정지해야 하며, 어린이가 보호자 없이 도로를 횡단할 때에는 사행해야 한다.

3. 어린이통학버스의 특별보호
(1) 어린이 또는 영유아가 타고 내리는 중임을 표시하는 장치를 작동 중일 때
① 어린이통학버스가 정차한 차로와 그 차로의 바로 옆 차로를 통행하는 차의 운전자는 어린이통학버스에 이르기 전에 일시정지하여 안전을 확인한 후 서행하여야 한다.
② 중앙선이 설치되지 아니한 도로와 편도 1차로인 도로에서는 반대방향에서 진행하는 차의 운전자도 어린이통학버스에 이르기 전에 일시정지하여 안전을 확인한 후 서행하여야 한다.

(2) 통행 중인 어린이통학버스 보호
모든 차의 운전자는 어린이 또는 영유아를 태우고 있다는 표시를 하고 도로를 통행하는 어린이통학버스를 앞지르지 못한다.

14 긴급자동차

1. 긴급자동차의 종류
① 소방자동차, 구급자동차, 그 밖에 대통령령이 정하는 자동차
② 경찰용 자동차 또는 국군 및 국제연합군용의 긴급자동차에 유도되는 일반 자동차 등
③ 생명이 위험한 환자나 부상자를 이송 중인 일반 자동차

2. 긴급자동차의 우선 통행과 다른 운전자의 피양 의무

참고 | 긴급자동차를 인정받기 위한 조치
구급자동차는 앞부분에 일반 상황에서 일반자동차를 이송 중임을 증명할 수 있도록 조치해야 한다.

① 긴급자동차는 긴급하고 부득이한 경우에는 도로의 중앙이나 좌측 부분을 통행할 수 있다.
② 긴급자동차는 교차로나 그 부근 이외의 곳에서는 일반자동차의 통행에 우선한다.
③ 긴급자동차는 신호등으로 인해 정지하지 않아도 된다.
④ 긴급자동차의 부득이한 경우에 주의하여야 한다.
⑤ 모든 차의 운전자는 교차로나 그 부근에서 긴급자동차가 접근한 때에는 교차로를 피하여 도로의 우측 가장자리에 일시정지해야 한다.

3. 긴급자동차에 대한 특례
① 긴급자동차에 대해 적용하지 않은 사항: 자동차의 속도 제한, 앞지르기 금지, 끼어들기 사용 금지
② 경찰 재량에 나머지 금지 사항: 신호기의 방향 수정자의 신호, 안전거리 확보, 보도 침범, 보도횡단 금지, 중앙선 침범, 횡단 등의 금지, 안전지대 통행 금지, 앞지르기 방법 금지, 정차·주차의 금지, 고장 등의 조치에 대한 사항을 적용하지 않는다.

15 정차와 주차

1. 정의

① 주차: 차가 승객을 기다리거나, 화물을 싣거나, 고장 등 그 밖의 사유로 인해 계속 정지 상태에 있는 것 또는 운전자가 차에서 떠나서 즉시 그 차를 운전할 수 없는 상태를 말한다.

② 정차: 차가 5분을 초과하지 아니하고 정지하는 것으로 주차 외의 정지 상태를 말한다.

2. 정차 또는 주차 방법

① 보·차도 구분이 있는 도로: 도로 우측 가장자리에서 50cm 이상의 거리를 둔다.

② 보·차도 구분이 없는 도로: 차도 우측 가장자리에 정차

③ 길 가장자리가 있는 도로: 길가장자리 구역 표시가 있는 곳에 정차

④ 도로에 주차할 때 지정장소, 시간, 방법에 따른다.

⑤ 다른 교통에 방해가 되지 않도록 주차한다.

경사로 구분	정차 또는 주차 방법
내리막길	주차 브레이크를 걸고, 기어를 후진으로 놓은 다음, 핸들을 도로 가장자리를 향하게 한다.
오르막길	주차 브레이크를 걸고, 기어를 저속(1단)에 놓은 다음, 핸들을 도로 가장자리를 향하게 한다. • 턱이 있는 경우: 오르막길과 내리막길 모두 바퀴를 도로 바깥쪽으로 한다. • 턱이 없는 경우: 오르막길에서는 앞바퀴를 도로 안쪽으로, 내리막길에서는 바깥쪽으로 비스듬하게 한다. • 연석이 있는 경우: 오르막길 바퀴를 연석에 닿도록, 내리막길에서는 바깥쪽으로 비스듬하게 한다.

※ 고임목을 바퀴를 괴는 등 미끄럼 방지조치를 반드시 취해야 한다.

3. 주·정차의 금지 구역

① 교차로, 횡단보도, 건널목이나 보도와 차도가 구분된 도로의 보도(주차장의 보도에 결차선 설치된 노상주차장 제외).

② 교차로의 가장자리나 도로의 모퉁이로부터 5m 이내

③ 안전지대가 설치된 도로에서는 그 안전지대의 사방으로부터 각각 10m 이내

④ 버스여객자동차의 정류를 표시하는 기둥이나 판 또는 선이 설치된 곳으로부터 10m 이내(버스여객자동차의 정류소에서 승객을 태우거나 내리기 위하여 정차한 때에는 제외).

⑤ 건널목의 가장자리 또는 횡단보도로부터 10m 이내

⑥ 안전시설 또는 비상소화장치가 설치된 곳으로부터 각각 5m 이내인 곳

⑦ 시·도경찰청장이 도로에서의 위험을 방지하고 교통의 안전과 소통을 확보하기 위하여 필요하다고 인정하여 지정한 곳

4. 주차 금지 구역

① 터널 안 및 다리 위

② 화재경보기로부터 3m 이내의 곳

③ 소방용 기계·기구가 설치된 곳으로부터 5m 이내의 곳

④ 소방용 방화물통으로부터 5m 이내의 곳

⑤ 건널목의 가장자리 또는 비상화장치가 설치된 곳으로부터 5m 이내의 곳

⑥ 도로공사를 하고 있는 경우에는 그 공사구역의 양쪽 가장자리로부터 5m 이내의 곳

⑦ 시·도경찰청장이 도로에서의 위험을 방지하고 교통의 안전과 소통을 확보하기 위하여 필요하다고 인정하여 지정한 곳

5. 정차 또는 주차를 금지하는 장소의 특례

정차·주차가 금지된 장소 중 시·도경찰청장이 안전표지로 구역·시간·방법 및 차의 종류를 정하여 정차 또는 주차를 허용한 곳에서는 정차 또는 주차할 수 있다.

16 건널목의 통과방법 및 고장 시 조치사항

1. 철길건널목의 통과

① 모든 차의 운전자는 철길건널목을 통과하고자 하는 때에는 건널목 앞에서 일시정지하여 안전한지의 여부를 확인한 후에 통과해야 한다.

② 신호기 등이 표시하는 신호에 따르는 경우에는 일시정지하지 않고 통과할 수 있다.

③ 안전 확인 방법
• 건널목 직전(정지선이 있을 때에는 그 정지선)에서 일시 정지하여 안전을 확인한다.
• 한쪽 열차가 통과했어도 그 직후 반대방향에서 열차가 다가올 수 있으므로 주의해야 한다.
• 앞차의 이어서 통과할 때에도 일시 정지하여 안전을 확인해야 한다.

2. 철길건널목의 진입금지

모든 차의 운전자는 건널목의 차단기가 내려져 있거나 내려지려고 하는 경우 또는 건널목의 경보기가 울리고 있는 동안에는 그 건널목으로 가서는 안된다.

3. 건널목 안에서 차를 운행할 수 없게 된 경우

① 즉시 승객을 대피시킨다.

② 비상신호기를 사용하거나 그 밖의 방법으로 철도공무원 또는 경찰공무원에게 알린다.

③ 차량을 건널목 이외의 안전한 곳으로 이동조치한다.

17 사각지대

사각(死角)지역이란 운전자가 운전석에 앉은 상태에서 차 밖을 보았을 경우 시야가 차체에 의해 가려 보이지 않는 지역을 말한다.

1. 자동차 자체의 사각

자동차 자체의 구조에 의한 시각 지역이다.

2. 교차로에서의 사각

① 좌회전 시 앞차량에 의해 보행자, 자전거, 차량 등 다른 교통 요소가 가려 보이지 않은 지역이다.

② 내리막에 의한 사각으로 인해 보행자, 자전거 및 이륜차를 보지 못하는 지역이다.

3. 커브길에서의 사각

커브길에서는 반대 차로의 차량 또는 장애물 확인이 늦어지므로 속도를 줄여 운행한다.

4. 다른 차량에 의한 사각

주정차 차량에 의한 사각으로 정체된 차량의 사각지점에서 자기 이외의 차량에서 내 차의 진로 차로에 뛰어들 수 있다.

18 승차 또는 적재방법과 제한

1. 승차 또는 적재방법과 제한

운전자는 승차인원·적재중량 및 적재용량에 관하여 운행상의 안전기준을 넘어서 승차시키거나 적재하고 운전해서는 안된다.
(출발지를 관할하는 경찰서장의 허가를 받은 경우 제외)

2. 운행상의 안전기준

① 자동차(고속버스와 화물자동차 제외)의 승차인원 : 승차정원을 이내일 것
② 화물자동차의 적재중량 : 구조 및 성능에 따르는 적재중량의 11할 이내
③ 화물자동차의 적재용량은 다음 기준을 넘지 아니할 것
 • 길이 : 자동차 길이에 그 길이의 10분의 1의 길이를 더한 길이(이륜자동차는 그 승차장치의 길이 또는 적재장치의 길이에 30cm를 더한 길이)
 • 너비 : 자동차의 후사경으로 후방을 확인할 수 있는 범위 (후사경의 높이보다 낮게 적재한 경우에는 그 화물을, 후사경의 높이보다 높게 적재한 경우에는 적재물을 확인할 수 있는 범위의 너비)
 • 높이 : 지상으로부터 4m(도로구조의 보전과 통행의 안전에 지장이 없다고 인정하여 고시한 도로노선의 경우에는 4.2m, 소형 3륜자동차는 2.5m, 이륜자동차는 2m)

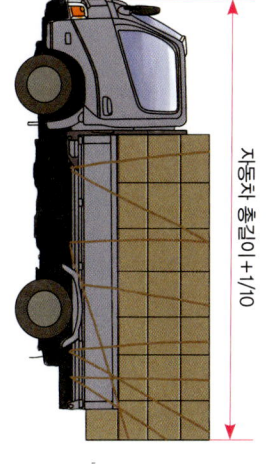

4m

자동차 총길이+1/10

④ 안전기준을 넘는 승차 및 적재의 허가

① 전신·전화·전기공사, 수도공사, 제설작업, 그 밖도 공익을 위한 공사 또는 작업을 위하여 부득이 화물자동차의 승차정원을 넘어서 운행하고자 하는 경우
② 분할할 수 없어 기준을 초과한 화물을 수송하는 경우
③ 안전기준을 넘는 화물의 적재 허가를 받은 경우 : 길이 또는 폭의 양 끝에 너비 30cm, 길이 50cm 이상의 빨간 헝겊으로 된 표지 부착(단, 밤에 운행하는 경우에는 반사체로 된 표지)

19 운전자의 의무

1. 안전 운전의 의무

운전자는 차의 조종장치와 그 밖의 장치를 정확하게 조작해야 하며, 도로의 교통상황과 차의 구조 및 성능에 따라 다른 사람에게 위해를 주는 속도나 방법으로 운전하여서는 안된다.

2. 무면허 운전의 금지

누구든지 시·도경찰청장으로부터 운전면허를 받지 아니하거나 운전면허의 효력이 정지된 경우에는 자동차 등을 운전하여서는 안된다.

무면허 운전이 되는 경우
① 면허를 받지 않고 운전하는 것
② 정기적성검사 기간 또는 면허증 갱신기간이 지난 면허증으로 운전하는 것
③ 면허의 취소처분을 받은 사람이 운전하는 것
④ 면허의 효력 정지 기간 중에 운전하는 것
⑤ 면허시험 합격 후 면허증 교부 전에 운전하는 것
⑥ 면허 종별 외의 차량을 운전하는 것(제2종 면허로 제1종 면허를 운전하는 것)

참고 | 운전면허증을 휴대하지 않고 운전하는 경우는 면허증 휴대의무 위반이다.

3. 음주운전

① 음주운전 시 주요 처벌

혈중알콜농도	처벌
0.03~0.08%	면허정지
0.08% 이상	면허취소

② 인사사고 시 가중처벌 또는 인사상해 시 1년 이상 15년 이하의 징역 또는 1,000만원 이상 3,000만원 이하의 벌금
③ 주취측정 불응 시 : 면허 취소(행사사건)
④ 음주운전 시 범칙금 및 벌금

혈중알콜농도	범칙금 및 벌금
0.2% 이상	2년 이상 5년 이하의 징역이나 1천만원 이상 2천만원 이하의 벌금
0.08~0.2% 미만	1년 이상 2년 이하의 징역이나 500만원 이상 1천만원 이하의 벌금
0.03~0.08% 미만	1년 이하의 징역이나 500만원 이하의 벌금

※ 2회 이상 음주운전 적발 시 가중처벌

4. 과로한 때 등의 운전금지

① 피로하거나 졸음이 오면 자동 반경 횟수가 감소하며 위험 상황에 대한 대처가 둔해진다.
② 자동차 등의 운전자는 과로·질병 또는 약물(마약, 대마, 향정신성 의약품과 그 밖의 영향으로 인하여 정상적으로 운전하지 못할 우려가 있는 상태에서 자동차 등을 운전하여서는 안된다.

5. 공동 위험행위의 금지

자동차 등의 운전자는 도로에서 2인 이상이 공동으로 2대 이상의 자동차 등을 정당한 사유 없이 앞뒤로 또는 좌·우로 줄지어 통행하면서 다른 사람에게 위해를 주거나 교통상의 위험을 발생하게 해서는 안된다.

20 운전자의 감각과 판단능력

1. 자동차 운전의 기본

자동차 안전운전의 기본은 도로상태 및 교통환경을 신속하게 "인지 → 정확한 판단 → 올바른 조작"을 계속하는 것이다.

2. 속도와 거리의 판단

① 속도감 : 좁은 도로에서는 실제 속도보다 더 느리게 느껴진다.
 ② 차의 크기 : 큰 차는 속도가 실제 속도보다 느리게 느껴진다.
② 차의 크기 : 큰 차는 속도가 빠르고 작은 차(동일속도에서도 대형차가 소형차보다 느리게 느껴진다.
③ 고속도로 : 장시간 정지한 차를 주행 중인 차로 착각할 수 있다.
④ 야간 : 같은 속도에서도 주간보다 더 느린 느낌이 든다. 또한 다른 차의 조종 불빛이 속도에도 판단에 착오가 생긴다.

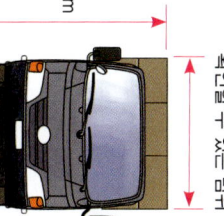

21 운전자의 준수사항

1. 모든 운전자의 준수사항

(1) 일시정지해야 할 경우
① 어린이가 보호자 없이 도로를 횡단하는 때, 어린이가 도로에서 앉아 있거나 서 있을 때, 또는 어린이가 도로에서 놀이를 하는 때 등 어린이에 대한 교통사고의 위험이 있는 것을 발견한 때
② 앞을 보지 못하는 사람이 흰색지팡이를 가지거나 장애인보조견을 동반하고 도로를 횡단하고 있는 때
③ 지하도나 육교 등 도로횡단시설을 이용할 수 없는 지체장애인 등이 도로를 횡단하고 있는 때

(2) 자동차 우리의 투과율
자동차 앞면 창유리 및 운전석 좌우 옆면 창유리의 암도가 교통안전 등에 지장을 줄 수 있는 정도의 투과율을 말한다.
• 앞면 창유리의 경우 70%
• 운전석 좌·우 옆면 창유리의 경우 40%

(3) 교통단속용 장비의 기능을 방해하는 장치를 한 차나 그 밖에 안전운전에 지장을 줄 수 있는 것으로서 행정안전부령이 정하는 기준에 적합하지 아니한 장치를 한 차를 운전하지 아니할 것

(4) 운전자는 정당한 사유 없이 다음 각 목의 어느 하나에 해당하는 행위를 하여 다른 사람에게 피해를 주는 소음을 발생시키지 아니할 것

(5) 도로에서 자동차를 세워둔 채 시비·다툼 등의 행위를 함으로써 다른 차마의 통행을 방해하지 아니할 것

(6) 운전자가 운전석으로부터 떠나는 때에는 원동기의 발동을 끄고 제동장치를 철저하게 하는 등 차의 정지상태를 안전하게 유지하고 다른 사람이 함부로 운전하지 못하도록 필요한 조치를 할 것

(7) 운전자는 안전을 확인하지 아니하고 차의 문을 열거나 내려서는 안되며, 승차자가 교통의 위험을 일으키지 아니하도록 필요한 조치를 할 것

(8) 운전자는 정당한 사유 없이 다음 각 목의 어느 하나에 해당하는 행위를 하여 다른 사람에게 피해를 주는 소음을 발생시키지 아니할 것

(9) 운전자는 승객이 차 안에서 안전에 현저히 장해를 줄 정도로 춤을 추는 등 소란행위를 하도록 내버려두고 차를 운행하지 아니할 것

(10) 운전자는 휴대용 전화기(자동차용 전화를 포함한다)를 사용하지 아니할 것

참고 | 예외 사항
① 자동차 등이 정지하고 있는 경우
② 긴급자동차를 운전하는 경우
③ 각종 범죄 및 재해신고 등 긴급한 필요가 있는 경우
④ 안전운전에 장애를 주지 않는 장치로 대통령이 정하는 장치를 이용하는 경우

(11) 운전 중에는 방송 등 영상물을 수신하거나 재생하는 장치(운전자가 휴대하여 사용하는 것을 포함하며, 이하 "영상표시장치"라 한다)를 통하여 운전자가 볼 수 있는 위치에 영상이 표시되지 아니하도록 할 것

참고 | 예외 사항
① 자동차 등이 정지하고 있는 경우
② 지리안내 영상 또는 교통정보안내 영상이 표시되는 경우
③ 국가비상사태·재난상황 등 긴급한 상황을 안내하는 영상이 표시되는 경우
④ 운전을 할 때 자동차 등의 좌우 또는 전후방을 볼 수 있도록 도움을 주는 영상이 표시되는 경우

(12) 운전자는 자동차의 화물 적재함에 사람을 태우고 운행하지 아니할 것
(13) 그 밖에 시·도경찰청장이 교통안전과 교통질서 유지에 필요하다고 인정하여 지정·공고한 사항에 따를 것

2. 특정 운전자의 준수사항

① 자동차를 운전 시 좌석안전띠를 매어야 하며, 이 외 좌석의 승차자에게도 좌석안전띠를 매도록 하여야 한다. 유아인 경우에는 유아보호용 장구를 장착한 후 좌석안전띠를 매도록 한다(단, 질병 등으로 인하여 좌석안전띠를 매는 것이 곤란하거나 행정안전부령이 정하는 사유가 있는 경우 제외).

참고 | 좌석안전띠를 매지 않아도 되는 경우
① 부상·질병·장애 또는 임신 등으로 인하여 좌석안전띠의 착용이 적당하지 아니하다고 인정되는 자가 자동차를 운전하거나 승차하는 때
② 신장·비만, 그 밖의 신체의 상태에 의하여 좌석안전띠의 착용이 적당하지 아니하다고 인정되는 자가 자동차를 운전하거나 승차하는 때
③ 긴급자동차가 그 본래의 용도로 운행되고 있는 때
④ 경호 등을 위한 경찰용 자동차에 의하여 호위되거나 유도되고 있는 자동차를 운전하거나 승차하는 때
⑤ 국민투표운동·선거운동 및 국민투표·선거관리업무에 사용되는 자동차를 운전하거나 승차하는 때
⑥ 우편물의 집배, 폐기물의 수집 그 밖에 빈번히 승강하는 것을 필요로 하는 업무에 종사하는 자가 해당업무를 위하여 자동차를 운전하거나 승차하는 때
⑦ 여객자동차운송사업용 자동차의 운전자가 승객의 주취·약물복용 등으로 좌석안전띠를 매도록 할 수 없는 때
⑧ 「국민건강보험법」에 의하여 실시하는 건강검진을 받는 등의 사유로 자동차를 운전하거나 승차하는 때

② 운전자는 그 옆 좌석 외의 승차자에게도 좌석안전띠를 매도록 주의를 환기하여야 하며, 승용자동차의 유아가 옆 좌석 외의 좌석에 승차하는 경우에는 좌석안전띠를 매도록 해야 한다.
• 운행 중 화물자동차 등의 장치된 자전거가 운행 정면이 바르게 일시정지한 차의 진행을 방해하는 행위
• 운행기록계가 설치된 자동차를 운전하는 행위
• 이륜자동차 및 원동기장치자전거의 운전자는 행정안전부령이 정하는 인명보호장구를 착용하고 운행하여야 하며, 승객에게도 착용하도록 하여야 한다.
③ 운송사업용 자동차 또는 화물자동차 등의 운전자는 다음의 행위를 하여서는 아니된다.
• 운행기록계가 설치되어 있지 아니하거나 고장 등으로 사용할 수 없는 운행기록계가 설치된 자동차를 운전하는 행위
• 운행기록계를 원래의 목적대로 사용하지 아니하고 자동차를 운전하는 행위
• 사업용 승용자동차의 운전자는 합승행위 또는 승차거부를 하거나 신고한 요금을 초과하는 요금을 받는 행위

3. 어린이 통학버스 특별보호

① 어린이통학버스가 도로에 정차하여 어린이나 영유아가 타고 내리는 중임을 표시하는 점멸등 등의 장치를 작동 중인 때에는 어린이통학버스가 정차한 차로와 그 차로의 바로 옆 차로로 통행하는 차의 운전자는 어린이통학버스에 이르기 전에 일시정지하여 안전을 확인한 후 서행하여야 한다.
② 중앙선이 설치되지 아니한 도로와 편도 1차로인 도로에서는 반대방향에서 진행하는 차의 운전자도 어린이통학버스에 이르기 전에 일시정지하여 안전을 확인한 후 서행하여야 한다.
③ 모든 차의 운전자는 어린이나 영유아를 태우고 있다는 표시를 한 상태로 도로를 통행하는 어린이통학버스를 앞지르지 못한다.

---

22 교통안전교육

1. 교통안전교육
운전면허를 받고자 하는 사람은 시험에 응시하기 전에 교통안전교육을 받아야 한다(단, 특별한 교통안전교육을 수료한 사람은 제외).

2. 특별교통안전교육
운전면허가 정지되거나 취소된 대상자 또는 운전면허 벌점 보유자

3. 고령운전자 교통안전교육 대상
① 만 65세 이상 어르신 운전자를 대상으로 하는 교통안전교육(권장)
② 만 75세 이상 어르신 운전자를 대상으로 하는 교통안전교육(의무)

Section 06 특별한 상황에서의 운전

01 도로 환경에 따른 운전

1. 언덕길에서 운전
① 언덕길의 정상 부근(고갯마루)에서는 반대편에서 오는 차를 확인하기 어려우므로, 고갯마루 내의 횡단보도나 보행자가 있을 수 있으므로 앞지르기를 금지한다.
② 내리막길에서 풋 브레이크를 계속 사용하게 되면 베이퍼 록이나 페이드 현상 등이 발생하여 제동장치의 엔진 브레이크를 함께 사용하는 것이 좋다. 또한 앞차와의 안전거리를 충분히 유지한다.

참고 자동변속 차량은 매뉴얼 2 모드 L의 위치에 놓는다.

2. 도로의 모퉁이, 구부러진 길
① 도로의 모퉁이나 커브길을 주행할 때에는 그 앞의 직선도로 부분에서 충분히 속도를 줄여야 한다.
② 모퉁이나 커브길을 돌 때에는 반드시 도로의 중앙을 넘어가지 않도록 한 쪽에 치우쳐 하지 않고 주의하여 운전해야 한다.
③ 위험스럽게 느껴지는 경우나 자전거, 소수레, 사람 등 교차로인 경우에는 도로의 중앙에서 안전하다고 판단될 때까지 그 중앙선을 넘어 주행하지 않도록 한다.
④ 경사가 진 구부러진 길에서는 빗물이 더 안쪽으로 몰기(배수) 때문에 빗길커브 길 안쪽가 자전거를 지키거나 도로 밖으로 빠지게 될 위험이 있다는 것을 주의해야 한다.

3. 주택가 골목길
① 주택가 골목길은 항상 사행운전을 해야 한다.
② 운전자는 공이나 자전거, 장난감 뒤에는 반드시 어린이가 뛰어나오리라 예상해 주의해야 한다.
③ 위험한 곳에는 자동차를 주차시키지 않도록 한다.

02 빗길, 눈길(빙판길)에서의 운전

1. 빗길에서의 운전
(1) 비가 내리기 시작할 무렵
① 충분한 안전거리의 확보와 보행자와 함께 감속운행을 해야 한다.
② 급제동은 피하고 자전거, 장난감 뒤에는 반드시 주의하여야 한다.
③ 엔진 브레이크를 사용하여 안전운전이 되도록 한다.

(2) 물웅덩이를 통과한 직후
① 브레이크가 잘 듣지 않는다는 사실에 유의한다.
② 한적한 직선도로에서 브레이크 페달을 가볍게 타이어의 습기를 제거하여 제동상태를 점검한다.

(3) 주행 중에 반개가 심하게 칠 때
① 도로의 가장자리에 차를 세운다.
② 시동을 끄다.
③ 차 밖으로 나오지 말고, 차 안에 머무르는 것이 안전하다.

2. 눈길(빙판길)에서의 운전
(1) 눈길에서의 출발
① 눈길에서는 눈으로 인해 타이어와 노면의 마찰계수가 적어지므로 본격적인 발생한 다음한 다음 밟으면서 부드럽게 출발한다.
② 2단 기어로 출발한다.
③ 주차 브레이크를 절반 정도 당겨주고 출발한다.

03 야간 운전

1. 시계와 속도
① 야간에는 운전자가 눈으로 확인할 수 있는 시야의 범위가 좁아져 도로상의 보행자나 자전거 등의 발견이 늦어지고, 속도감도 둔해지기 때문에 감속운전을 해야 한다.
② 해가 지고 난 직후는 먼저 차폭등이나 미등을 켜고, 어두워지기 시작하면 전조등을 켠다.
③ 주간이나 터널 안이나 차량 진입 때에는 전방 100m 이내를 비출 수 있도록 하향 전조등을 켜야 한다.
④ 보행자와 자동차의 통행이 빈번한 곳에서는 항상 전조등을 하향으로 하고 운전한다.

2. 마주 오는 차의 불빛과 시선
① 야간에는 운전자가 눈으로 확인할 수 있는 시야의 범위가 좁으므로 감속운전과 함께 보행자와 운전자의 시선을 빼지 않도록 한다.

참고 증발현상
도로상에 있는 보행자가 마주 오는 차의 전조등 불빛과 마주치면서 불빛 신체의 일부 또는 전체가 보이지 않는 현상을 말한다.

② 시선은 도로의 먼 곳을 주시한다.
③ 마주 오는 차의 전조등 불빛을 직접 주시하여 시야장애를 방지한다.
④ 마주 오는 차의 전조등 불빛으로 눈이 부실 경우에는 시선을 약간 오른쪽으로 돌리며 보행자의 유무 등을 확인한다.
⑤ 신호등이 없는 교차로나 커브길에서는 전조등을 불빛을 2~3회 깜박거려 자신의 접근을 알리는 것이 좋다.

3. 앞차의 제동등에 주의
① 야간은 앞차까지의 거리를 앞차의 제동등으로 판단하므로 앞차의 제동등에 항상 주의한다.
② 앞차의 제동등이 켜지면 감속하거나 주의한다.
③ 앞차가 급제동, 급핸들 등 위험한 상황이므로 이에 대비하는 되도록 차간거리를 충분히 유지한다.

(2) 미끄러질 경우 대처 요령
① 눈길, 빙판길 또는 앞 타이어 등으로 자동차가 미끄러지면 핸들의 쏠림에는 미끄러지는 방향으로 내어가면서 속도를 줄이고 해 들을 조금씩 돌리며 빠져나온다.
② 주행 중 타이어가 펑크 났을 때 : 에어컨을 작동시키거나 창문을 열어 아주 위험해진다. 이때에는 핸들을 한쪽으로 쏠림 없이 위험하지 않도록 비상점멸등을 켜고, 가장자리로 천천히 세운다.
③ 강풍이나 옆풍 : 향풍이 불 때에는 핸들을 단단히 잡고 가장자리로 향한다.
④ 안개 낀 때 : 감속운전하며, 안개등을 켜고 중앙선과 앞차의 미등을 기준으로 충분한 안전거리를 두고 사행한다.

04 차의 등화

1. 차의 등화를 켜야 하는 경우(주간 포함)
① 밤에 도로에서 차를 운행하거나 그 밖의 부득이한 사유로 도로에 차를 정차 또는 주차시키는 경우
② 안개・눈・비 등으로 인하여 전방 100m 이내의 도로상의 장애물을 확인할 수 없을 때
③ 도로에서 차를 운행하거나 고장이나 그 밖의 부득이한 사유로 차를 도로에 정차 또는 주차시키는 경우
④ 터널을 통과하는 경우

2. 야간 주행 때 지켜야 할 등화
① 자동차 : 전조등, 차폭등, 미등, 번호등, 실내조명등 (실내조명등은 승합자동차와 여객자동차운송사업용 승용자동차에 한함)
② 원동기장치자전거 : 전조등, 미등
③ 견인되는 차 : 차폭등, 미등, 번호등
④ 노면전차 : 전조등, 차폭등, 미등 및 실내조명등
⑤ 규정외의 차 : 시・도경찰청장이 정하여 고시하는 등화

3. 야간 주・정차 때 켜야 하는 등화
① 자동차(이륜자동차 제외) : 자동차안전기준에 정하는 미등과 차폭등
② 이륜자동차(원동기장치자전거 포함) : 미등(후부반사기 포함)
③ 노면전차 : 차폭등 및 미등
④ 규정외의 차 : 시・도경찰청장이 정하여 고시하는 등화

4. 야간 운전 시 등화 방법
① 마주 오는 차의 진조등에 현혹되지 않으려면 시선을 약간 오른쪽으로 돌려 마주 오는 차의 전조등을 직접 보지 말고, 주위가 어두우면 실내등을 켜기도 한다.
② 밤에 주행할 때에는 전조등의 방향을 아래로 유지하여 맞은편 도로를 이용하는 사람의 눈이 부시지 않도록 한다.

참고 | 마주 오는 차의 진조등이 너무 밝아서 눈이 부실 때에는 시선을 약간 오른쪽으로 돌려 보도의 우측을 보도록 하며, 주위가 어두운 도로, 차, 우회전 길을 알 수 없는 곳이나 커브길에서는 전조등을 점멸하여 차의 접근을 알린다.

05 차에 작용하는 물리적인 힘과 운전

1. 관성과 마찰
관성은 물체가 외부 힘의 작용을 받지 않는 한 정지한 상태나 운동 중인 상태를 그대로 유지하려는 현상으로, 주행 중인 차의 경우 제속 중에 제동력을 유지해야 하기 때문에 브레이크 페달을 밟아도 곧장 정지하지 않는다. 브레이크를 밟으면 차는 타이어와 노면과의 마찰저항에 의해 정지된다.

2. 구심력과 원심력
① 원심력 : 원의 중심으로부터 밖으로 나가려는 힘
② 구심력 : 원심력의 반작용

- 커브 : 커브의 반경이 작을수록 급커브일수록 커진다.
- 중량 : 차체의 무거울수록 커진다.
- 속도 : 속도의 제곱에 비례하여 커진다.
③ 커브 길에서 원심력 : 도로 모퉁이 구부러진 길에서 작용하여 자동차가 바깥쪽으로 나가려는 원심력이 작용하면 모든 미끄러지거나 도로 이탈되는 현상이 발생한다.

3. 속도와 충격력
① 충격력 : 충돌 시 사고로 인하여 발생하는 힘을 말한다.
② 충격력의 크기 : 충돌한 물체가 단단할수록 커지는 현상으로, 무게가 무거울수록 속도의 크기, 무게에 비례하여 커진다.

4. 베이퍼 록(Vaper Lock) 현상
브레이크를 한번에 너무 많이 사용하게 되면 브레이크의 마찰열이 브레이크 오일 전달되어 내에 기포가 발생하는 현상으로, 브레이크 페달을 밟아도 제동력이 약해져 브레이크가 잘 듣지 않아 속도의 크기가 체감되어 비례하여 커진다.

5. 페이드(Fade) 현상

베이퍼 록 현상이 마찰계수가 저하로 보통 브레이크를 사용했을 때 브레이크가 갑자기 듣지 않을 경우 마찰계수로 자동차가 제동이 생기는 현상으로, 계속적인 풋브레이크를 사용하지 않게 한다.

참고 | 긴 내리막길을 내려갈 때에는 엔진 브레이크를 사용하고, 필요에 따라 풋 브레이크를 쓰는 습관을 들여야 한다.

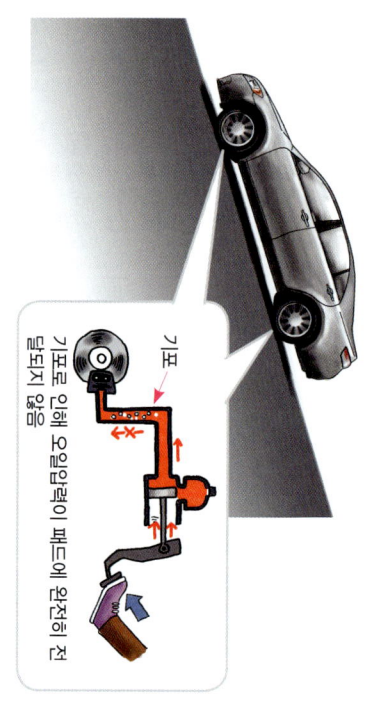

기포로 인해 오일압력이 패드에 완전히 전달되지 않음

6. 수막(하이드로플레닝, Hydroplaning) 현상

① 우천 시 고속도로 등에서 갑자기 풋 브레이크를 타이어와 노면 사이에 빗 물이 수상스키처럼 모든 접지력을 타이어나 브레이크 돌리는 것이 일어나지 않고, 제어가 되지 않게 된다. 수막현상은 수상스키 타이어나 브레이크가 나오기 수가 있다.
② 승용차는 시속 90~100km 이상 달리면 도로의 상태에 따라 달라지지만, 공기가 낮으면 타이 어가 상태와 시속 70km 속도에서도 발생한다. 공기압이 낮아지거나 속도는 시속 마찰 경우 감속 운행해야 한다.

참고 | 비가 내리는 고속도로에서는 속도를 낮추고 주행하며, 이 현상이 일어날 때에는 타이어 사 어손 핸들을 단단히 잡고 엔진 브레이크를 사용하여 서서히 속도를 늦추어야 한다.

7. 스탠딩웨이브(Standing Wave) 현상

① 다른 여름철에 과열된 도로에서 고속주행 시 접지부분부터 타이어가 바퀴 의 회전 속도가 변화에 의해 고속주 행시 타이어의 일부분이 부풀어 타이 어가 물결치는 것은 공기압 현상이 되 는 현상이다.

② 영향 : 타이어는 고열을 받기 때문에 그 열로 인하여 타이어가 찢어져 경우 수 있다.

참고 | 스탠딩웨이브 현상은 타이어의 공기압이 낮으면 발생하기 쉬우므로 고속주행할 때에는 타이어의 공기압을 약 10~15% 높게 주입한다.

Section 07 고속도로에서의 운전

01 차로에 따른 통행 구분

1. 차로의 구분

① 주행차로 : 고속도로에서 주행 시 통행해야 하는 차로
② 앞지르기 차로 : 앞지르기 할 때 통행하는 차로
③ 가속차로 : 고속도로에 진입하기 위하여 속도를 높이는 차로
④ 감속차로 : 고속도로에서 빠져나갈 때 속도를 줄이는 차로
⑤ 오르막 차로 : 화물차 등으로 속도가 느린 차가 오르막을 올라갈 때 이용
⑥ 갓길(길어깨) : 긴급상황에서 고속도로의 보수 · 유지 작업차는 예외

참고 | 일반 자동차의 경우 긴급상황에는 갓길에 정차할 수 있다.

앞지르기 차로(추월선 이용)
추월차로
주행차로
주행차로
갓길

2. 고속도로 차로에 따른 통행차량 구분

도로	차로 구분	통행할 수 있는 차종
편도 2차로	1차로	앞지르기를 하려는 모든 자동차. 다만, 차량통행량 증가 등 도로상황으로 인하여 부득이하게 시속 80킬로미터 미만으로 통행할 수밖에 없는 경우에는 앞지르기를 하는 경우가 아니라도 통행할 수 있다.
	2차로	모든 자동차
편도 3차로 이상	1차로	앞지르기를 하려는 승용자동차 및 앞지르기를 하려는 경형 · 소형 · 중형 승합자동차. 다만, 차량통행량 증가 등 도로상황으로 인하여 부득이하게 시속 80킬로미터 미만으로 통행할 수밖에 없는 경우에는 앞지르기를 하는 경우가 아니라도 통행할 수 있다.
	2차로	승용자동차 및 경형 · 소형 · 중형 승합자동차
	3차로 이상	대형 승합자동차, 화물자동차, 특수자동차, 별표18호의 건설기계

※ 왼쪽차로 : 1차로를 제외한 차로의 수가 홀수인 경우 가운데 차로는 제외한다.
※ 오른쪽 차로 : 왼쪽 차로를 제외한 나머지 차로

3. 고속도로에서의 속도

자동차 등의 운전자는 규정에 의한 최고속도를 초과하거나 최저속도에 미달하여 운전해서는 안 된다(단, 교통이 정체되거나 그 밖의 부득이한 사유로 최저속수도에 미달하게 되는 때에는 제외).

고속도로 구분	최고속도	최저속도
편도 1차로 고속도로	80km/h	최저 50km/h
편도 2차로 이상 고속도로	100km/h 80km/h(적재중량 1.5톤 초과 화물자동차 및 건설기계, 특수자동차)	최저 50km/h
경찰청장이 인정 지정 · 고시한 고속도로	120km/h 90km/h(적재중량 1.5톤 초과 화물자동차 및 건설기계, 특수자동차)	

참고 | 안전거리 확보
• 100km/h 주행할 때 100m 이상의 안전거리 확보
• 80km/h 주행할 때 80m 이상의 안전거리 확보
참고 | 고속도로에서 서행은 최저 속도로 운전하는 것을 말한다.

02 고속도로 주행 시 금지사항

1. 갓길 통행금지

① 자동차의 운전자는 고속도로 등에서 자동차의 고장 등 부득이한 사정이 있는 경우를 제외하고는 규정에 따라 통행해야 하며, 갓길로 통행하는 자동차는 안 된다(단, 긴급자동차의 경우에는 예외).
② 자동차의 운전자는 고속도로에서 다른 차를 앞지르려면 방향지시기 · 등화 또는 경음기를 사용하여 지정된 차로로 안전하게 통행해야 한다.

2. 횡단 등의 금지

① 자동차의 운전자는 그 차를 운전하여 고속도로 등을 횡단하거나 유턴 또는 후진해서는 안 된다. 다만, 긴급자동차 또는 도로의 보수 · 유지 등의 작업을 하는 자동차 가운데 고속도로 등에서의 위험을 방지 · 제거하거나 교통사고에 대한 응급조치작업을 위한 자동차로서 그 목적을 위하여 필요한 장소에서 사용되는 자동차는 예외한다.

3. 통행 등의 금지

자동차 외의 차마의 운전자는 고속도로 등을 통행하거나 횡단해서는 안 된다.

4. 고속도로 등에서의 정차 및 주차의 금지

자동차의 운전자는 고속도로 등에서 차를 정차하거나 주차시켜서는 안 된다. 다만, 다음의 경우에는 예외한다.

① 법령의 규정 또는 경찰공무원(자치경찰공무원은 제외)의 지시에 따르거나 위험을 방지하기 위하여 일시 정차 또는 주차시키는 경우
② 정차 또는 주차할 수 있도록 안전표지를 설치한 곳이나 정류장에서 정차 또는 주차시키는 경우
③ 고장이나 그 밖의 부득이한 사유로 길가장자리(갓길)에 정차 또는 주차시키는 경우
④ 통행료를 지불하기 위하여 통행료를 받는 곳에서 정차하는 경우
⑤ 도로의 관리자가 고속도로 등을 보수 · 유지 또는 순회하기 위하여 정차 또는 주차시키는 경우
⑥ 경찰용 긴급자동차가 고속도로 등에서 범죄수사 · 교통단속이나 그 밖의 경찰임무의 수행을 위하여 정차 또는 주차시키는 경우
⑦ 교통이 밀리거나 그 밖의 부득이한 사유로 움직일 수 없을 때에 고속도로 등의 차로에 일시 정차 또는 주차시키는 경우

참고 | 고속도로에서 주 · 정차할 수 있는 경우
① 휴식이나 사진 촬영 등을 위한 갓길 정차 · 주차 금지
② 운전자 교대를 위한 갓길 정차 · 주차 금지
③ 교통사고를 구경하기 위해 정차 · 주차 금지

03 고속도로에서 운전 시 주의사항

1. 졸음 운전

① 교통 환경의 변화가 단조로운 고속도로는 고속도로에서의 운전은 시가지 도로나 일반도로에서 운전하는 것보다 주의력이 떨어지고 수면 부족과 관계없이 졸음이 올 수 있다.
② 고속도로에서 운전 시 졸음이 오는 경우 가까운 휴게소 등에서 충분한 휴식을 취한 후 운전한다(졸음에서 운전 시 졸음 금지).

2. 고속도로 진출입 시 운전방법

① 고속도로 진입 시 사방을 주시하고 본선 주행 차량을 확인하고, 사행하며 본선 주행 차량에 대해 안전운전을 한다.
② 고속도로 진출 시 사방에 가까운 차량에 대해 안전운전을 하며 미리 함류 차로를 변경한다.

Section 08 교통사고 발생 시 조치

01 교통사고 발생 시 조치 요령

1. 교통사고의 조치

차의 교통으로 인하여 사람을 사상(死傷)하거나 물건을 손괴(損壞)한 때에는 그 차의 운전자는 그 밖의 승무원은 즉시 정차하여 사상자에 사상자 구호, 사고 신고에 필요한 조치를 해야 한다.

참고 | 교통사고 발생 때 조치: 즉시정지 → 사상자 구호 → 사고 신고

2. 사고발생 시의 조치

① 차의 운전자 등은 경찰공무원이 현장에 있을 때에는 그 경찰공무원에게, 경찰공무원이 현장에 없을 때에는 가장 가까운 국가경찰관서에 다음의 사항을 지체없이 신고해야 한다. (단, 운행 중인 차만이 위험방지와 원활한 소통을 위하여 필요한 조치를 한 때에는 신고할 필요가 없다.)

참고 | 교통사고 발생 시 경찰관서에 신고할 내용
- 사고가 일어난 곳
- 사상자 수 및 부상정도
- 손괴한 물건 및 손괴 정도
- 그 밖의 조치사항 등

② 신고를 받은 국가경찰관서의 경찰공무원은 부상자의 구호와 그 밖의 교통위험 방지를 위하여 필요하다고 인정하는 때에는 경찰공무원이 현장에 도착할 때까지 신고한 운전자 등에 대하여 현장에서 대기할 것을 명할 수 있다.

③ 경찰공무원은 교통사고를 낸 차의 운전자 등에 대하여 그 현장에서 부상자의 구호와 교통안전상 필요한 지시를 명할 수 있다.

④ 긴급자동차 또는 부상자를 운반 중인 차 및 우편물자동차 등의 운전자는 긴급한 경우에는 승차자로 하여금 조치 또는 신고를 하게 하고 운전을 계속할 수 있다.

⑤ 경찰공무원은 교통사고가 발생한 경우에는 대통령령이 정하는 바에 의하여 필요한 조사를 해야 한다.

3. 사고발생 때 조치에 대한 방해의 금지

교통사고가 있었던 경우에 누구든지 운전자 등의 조치 또는 신고행위를 방해해서는 안된다.

02 응급구호조치

1. 응급구호조치

① 응급구호조치: 사고 현장에서 구급차가 도착하기 전에 행하는 응급처치
② 응급구호조치의 종류: 관찰, 이동, 체위관리, 기도확보, 인공호흡, 심장 마사지, 지혈법 등

2. 응급구호 실시상의 주의사항

① 응급구호조치를 할 적절한 장소를 찾는다.
② 부상자가 여러 사람일 때에는 우선순위를 정한다.
③ 통행차량이나 보행인에 협조를 요청한다.
④ 장소를 이동시킬 때에는 부상자를 악화시키지 않도록 한다.
⑤ 부상자가 의식이 있는 경우 정신적 안정을 취하도록 한다.

---

3. 고속도로 진입할 때의 우선순위

① 자동차(긴급자동차 제외)의 운전자는 고속도로에 들어가려고 하는 때에는 그 고속도로를 통행하고 있는 다른 자동차의 통행을 방해해서는 안된다.

② 긴급자동차 외의 자동차의 운전자는 긴급자동차가 고속도로에 들어가는 때에는 그 진입을 방해해서는 안된다.

주행 중인 차 우선

긴급자동차 우선

04 고속도로에서 고장 시 조치요령

1. 주간

① 고장자동차 도로 우측 가장자리로 이동
② 고장자동차의 보닛 또는 트렁크를 열어 고장자동차임을 표시
③ 고장차의 뒤쪽 100m 이상 지점에 안전삼각대 설치

2. 야간

① 고장자동차를 도로 우측 가장자리로 이동
② 고장차의 100m 이상 지점에 안전삼각대 설치
③ 고속도로에서 야간에 안전삼각대와 함께 추가로 설치해야 하는 것: 사방 500m 지점에서 식별할 수 있어야 하며, 그 자동차로부터 200m 이상 뒤쪽에 설치

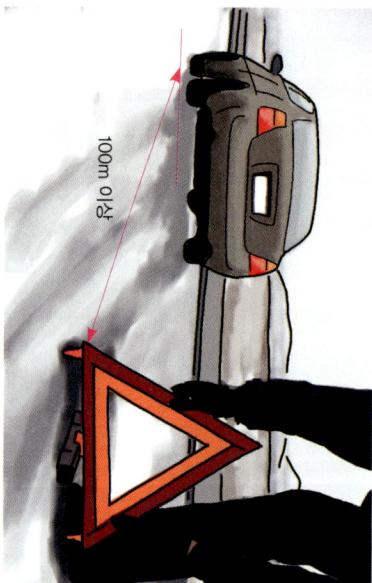

100m 이상

Section 09 운전에 따르는 법적 책임

01 운전면허 벌점

1. 벌점제도란?
벌점제도는 교통법규 위반이나 교통사고 야기 때 그 위반의 경중과 피해의 정도 등에 따라 일정한 점수를 부여하여 그 점수의 합계가 일정한 수준에 도달할 때 행정처분을 하게 되는 제도이다.

2. 범칙행위 및 처리
① 범칙행위 : 20만원 이하의 벌금, 구류에 해당하는 비교적 가벼운 범행 위
② 범칙금 : 범칙자에 통고처분에 의한 일정한 국고(또는 제주특별자치도의 금고)에 납부해야 할 금전
③ 무인단속장비에 의해 속도위반으로 단속된 경우 차중의 과태료가 다르고 스티커를 발부 받게 되면 벌점과 과태료가 각각 다르다. 과태료에 따라 벌점부과는 안되나, 범칙금(20km/h 이하, 20km/h~40km/h, 40km/h 초과)과 과태료 기준(법규위반으로부터 15일)내 경찰관서 또는 교통민원실로부터 경찰관의 청구 등의 결정을 중점짐한다.
④ 위반 사실 통지서를 받고 스티커를 발부 받고 기한(발부일로부터 15일) 내 경찰관서 또는 교통민원실로 납부하지 않을 경우에는 범칙금 및 과태료 처분도 진다.
⑤ 과태료 부과 처분을 받고 내 납부하지 않을 경우에는 부과 금액의 최저 5%에서 최고 77%의 가산된 체납 금액의 부과되며, 기신청 채납 시에는 범칙금의 발부의 처분도 없다.

02 교통법규 통고처분

1. 통고처분
① 통고처분 : 범칙금을 납부할 것을 서면으로 통고하는 행정조치
② 통고처분을 할 수 없는 경우
 • 성명 또는 주소가 확실하지 아니한 사람
 • 달아날 우려가 있는 사람
 • 범칙금납부통고서 받기를 거부한 사람

2. 차별의 특례
① 운전자의 교통사고 처벌기준 : 5년 이하의 금고 또는 2,000만원 이하의 벌금
② 차량 등의 교통으로 업무상과실치상죄 또는 중과실치상죄를 범한 운전자에 대하여는 피해자의 명시한 의사에 반하여 공소를 제기할 수 없다.
(단, 차량 운전자가 업무상과실치상죄 또는 중과실치상죄를 범하고 피해자를 구호하는 등 조치를 하지 아니하고 도주하거나 피해자를 사고 장소로부터 옮겨 유기하고 도주한 경우 제외)

03 교통사고처리 특례법

1. 교통사고처리 특례법의 목적
업무상 과실 또는 중대한 과실로 교통사고를 일으킨 운전자에 관한 형사처벌 등의 특례를 정함으로써 교통사고로 인한 피해의 신속한 회복을 촉진하고 국민생활의 편익을 증진함을 목적으로 한다.

2. 범칙금의 납부
① 범칙금 납부기간 : 10일 이내(단, 부득이한 경우 해소일로부터 5일 이내에 납부)
② 납부기간 경과시 : 만료일의 다음 날부터 20일 이내에 통고받은 범칙금에 100분의 20을 더한 금액을 납부해야 한다.

3. 범칙금(과태료) 납부 불이행자의 처리
① 범칙금 납부기간 : 범칙금 납부기간(1차+2차)을 경과한 경우
② 통고처분 불이행 처리 : 즉결심판에 회부(단, 범칙금에 100분의 50을 더한 금액을 납부하면 면제)
③ 즉결심판 : 범칙금 납부 최종 만료일로부터 60일 경과
④ 즉결심판 불응 처리 : 40일간 면허정지
⑤ 면허정지기간 중 범칙금 100분의 50을 더한 금액을 납부하면 정지처분 철회기간 면제

③ 통고처분은 경찰서장이 하며, 범칙금납부통지서 교부는 현장에서 경찰공무원이 한다.

---

04 응급처치요령

3. 응급조치의 순서
① 부상자를 구출한다.
② 안전한 장소로 이동시킨다.
③ 부상자를 편안한 자세로 눕힌다.
④ 병원(또는 119)에 신속하게 연락한다.
⑤ 부상부위에 대하여 응급조치를 한다.

4. 부상자의 관찰과 조치

구분	관찰방법	조치사항
의식여부	• 말을 걸어본다. • 꼬집어 본다.	• 의식이 있을 때 : 안심시킨다. • 의식이 없을 때 : 기도를 확보
호흡상태	• 가슴이 뛰는지 살핀다. • 부상자의 입과 코에 대어본다.	• 호흡이 있을 때 : 인공호흡 • 호흡이 없을 때 : 심장마사지
출혈여부	• 출혈 부위와 출혈 정도 확인 • 맥을 짚어본다.	• 지혈조치 • 기도 확보
구토여부	• 입 속에 오물 확인	• 단순 골절인 경우 : 부목고정 • 개방성 골절 : 감염예방
골절여부	• 신체의 일부가 변형 확인	

5. 응급처치의 순서
① 응급조치 순서 : 부상자 인출 → 안전한 장소로 이동 → 편안한 자세 유지 → 병원에 연락 → 응급처치
② 응급처치 안전시키기 위한 조치로 체온유지, 부상자를 안심시키기되도 부상 정도 의식이 없을 때는 옷을 헐렁하게 해준다.
③ 부상자의 상처 부위를 기도개방하여 뒤로 젖히고 입숙의 이물을 체크(가래, 구토물 등)
④ 구급용품 : 삼각건, 붕대, 거즈, 소독약 등

6. 응급처치 시 유의사항
① 모든 부상자를 찾고 응급처치할 수 있는 데까지 조치한다.
② 골절, 내부 장기손상의 위험이 있으므로 부상자를 옮겨서는 안된다.
③ 부상자를 안심시키고 여러곳을 이리저리 살펴보지 않게 해준다.
④ 부상자의 신원을 파악해 두고 의식이 없을 때는 옷을 헐렁하게 해준다.

Section 10 자전거와 경제속도

01 자전거 운전자의 보호

① 자동차 운전자는 자전거 옆을 지날 때에는 그 자전거와의 충돌을 피할 수 있도록 필요한 거리를 확보하여야 한다.
② 모든 차의 운전자는 교차로에서 우회전을 하고자 하는 때에는 신호에 따라 정지 또는 진행하는 보행자 또는 자전거에 주의하여야 한다.

참고 축전 축제가 긴 자동차의 우회전 시 내륜차로 인해 보행자나 자전거가 끼이는 경우가 있으므로 보도와 차도를 충분히 두어 우회전한다.

③ 모든 차의 운전자는 보행자전용도로의 통행이 허용된 경우 보행자전용도로를 통행하는 자전거 운전자는 보행자의 걸음 속도로 운행하거나 앞에서 일시정지하여 보행자를 방해하거나 위험을 주어서는 안된다.

02 경제속도와 연료절약

1. 경제속도

① 자동차의 일반도로에서의 경제속도는 60~70km/h이다. 하지만 교통량이 많은 도심의 시내의 경우 60km/h으로 제한한다.
② 자동차전용도로의 경우 70km/h이 적당하며, 고속도로의 경우 80~90km/h가 적당하다.

2. 연료절약 주행방법

① 운행 계획: 막연한 출발보다는 목적지까지의 경로를 미리 파악하고, 각종 매스컴 및 기기를 이용한 정체 구간을 피해 계획적인 운전을 한다.
② 공회전 금지: 불필요한 공회전, 공기가속을 하지 않는다.
③ 점진적 조작: 급발진, 급제동, 급가속 등을 하지 않는다.
④ 정속 주행: 브레이크 사용을 줄이고 정속주행을 한다.
⑤ 과적 금지: 자동차에 불필요한 짐을 싣고 다니지 않는다.
⑥ 냉 · 난방장치: 냉 · 난방장치를 무리하게 사용하지 않는다.
⑦ 청차 중 시동 정지: 정차시간이 길어질 경우에는 엔진의 시동을 끈다.
⑧ 규정속도 준수: 과속하면 공기저항이 풍부레이크의 사용도 증가 소모도 차를 선택한다.
⑨ 에너지 효율등급이 높은 차를 선택한다.

참고 여름철 에어컨을 사용하면 연료소모는 약 10~20% 증가한다.

⑩ 타이어의 공기압을 적정수준으로 유지한다(고속도로 주행시 평상보다 약 15~20% 정도 높인다).
⑪ 엔진 오일, 공기청정기(에어클리너), 변속기 오일, 연료 필터, 냉각수, 팬벨트 등 자동차 구동에 필수적인 오일 부품을 제조사가 권장하는 기간 내에 교체해 준다.

3. 보험 등에 가입된 경우의 특례

① 가해자가 보험 등에 가입된 경우에는 운전자에 대하여 공소를 제기할 수 없다(단, 보험계약 또는 공제계약이 해지되거나 계약상의 면책 규정 등으로 인하여 보험사업자 또는 공제사업자의 보험금 또는 공제금 지급의무가 없게 된 경우에는 제외).
② 보험 또는 공제에 가입된 사실은 보험사업자 또는 공제사업자가 작성한 서면에 의하여 증명되어야 한다.

참고 공소를 할 수 없는 경우(교통사고처리특례 적용자)
① 안전운전 불이행
② 제한속도 10km 초과
③ 통행 우선순위 위반
④ 난폭운전
⑤ 자로로 통과방법 위반
⑥ 안전거리 미확보 운전 등

4. 특례 적용 제외의 경우

교통사고를 야기한 운전자가 가입한 종합보험(공제)에 가입한 경우에는 행위 처벌 의 되지 않은 것이 원칙이며, 발생한 피해도 보험회사가 보상한다. 다만 사망사고, 중상해 사고 그리고 아래와 같은 경우는 보험 가입 등 12대 중요 법규 위반으로 인한 인명 피해 사고의 경우에는 운전자 처벌되므로 특히 주의하여야 한다.

5. 벌칙

① 보험회사 또는 공제조합의 사무를 처리하는 자가 서류를 작성할 때: 3년 이하의 징역이나 1,000만원 이하의 벌금
② 허위로 작성된 서류를 그 정을 알고 행사한 자: 3년 이하의 징역 또는 1,000만원 이하의 벌금
③ 보험회사, 공제조합 또는 공제사업자가 정당한 사유 없이 서면 발급을 하지 않은 때: 1년 이하의 징역 또는 300만원 이하의 벌금

6. 양벌규정

법인의 대표자, 대리인, 사용인 기타의 종업원이 그 법인의 업무에 관한 위반행위를 한 때에는 행위자를 벌하는 외에 그 법인에 대하여도 동조의 벌금형을 과한다.

12대 중요 법규 위반 행위
① 신호, 지시 의무 위반
② 과속(20km 초과)
③ 앞지르기 방법, 금지 위반
④ 철길 건널목 통과 방법 위반
⑤ 횡단보도에서 보행자 보호 위반
⑥ 무면허 운전
⑦ 음주, 약물 복용 운전
⑧ 보도 침범, 통행방법 위반
⑨ 승객의 추락 방지 의무 위반
⑩ 어린이 보호구역에서 보호 의무 위반
⑪ 화물고정조치 위반

Round 01 실전출제문제

| 도로교통공단 운전면허학과시험 문제은행 |

01 [2점]
다음 중 총중량 1.5톤 피견인 승용자동차를 4.5톤 화물자동차로 견인하는 경우 필요한 운전면허에 해당하지 않는 것은?

① 제1종 대형면허 및 소형견인차면허
② 제1종 보통면허 및 대형견인차면허
③ 제1종 보통면허 및 소형견인차면허
④ 제2종 보통면허 및 대형견인차면허

02 [2점]
다음 중에서 보복운전을 예방하는 방법이라고 볼 수 없는 것은?

① 긴급제동시 비상점등등 켜주기
② 반대편 차로에서 차량이 접근시 상향전조등 끄기
③ 속도를 올릴 때 전조등을 상향으로 켜기
④ 앞차가 지연 출발할 때는 3초 정도 배려하기

보복운전을 예방하는 방법은 차량 방향을 바꿀 때 방향지시등 켜기, 비상점등등 켜주기, 양보하고 배려하기, 지연 출발할 때 3초간 배려하기, 경음기 또는 상향 전조등으로 자극하지 않기 등이 있다.

03 [2점]
다음의 횡단보도 표지가 설치되는 장소로 가장 알맞은 것은? [난이도 : 下]

① 포장도로의 교차로에 신호기가 있을 때
② 포장도로의 단일로에 신호기가 있을 때
③ 보행자의 횡단이 금지되는 곳
④ 신호기가 없는 포장도로의 교차로나 단일로

04 [3점]
다음 상황에서 가장 안전한 운전방법 2가지는?

도로상황
- 운전자가 자전거를 타고 차도에 진입한 상태
- 정방 차의 등화는 녹색등화
- 진행속도 시속 40킬로미터

① 자전거 운전자에게 상향등으로 경고하며 빠르게 통과한다.
② 자전거 운전자가 무단 횡단할 가능성이 있으므로 주의하며 서행으로 통과한다.
③ 자전거는 차이므로 현재 그 자리에 멈춰있을 것으로 예측하며 교차로를 통과한다.
④ 자전거 운전자가 위험한 행동을 하지 못하도록 경음기를 반복사용하며 신속히 통과한다.
⑤ 자전거 운전자가 차도 위에 있으므로 좌측으로도 안전한 거리를 확보할 수 있도록 주행한다.

05 [2점]
도로교통법상 운전면허증 발급에 대한 설명으로 옳지 않은 것은?

① 운전면허시험 합격일로부터 30일 이내에 운전면허증을 발급받아야 한다.
② 임시운전증명서를 발급받을 수 있다.
③ 모바일운전면허증을 발급받을 수 있다.
④ 운전면허증을 잃어버린 경우에는 재발급 받을 수 있다.

06 [3점]
다음과 같은 상황에서 잘못된 통행방법 2가지는? [난이도 : 中]

도로상황
- 편도 2차로의 교차로
- 신호등은 적색등화
- 비보호 좌회전 표지
- 교차로 진입 전

681번 문제로 교체

① 직진하려는 경우 녹색등화에 진행한다.
② 좌회전하려는 경우 맞은편에서 녹색등화에 진행한다.
③ 좌회전하려는 경우 녹색 화살표 등화에 주의하면서 진행한다.
④ 1차로에서 우회전하려는 경우 정지선 직전에 일시정지한 후 진행한다.
⑤ 우회전하려는 경우 우측 가장자리로 서행하면서 진행한다.

07 [2점]
고속도로 지정차로에 대한 설명으로 잘못된 것은?(버스전용차로 없음) [난이도 : 中]

① 편도 3차로에서 1차로는 앞지르기 하려는 승용자동차, 경형·소형·중형 승합자동차가 통행할 수 있다.
② 앞지르기를 할 때에는 지정된 차로의 왼쪽 바로 옆 차로로 통행할 수 있다.
③ 모든 차는 지정된 차로보다 왼쪽에 있는 차로로 통행할 수 있다.
④ 고속도로 지정차로 통행위반 승용자동차 운전자의 벌점은 10점이다.

신호등은 기본적 신호(적색, 황색, 녹색)이고 녹색등화의 점멸신호에 우회전, 1차로에서 좌회전하려는 경우 작년에 일시정지한 후 신호를 받아야 한다.

08 [2점]
도로교통법상 승차정원 15인승의 긴급 승합자동차를 처음 운전하려고 할 때 필요한 조건으로 맞는 것은?

① 제1종 보통면허, 교통안전교육 3시간
② 제1종 특수면허(대형견인차), 교통안전교육 2시간
③ 제1종 특수면허(구난차), 교통안전교육 2시간
④ 제1종 보통면허, 교통안전교육 3시간

승차정원 15인승의 승합자동차는 1종 대형면허 또는 1종 보통면허가 필요하고 긴급자동차 업무에 종사하는 사람은 신규(3시간) 및 정기교통안전교육(2시간)을 받아야 한다.

09 [3점]
도로교통법상 어린이보호구역 지정 및 관리 주체는?

① 경찰서장
② 시장 등
③ 시·도경찰청장
④ 교육감

10 [2점]
다음 안전표지에 대한 설명으로 맞는 것은?

① 유치원 통원로이므로 자동차가 통행할 수 없음을 나타낸다.
② 어린이 또는 유아의 통행로나 횡단보도가 있음을 알린다.
③ 학교의 출입구로부터 2킬로미터 이후 구역에 설치한다.
④ 어린이 또는 유아가 도로를 횡단할 수 없음을 알린다.

- 어린이 또는 유아의 통행로나 횡단보도가 있음을 알리는 것
- 학교, 유치원 등의 통학, 통원로 및 어린이놀이터가 부근에 있음을 알리는 것

정답
01 ④ 02 ③ 03 ④ 04 ②,⑤ 05 ② 06 ③,④ 07 ③ 08 ① 09 ② 10 ②

11 자전거도로의 이용과 관련한 내용으로 적절치 않은 2가지는? [난이도: 中]

① 노인이 자전거를 타는 경우 보도로 통행할 수 있다.
② 자전거전용도로에는 원동기장치자전거가 통행할 수 있다.
③ 자전거도로는 개인형 이동장치가 통행할 수 있다.
④ 자전거전용도로는 도로교통법상 도로에 포함되지 않는다.

12 다음 중 제2종 보통면허를 취득할 수 있는 사람은? [난이도: 中]

① 한쪽 눈을 보지 못하거나 다른 쪽 눈의 시력이 0.5인 사람
② 붉은색, 녹색, 노란색의 색채 식별이 불가능한 사람
③ 17세인 사람
④ 듣지 못하는 사람

제2종 운전면허는 18세 이상으로, 두 눈을 동시에 뜨고 잰 시력이 0.5 이상(다만, 한쪽 눈을 보지 못하는 사람은 다른 쪽 눈의 시력이 0.6 이상)이어야 한다. 또한 적색, 녹색 및 황색의 색채 식별이 가능해야 하나 듣지 못해도 취득이 가능하다.

13 다음 안전표지가 뜻하는 것은? [난이도: 下]

① 노면이 고르지 못함을 알리는 것
② 터널이 있음을 알리는 것
③ 과속방지턱이 있음을 알리는 것
④ 미끄러운 도로가 있음을 알리는 것

과속방지턱, 고원식 횡단보도, 고원식 교차로가 있음을 알리는 것

14 다음 상황에서 직진하려는 경우 가장 안전한 운전방법 2가지는? [난이도: 中]

[도로상황]
- 교차로 모퉁이에 정차중인 어린이통학버스
- 뒷좌석에 승하차 하는 어린이통학버스 운전자

① 어린이통학버스가 출발할 때까지 교차로에 진입하지 않는다.
② 어린이통학버스가 정차하고 있으므로 좌측으로 통행한다.
③ 어린이통학버스 운전자의 안내에 따라 좌측으로 통행한다.
④ 교차로에 진입하여 어린이통학버스 뒤에서 기다린다.
⑤ 반대편 횡단보도에 뒤에서 나타날 수 있는 보행자에 대비한다.

15 다음과 같은 상황에서 잘못된 통행방법 2가지는? [난이도: 中]

[도로상황]
- 도로 우측으로 택시정차대
- 연달아 신호등이 설치된 도로
- 30m 전방에는 十자형 교차로이고, 신호등은 녹색등화
- 50m 전방에는 T자형 교차로이고, 신호등은 적색등화

① 신호가 바뀌기 전에 교차로를 통과하기 위해 최대한 가속한다.
② 十자형 교차로에서 우회전하기 위해 계속 1차로로 통행한다.
③ 녹색등화에는 직진 또는 우회전할 수 있다.
④ 적색등화에는 정지선 직전에 정지해야 한다.
⑤ 적색등화에는 정지선 직전에 일시정지한 후 우회전할 수 있다.

택시정차대 인근에서는 타고 내리는 택시승객이나 무단횡단하려는 보행자가 있을 가능성이 높기 때문에 주의해야 한다. 또한, 교차로에서 우회전을 하는 경우에는 미리 도로의 우측 가장자리를 서행하면서 우회전해야 한다.

16 승차정원이 12명인 승합자동차를 도로에서 운전하려고 한다. 운전자가 취득해야 하는 운전면허의 종류는? [난이도: 下]

① 제1종 대형견인차면허
② 제1종 구난차면허
③ 제1종 보통면허
④ 제2종 보통면허

제1종 보통면허로 승차정원 15명 이하의 승합자동차 운전가능하며 ①, ②, ④는 승차정원 10명 이하의 승합자동차 운전가능.

17 다음 중 도로교통법상 제1종 대형면허 시험에 응시할 수 있는 사람은? (이륜자동차 운전경력은 제외) [난이도: 中]

① 운전경력이 6개월 이상이면서 만 18세인 사람
② 운전경력이 1년 이상이면서 만 18세인 사람
③ 운전경력이 6개월 이상이면서 만 19세인 사람
④ 운전경력이 1년 이상이면서 만 19세인 사람

제1종 대형면허 응시자격: 운전경력이 1년 이상 및 만 19세 이상인 자

18 다음 상황에서 교차로를 통과하려는 경우 예상되는 위험 2가지는? [난이도: 中]

[도로상황]
- 교차로 신호가 녹색
- 정지해있던 차량들이 직진 신호에 따라 출발하는 상황
- 3지 신호교차로

① 3차로의 하얀색 차량이 우회전할 수 있다.
② 2차로의 하얀색 차량이 왼쪽 차로 방향으로 급차로 변경할 수 있다.
③ 교차로으로부터 무단횡단 하는 보행자가 나타날 수 있다.
④ 횡단보도를 뒤늦게 건너려는 보행자를 위해 일시정지 한다.
⑤ 뒤차가 내 앞으로 앞지르기를 할 수 있다.

도로에 교차로 신호등과 환경적으로 교차 좌우측에서 진입하는 이륜차와 보행자 등 위험을 예측하며 운전해야 한다.

19 다음 중 장거리 운행 전에 반드시 점검해야할 우선순위 2가지는? [난이도: 中]

① 차량 청결 상태 점검
② DMB(영상표시장치) 작동여부 점검
③ 각종 오일류 점검
④ 타이어 상태 점검

장거리 운행 전에 안전적으로 직접적으로 영향을 주는 타이어 상태, 타이어 공기압, 각종 오일류, 와이퍼 위해야, 램프류 등을 점검해야 한다.

20 다음 상황을 통해 알 수 있는 정보로 바르지 않은 것 2가지는? [난이도: 中]

[도로상황]
- 편도 3차로 도로
- 1차로는 좌회전, 2차로는 직진, 3차로는 직진 및 우회전 노면표시 있음
- 교차로를 통과하려는 상황
- 차로를 건너면 3,4차로는 작업 중

① 1차로에서는 녹색등화에 우회전할 수 있다.
② 1차로에서는 좌회전 화살표 등화에 좌회전할 수 있다.
③ 2차로에서는 녹색등화에 직진할 수 있다.
④ 3차로에서는 녹색등화에 일시정지한 후 우회전할 수 있다.
⑤ 3차로에서는 녹색등화에 정지하여 안전지대 내에 정지한다.

장거리 운행 전 안전에 직접적으로 영향을 주는 타이어 공기압, 타이어 마모상태, 타이어에 풍기입, 각종 오일류, 와이퍼 위해야, 램프류 등을 점검해야 한다.

정답
11 ③,④ 12 ④ 13 ③ 14 ①,⑤ 15 ①,② 16 ③ 17 ④ 18 ②,③ 19 ③,④ 20 ①,⑤

21. 다음 수소자동차 운전자 중 고압가스관리법상 특별교육 대상으로 맞는 것은?

① 수소승용자동차 운전자
② 수소대형승합자동차(승차정원 36인승 이상) 운전자
③ 수소화물자동차 운전자
④ 수소특수자동차 운전자

22. 도로교통법령상 해외 출국 시, 운전면허 적성검사 연기에 대한 설명으로 틀린 것은?

① 출국 전 적성검사 신청서를 제출해야 한다.
② 출국 중에는 대리인이 신청서를 신청할 수 있다.
③ 적성검사 연기 신청 시, E-티켓과 여권을 증빙 서류를 제출해야 한다.
④ 적성검사 연기 신청이 승인된 경우, 귀국 후 3개월 이내에 적성검사를 받아야 한다.

23. 다음 안전표지가 있는 경우 안전한 운전방법은?

[난이도 : 中]

① 도로 중앙에 장애물이 있으므로 우측 방향으로 주의하면서 통행한다.
② 중앙 분리대가 시작되므로 주의하면서 통행한다.
③ 중앙 분리대가 끝나는 지점이므로 주의하면서 통행한다.
④ 터널이 있으므로 전조등을 켜고 주의하면서 통행한다.

24. 다음 상황에서 직진할 때 가장 안전한 운전방법 2가지는?

[난이도 : 中]

도로상황
- 十형 교차로
- 1차로(좌회전), 2차로(직진), 3차로(직진·우회전)
- 2차로 주행 중
- 4색 등화 중 적색신호에 서 녹색신호로 바뀜

① 녹색 신호이므로 가속하여 빠르게 직진으로 교차로를 통과한다.
② 비상 점멸등을 켜고 주변 차량에 알리며 우회전한다.
③ 우측 3차로에서 인도쪽으로 갑자기 진로 변경을 하는 차가 있을 수 있으므로 주의해야 한다.
④ 뒤쪽 차가 너무 가까이 따라오므로 안전거리 확보를 위해 속도를 높인다.
⑤ 교차로 주변 상황을 눈으로 확인하며 서서히 속도를 높여 통과한다.

25. 다음 상황을 통해 알 수 있는 점보로 바르지 않은 것 2가지는?

[난이도 : 上]

① 전방에 횡단보도가 있다.
② 전방 차량신호등은 녹색화이다.
③ 도로 우측에도 지점차로가 설치되어 있다.
④ 이 도로의 제한속도는 시속 30 킬로미터 이다.
⑤ 앞선 자동차들은 제동등을 켜고 있다.

26. 도로주행시험에 불합격한 사람은 불합격한 날부터 ( ) 지나야 다시 도로주행시험에 응시할 수 있다. ( ) 기준으로 맞는 것은?

① 1일 ② 3일 ③ 5일 ④ 7일

27. 도로교통법령상 한쪽 눈을 보지 못하는 사람이 제종 보통면허를 취득하려는 경우 다른 쪽 눈의 시력이 ( ) 이상, 수평시야가 ( ) 도 이상, 수직시야가 20도 이상, 중심시야 20도 내 암점과 반맹이 없어야 한다. ( ) 안에 기준으로 맞는 것은?

① 0.5, 50 ② 0.6, 80
③ 0.7, 100 ④ 0.8, 120

28. 다음 상황에서 가장 안전한 운전 방법 2가지는?

[난이도 : 中]

도로상황
- 十형 교차로
- 1차로(좌회전), 2차로(직진), 3 차로(직진·우회전)
- 4색 등화 중 적색신호에 녹 색 차량신호 동시신호로 바뀜
- 2차로에서 출발하는 상황

① 신호가 바뀌면 직후에 빠르게 가속하여 신속히 교차로를 통과한다.
② 인접 방향차로들을 켜고 다른 쪽 차량에서 좌회전한다.
③ 교차로 내에서 급가속하는 오른쪽 차량이 있을 수 있으므로 주의하며 통과한다.
④ 좌회전하는 차량이 있을 수 있으므로 진로변경 위험에 대비한다.
⑤ 신호위반 차량이 있을 수 있으므로 좌·우를 확인하며 서서히 속도를 높여 통과한다.

29. 운전면허 종류별 운전할 수 있는 차에 관한 설명으로 맞는 것 2가지는?

① 제종 대형면허로 이스즈트럭을 운전할 수 있다.
② 제종 보통면허로 덤프트럭을 운전할 수 있다.
③ 제종 보통면허로 250시시(CC) 이륜자동차를 운전할 수 있다.
④ 제2종 소형면허로 원동기장치자전거를 운전할 수 있다.
⑤ 비보호좌회전 구역을 통과할 때는 맞은편이 단절을 유지하고 신호를 받아서 반대차로에서 진행해야 한다. 그렇지 않으면 교차로 중간에서 세게 되어 반대차로에서 직진하는 차량과 총돌할 수 있다.

30. 다음 상황을 통해 알 수 있는 점보와 이에 따른 올바른 운전방법으로 바르지 않은 것 2가지는?

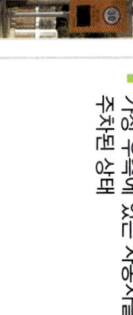

도로상황
- 가장 우측에 있는 자동차들은 주차된 상태

① 횡단보도 - 좌우를 잘 살펴 보행자에 주의한다.
② 차도에 있는 사람 - 속도를 감속하는 등 안전에 유의한다.
③ 가로등 이색일 - 색상 X표시 있는 차로로 진행한다.
④ 가변차로 - 상황에 따라 진행경로를 바꿔 진행할 수 있다.
⑤ 중앙에 설치된 황색 점선 - 앞지르기하려고 할 때도 절대 넘을 수 없는 선이다.

31 [난이도:上]
도로교통법상 교통규 위반으로 운전면허 효력 정지처분을 받을 가능성이 있는 사람이 특별교통안전 권장교육을 받고자 하는 경우 누구에게 신청하여야 하는가?
① 도로교통공단 이사장
② 주소지 지방자치단체장
③ 운전면허 시험장장
④ 시·도경찰청장

32 [난이도:中]
다음 중 도로교통법상 운전면허증 발급 받으려는 사람의 본인 여부 확인 절차에 대한 설명으로 틀린 것은?
① 주민등록증을 분실한 경우 주민등록증 발급신청 확인서로 가능하다.
② 신분증명서 또는 지문정보로 본인여부를 확인 할 수 없으면 시험에 응시할 수 없다.
③ 신청인의 동의 없이 전자적 방법으로 지문정보를 대조하여 확인할 수 있다.
④ 본인여부 확인을 거부하는 경우 운전면허증 발급을 거부할 수 있다.

33 [난이도:中]
도로교통법상 다음 안전표지에 대한 내용으로 맞는 것은?

① 규제표지이다.
② 직진차량 우선표지이다.
③ 좌합류 도로표지이다.
④ 좌회전 금지표지이다.

34 [난이도:中]
다음 상황에서 가장 안전한 운전방법 2가지는?

도로상황
- +형 교차로
- 1·2차로(좌회전), 3차로(직진)
- 4차로 도로(직진, 우회전)
- 앞쪽 도로 횡단보도 넘어 정체 중
- 대기 중인 이륜차
- 1차로에서 신호 대기 중
- 4색 등화 중 녹색 대기 중 직·좌회전 동시 신호 들어옴

35 [3점]
다음 상황을 통해 알 수 있는 정부의 올바른 운전방법으로 연결한 것으로 바르지 않은 것 2가지는?

① 횡단보도에 교표시 - 전방에 횡단보도가 나타나므로 도로에 경사도 방식으로 운전한다.
② 자동 우측에 설치된 황색실선의 복선구간 - 보도에 경차도 방식으로 하용
③ 노면에 얼어있는 상태 - 최고 제한속도의 100분의 20을 줄인 속도로 운행한다.
④ 전방 제설장인 차량 - 작업차량과 안전거리를 유지하면서 주행한다.
⑤ 전방 우측에 정차 중인 화물차 - 사람이 차도로 갑자기 뛰어나올 수 있으므로 주의하며 운전한다.

36 [난이도:中]
다음 중 수소대형승합자동차(승차정원 35인승 이상)를 신규로 운전하려는 운전자가 특별교육에 대한 특별교육을 실시하는 기관은?
① 한국가스안전공사
② 한국산업안전공단
③ 한국도로교통공단
④ 한국도로공사

37 [난이도:上]
다음 중 고압가스안전관리법령상 수소자동차 운전자의 안전교육(특별교육)에 대한 설명 중 잘못된 것은?
① 수소승용자동차 운전자는 특별교육 대상이 아니다.
② 수소대형승합자동차(승차정원 36인승 이상) 신규 종사하려는 운전자는 특별교육 대상이다.
③ 수소자동차 운전자 특별교육은 한국가스안전공사에서 실시한다.
④ 여객자동차운수사업법에 따른 대여사업용자동차를 임차하여 운전하는 운전자도 특별교육 대상이다.

38 [난이도:下]
다음 상황에서 가장 안전한 운전방법 2가지는?

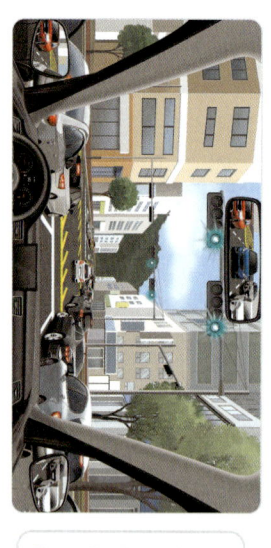

도로상황
- +형 교차로
- 1차로(좌회전), 2차로(직진, 우회전)
- 4색 등화 중 녹색신호
- 약쪽 차량이 정체되어 있는 도로 상황
- 2차로 주행 중

① 맞은 차량의 교차로 통과를 위해 앞 차량 최대한 붙여서 주행한다.
② 앞쪽 3차로에서 약쪽으로 갑자기 진로 변경하는 차량에 대비할 필요가 있다.
③ 앞쪽 차량의 정체 때문에 판계없이 교차로에 진입하여 소통을 원활하게 한다.
④ 비상 점멸등을 켜고 차량이 없는 반대편 1차로를 안전하게 진입하여 직진한다.
⑤ 정체로 인해 녹색 신호에 교차로를 통과하지 못할 경우에는 정지선 직전에 정차한다.

39 [2점]
도로교통법상 보도와 차도의 구분이 없는 도로에 차도를 설치하는 때 보행자가 안전하게 통행할 수 있도록 그 도로의 양쪽에 설치하는 것은?
① 길가장자리구역
② 진로변경제한선 표시
③ 안전지대
④ 길가장자리구역

40 [5점]
다음 중 어린이보호구역에서 횡단하는 어린이를 보호하기 위해 도로교통법규를 준수하는 차는?

① 붉은색 승용차
② 흰색 화물차
③ 청색 화물차
④ 주황색 택시

※ 동영상 시청 : 스마트폰으로 열 QR 코드를 검색하면 자기 나타나 어린이도 일해 금제동하면 차가 추돌할 수 있으니, (카페일 동영상 문제 1번)
하여야 한다. 어린이 얼룩을 통과한 간격을 유지하면서 반드시 시행하여야 하며 충분한 간격을 유지해야 한다.

정답
31 ④ 32 ③ 33 ③ 34 ③,④ 35 ②,③ 36 ① 37 ④ 38 ②,⑤ 39 ④ 40 ③

해설
31 ④ 황색실선의 복선구간 : 주정차 금지
③ 노면이 얼어있을 때 속도 : 최고 제한속도의 100분의 50을 줄인 속도

Round 02 실전출제문제

| 도로교통공단 운전면허학과시험 문제은행 |

2점

01. 도로교통법상 도로에서 동호인 7명이 4대의 차량에 나누어 타고 공동으로 다른 사람에게 위해를 끼쳐 형사입건 되었다. 차량기준으로 1대인 이동할차는 제외)

① 2년 이하의 징역이나 500만 원 이하의 벌금
② 처벌 즉시 면허정지
③ 구속된 경우 면허취소
④ 형사입건된 경우 벌점 40점

2점

02. 제1종 운전면허를 받은 65세 이상 75세 미만의 사람(한쪽 눈만 보지 못하는 사람은 제외)은 몇 년마다 정기적성검사를 받아야 하나?

① 3년마다   ② 5년마다
③ 10년마다   ④ 15년마다

3점

03. 도로교통법상 자전거가 통행할 수 있는 도로의 명칭에 해당하지 않는 것은?

① 자전거 전용도로   ② 자전거 우선차로
③ 자전거·원동기장치자전거 겸용도로   ④ 자전거 우선도로

3점

04. 다음과 같은 상황에서 좌회전하려고 한다. 가장 위험한 운전방법 2가지는?

[난이도 : 中]

도로상황
- ╋ 교차로
- 1차로 (좌회전 · 유턴), 2 · 3차로 (직진), 4차로 (직진 · 우회전)
- 2차로 정차 중 좌회전 신호 바뀜

3점

05. 비보호좌회전 하는 방법에 관한 설명 중 맞는 2가지는?

① 비보호 겸용등을 켜고 안전지대를 통과하여 1차로로 진입한 후 좌회전한다.
② 좌회전 차로에 진입한 후에는 앞 차량에 최대한 붙어서 신속히 좌회전한다.
③ 1차로로 진입할 때는 뒤따르는 차량에 주의해야 한다.
④ 반대 방향 차선에서 1차로로 진입할 때에도 좌회전한다.
⑤ 좌회전 차로로 진로 변경할 때에는 바로 앞 차량을 주의할 필요가 있다.

2점

06. 다음 도로교통법상 음주운전 방지장치 부착 조건부 운전면허를 받은 운전자 등의 준수사항에 대한 설명으로 맞는 것은?

① 음주운전 방지장치 설치된 자동차를 운전 시, 도로경찰에 등록하지 아니하고 운전한 경우에도 면허 정지
② 음주운전 방지장치가 설치되지 아니하거나 설치기준에 부합하지 아니한 음주운전 방지장치가 설치된 자동차를 운전한 경우 1년의 범위 내 시정조치 명령할 수 있다.
③ 음주운전 방지장치의 정비를 위해 해체·조작 또는 그 밖의 방법으로 효용이 떨어 진 경우 안전에 해당되어 자동차등을 운전한 경우에도 면허취소된다.
④ 음주운전으로 인한 면허 결격기간 이후 방지장치 부착만을 운전가능한 면허를 취득한 때부터 지정된 차량만 운행한다.

2점

07. 운전자가 가짜 석유제품임을 알면서 차량 연료로 사용할 경우 처벌 기준은?

① 과태료 5만원~10만원   ② 과태료 50만원~1백만원
③ 과태료 2백만원~2천만원   ④ 처벌되지 않는다.

2점

08. 다음 교통안내표지에 대한 설명으로 맞는 것은?

[난이도 : 下]

① 소통확보가 필요한 도심부 도로 안내표지이다.
② 자동차 전용도로임을 알리는 표지이다.
③ 최고속도 매시 70킬로미터 규제표지이다.
④ 최저속도 매시 70킬로미터 안내표지이다.

2점

09. 자동차관리법상 자동차의 정기검사의 기간은 검사유효기간 만료일 전후 ( )일부터 ( )일 까지이다. ( )에 기준으로 맞는 것은?

① 90일, 31일   ② 80일, 41일
③ 60일, 51일   ④ 50일, 61일

• 정기검사의 기간은 검사유효기간 만료일 전 90일부터 후 31일까지이다.

3점

10. 다음 상황에서 가장 안전한 운전방법 2가지는?

도로상황
- 아파트 (APT) 단지 주차장 입구 접근 중

① 차의 통행이 방해되지 않도록 지속적으로 경음기를 사용한다.
② B는 차의 왼쪽으로 통행할 것으로 예상하여 그대로 주행한다.
③ B의 횡단이 방해되지 않도록 횡단이 끝날 때까지 정지한다.
④ B의 방향으로 진로도 우선이므로 B가 횡단하지 못하도록 경적을 울린다.
⑤ B의 앞을 지나는 경우 안전한 거리를 두고 서행해야 한다.

정답 01 ②   02 ②   03 ②,③   04 ①,②   05 ①,②   06 ④   07 ③   08 ②   09 ①   10 ③,⑤

11 [난이도: 下]
전기차 충전을 위한 올바른 방법으로 적절하지 않은 것은?

① 충전할 때는 규격에 맞는 충전기와 어댑터를 사용한다.
② 충전 중에는 충전 커넥터를 임의로 분리하지 않고 충전 종료 버튼으로 중지시킨다.
③ 젖은 손으로 충전기를 사용하지 않아 감전 위험을 피하도록 주의한다.
④ 충전기를 이용해 충전할 경우 고전력을 이용한 급속 충전을 이용한다.
⑤ 전기차 충전을 위해서 규격에 맞지 않은 변환 어댑터 사용 시 고전류로 인한 화재 위험성이 있다.

12 [난이도: 中]
범행상 자동차의 등화 종류와 그 등광색을 연결한 것으로 맞는 것은?

① 후퇴등 - 황색 ② 번호등 - 청색
③ 주미등 - 백색 ④ 제동등 - 적색

후퇴등은 백색이고, 후미등·제동등은 적색이다.

13 [난이도: 中]
화물자동차 운수사업법에 따른 화물자동차 운송사업자는 관련 법령에 따라 운행기록장치에 기록된 운행기록을 ( ) 동안 보관하여야 한다. ( ) 안에 기준으로 맞는 것은?

① 3개월 ② 6개월
③ 1년   ④ 2년

교통안전법상 6개월 동안 보관하여야 한다.

14 [난이도: 中]
다음과 같은 상황에서 가장 안전하게 유턴할 수 있는 방법은?

도로상황
- 4차로 (유턴, 좌회전), 2차로(좌회전), 3·4차로(직진)
- 1차로에서 신호대기
- 4색 등화 중 녹색신호대기 중 적색 신호로 바뀜

15 [난이도: 中]
다음과 같은 상황에서의 운전방법으로 바르지 못한 것 2가지는?

도로상황
- 편도 5차로 도로
- 차도 우측에는 보도
- 1, 2차로는 좌회전 차로

① 자전거 운전자가 좌회전 하는 경우 1차로에서 좌회전 신호를 기다린다.
② 이륜차 운전자가 좌회전 하는 경우 2차로에서 좌회전 신호를 기다린다.
③ 승용차 운전자가 좌회전 하고자 하는 경우 2차로에서 좌회전 신호를 기다린다.
④ 화물차 운전자가 우회전 하고자 하는 경우 브레이크 주의에 우회전한다.
⑤ 이륜차 운전자가 우회전하고자 하는 경우 미리 우측 가장자리 도로를 이용하여 우회전한다.

16 [난이도: 上]
다음 중 고속으로 주행하는 차량의 타이어에 이상으로 발생하는 현상 2가지는?

① 베이퍼록 현상   ② 스탠딩웨이브 현상
③ 페이드 현상   ④ 하이드로플래닝 현상

고속으로 주행하는 차량의 타이어 공기압이 부족하면 스탠딩웨이브가 발생하며, 고속으로 주행하는 차량이 타이어가 마모된 상태에서 고인 물을 밟으면 하이드로플래닝 현상이 발생한다. 비이퍼록 현상과 페이드 현상은 제동장치의 이상으로 발생한다.

17 [난이도: 中]
도로교통법상 그림의 안전표지인 것이 주의표지에 해당되는 것을 나열한 것은?

① 오른방향선표지, 상습결빙구간표지
② 자축제한표지, 자간거리확보표지
③ 노면전차전용도로표지, 우회전표지
④ 비보호좌회전표지, 좌좌전 및 유턴표지

18 [난이도: 中]
다음 상황에서 가장 안전한 운전 방법 2가지는?

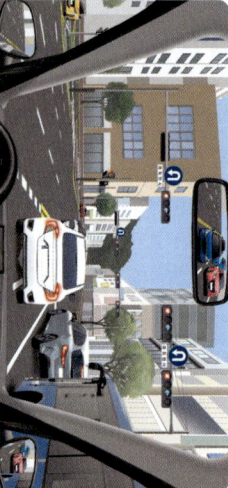

도로상황
- +교차로
- 1차로(좌회전), 2·3차로(직진), 4차로(우회전)
- 4색 등화 중 적색 신호
- 4차로 도로 주행 중

① 교차로 정지선 전에 일시정지 없이 서행하면서 우회전한다.
② 교차로 직전 신호등에 보행신호에 보행자가 있는지 반드시 확인한다.
③ 오른쪽 도로에서 오른쪽 방향으로 진행하는 차량을 반드시 주의해야 한다.
④ 우회전 직후 신호등이 보이는 횡단보도의 이륜자를 반드시 확인할 필요는 없다.
⑤ 도로 우측으로 주차된 자동차로 인해 보행자가 튀어나올 수 있음에 유념한다.

19 [난이도: 中]
다음 상황을 통해 알 수 있는 정부의 이에 대한 해설을 연결한 것으로 바르지 않은 것 2가지는?

① 어린이보호표지 - 어린이 보호구역으로써 어린이가 특별히 보호되는 구역이다.
② 최고속도 제한표지 - 시속 30 킬로미터 이내로 운전해야 한다.
③ 황단보도 표지 - 보행자에 주의하면서 운전해야 한다.
④ 적색등화의 점멸 - 서행하면서 운행해야 한다.
⑤ 도로 우측으로 주차된 자동차로 - 주차된 차량 사이로 보행자가 뛰어나올 수 있음에 유념한다.

20 [난이도: 上]
도로교통법상 자동차단, 어린이통학버스 제외) 정우리 규제를 받는 것은?

① 어린이보호표지 - 사전에는 이 표지가 없다.
② 최고속도 제한표지 - 적색등화의 점멸(감백색) - 일시 정지 후 교통에 주의하면서 진행한다.
③ 황단보도 표지 - 보행자에 주의하면서 운전해야 한다.
④ 모든 장우리

자동차의 앞면 창유리와 운전석 좌우 옆면 창유리의 가시광선의 투과율이 대통령으로 정하는 기준보다 낮아 교통안전 등에 지장을 줄 수 있는 차를 운전하지 아니 해야 한다.

정답
11 ④ 12 ④ 13 ② 14 ①,⑤ 15 ①,② 16 ②,④ 17 ① 18 ②,④ 19 ①,④ 20 ②

21 승용자동차는 몇 인 이하를 운송하기에 적합하게 제작된 자동차인가?

① 10인 ② 12인 ③ 15인 ④ 18인

[난이도: 下]

22 편도 5차로인 고속도로에서 차로에 따른 통행차의 기준에 따르면 몇 차로까지 왼쪽 차로인가? (단, 전용차로와 가감속 차로 없음)

① 1~2차로 ② 2~3차로
③ 1~3차로 ④ 2차로 만

[난이도: 下]

23 다음 안전표지의 뜻으로 맞는 것은?

100m앞부터

① 전방 100미터 앞부터 낭떠러지 위험 구간이므로 주의
② 전방 100미터 앞부터 공사 구간이므로 주의
③ 전방 100미터 앞부터 강변도로이므로 주의
④ 전방 100미터 앞부터 낙석 우려가 있는 도로이므로 주의

[난이도: 下]

24 다음과 같은 상황에서 우회전할 때 가장 위험한 운전방법 2가지는?

도로상황
- +형 교차로
- 1차로(유턴), 2·3차로(직진), 4·5차로(우회전)
- 우회전 신호등이 있음
- 5차로 주행 중

① 정지선 전에 정차한 후 우회전 신호등이 녹색 화살표로 바뀌면 우회전한다.
② 우회전 신호등에 녹색 화살표 신호로 바뀐 경우 앞쪽의 상황을 확인하고 우회전한다.
③ 우회전 삼색등이 없다면 보행자가 없더라도 일시정지 후 우회전한다.
④ 우회전 전 신호등이 바로 나타나는 오른쪽 도로의 주행에 유의한다.
⑤ 오른쪽 보도에서 갑자기 횡단보도로 뛰어나올 수 있는 보행자에 주의한다.

[난이도: 中]

25 고장난 신호기가 있는 교차로에서 가장 안전한 운전방법 2가지는?

도로상황
- 어린이 보호구역
- 과속방지턱과 도로횡단방지 울타리가 설치되어 있음

① 어린이 보호구역에서도 잠깐 주차할 수 있다.
② 차량신호등이 녹색등화라 하더라도 도로를 횡단하는 어린이가 있는지 주의하면서 진행한다.
③ 차량신호등이 녹색등화인 경우 아직 횡단 중인 어린이가 있더라도 속도를 높여 진행한다.
④ 어린이가 하차할 수 있으므로 정차는 할 수 있다.
⑤ 어린이 보호구역에서는 설정된 제한속도보다 느린 속도로 운전한다.

---

26 도로교통법상 보도와 차도가 구분이 되지 않는 도로 중 중앙선이 있는 도로에서 보행자의 통행방법으로 가장 적절한 것은?

① 차도 중앙으로 보행한다.
② 차도 우측으로 보행한다.
③ 길가장자리구역으로 보행한다.
④ 도로의 전 부분으로 보행한다.

[난이도: 下]

27 다음 중 도로교통법상 원동기장치자전거의 정의(기준)에 대한 설명으로 옳은 것은?

① 배기량 50시시 이하 - 최고 정격출력 0.59킬로와트 이하
② 배기량 50시시 미만 - 최고 정격출력 0.59킬로와트 미만
③ 배기량 125시시 이하 - 최고 정격출력 11킬로와트 이하
④ 배기량 125시시 미만 - 최고 정격출력 11킬로와트 미만

[난이도: 上]

28 자동차를 이전 등록하고자 하는 자는 매수한 날부터 며칠 이내에 등록해야 하는가?

① 15일 ② 20일 ③ 30일 ④ 40일

[난이도: 中]

29 다음의 도로를 통행하려는 경우 가장 올바른 운전방법 2가지는?

① 어린이통학버스가 오른쪽으로 진로 변경할 가능성이 있으므로 속도를 줄이며 안전한 거리를 유지한다.
② 어린이통학버스가 제동하며 감속하는 상황이므로 앞지르기 방법에 따라 안전하게 앞지르기한다.
③ 3차로 전동킥보드 운전자가 보이지 않는 사각지대에 들어가지 않도록 주의하며 주행한다.
④ 어린이통학버스 앞쪽이 보이지 않는 상황이므로 진로변경하지 않고 감속하며 안전한 거리를 유지한다.
⑤ 어린이통학버스 운전자에게 최저속도 위반임을 알려주기 위하여 경음기를 사용한다.

[난이도: 中]

30 다음 상황에서 가장 올바른 운전방법 2가지는?

도로상황
- 좌우측 이면도 진출입로
- 전방 차량신호등 황색점멸
- 1차로 좌회전, 2차로 직진차로

① 주정차 금지 노면표시가 없으므로 주변 차로를 잘 살피며 시행하면 주정차할 수 있다.
② 좌우측 이면도 진출입로가 있으므로 주변 차로를 잘 살피며 시행한다.
③ 전방 교차로 내에 다른 차량에 방해가 되지 않는다면 유턴할 수 있다.
④ 교차로를 지나 차로가 줄어들기 때문에 직진하려는 경우 미리 좌측으로 진로 변경한다.
⑤ 횡단보도에 보행자가 보이지 않으므로 가속하여 교차로를 통과한다.

정답

21 ① 22 ② 23 ④ 24 ③,④ 25 ②,⑤ 26 ③ 27 ③ 28 ① 29 ①,④ 30 ②,④

31. 다음 중 전기자동차 충전 시설에 대해서 틀린 것은? [2점]

① 공용충전기란 휴게소·대형마트·관공서 등에 설치되어있는 충전기를 말한다.
② 전기차의 충전방식으로는 교류를 사용하는 완속충전과 직류를 사용하는 급속충전 방식이 있다.
③ 공용충전기는 사전 등록된 차량에 한하여 사용이 가능하다.
④ 본인 소유의 부지를 가지고 있을 경우 개인용 충전 시설을 설치할 수 있다.

32. 자동차손해배상보장법상 의무보험에 가입하지 않은 자동차보유자의 처벌 기준으로 맞는 것은?(자동차 미운행) [2점]

① 300만 원 이하의 과태료
② 500만 원 이하의 과태료
③ 1년 이하의 징역 또는 1천만 원 이하의 벌금
④ 2년 이하의 징역 또는 2천만 원 이하의 벌금

33. 다음 안전표지의 뜻으로 맞는 것은? [난이도 : 上]

① 철길표지
② 교량표지
③ 높이제한표지
④ 문화재보호표지

34. 다음 중 운전면허 취득 결격기간이 2년에 해당하는 사유 2가지는? (벌금 이상의 형이 확정된 경우) [3점]

① 무면허 운전을 3회한 때
② 다른 사람을 위하여 운전면허시험에 응시한 때
③ 자동차를 이용하여 감금한 때
④ 정기적성검사를 받지 아니하여 운전면허가 취소된 때

35. 다음 상황에서 가장 안전한 운전방법 2가지는? [난이도 : 中]

① 보행자가 있으므로 안전하게 보행할 수 있도록 일시정지하여 안전을 확인하고 진행한다.
② 주변 주정차 차량 사이에서 보행자가 나타날 수 있으므로 서행하며 주의한다.
③ 어린이 보호구역이 아니므로 특별히 주의할 필요가 없다.
④ 좌측 상점에 가는 경우 교차로 모퉁이에 잠시 주차가 가능하다.
⑤ 주택가 이면도로에서는 주차된 차량과 보행자가 많아 항상 점검기를 제속 눌러며 통과한다.

36. 주행 중 브레이크가 작동되는 운전행동과정을 올바른 순서로 연결한 것은? [2점]

① 위험인지 → 상황판단 → 행동명령 → 브레이크작동
② 위험인지 → 행동명령 → 상황판단 → 브레이크작동
③ 상황판단 → 위험인지 → 행동명령 → 브레이크작동
④ 행동명령 → 위험인지 → 상황판단 → 브레이크작동

37. 다음 상황에서 비보호 좌회전할 때 가장 큰 위험 요인 2가지는? [난이도 : 中]

도로상황
- ├ 비보호 교차로
- 1차로(좌회전·직진), 2차로(직진·우회전)
- 3색 신호등기
- 녹색 등화 중 녹색 신호로 바뀜

① 반대편 2차로에서 빠르게 직진해 오는 차량이 있을 수 있다.
② 반대편 1차로 좌회전 차량이 좌회전 대기 위해 정지해 있을 수 있다.
③ 뒤따르는 뒤쪽 차량의 경적기가 2차로 진로 변경할 수 있다.
④ 왼쪽 도로의 보행자가 횡단보도를 건너갈 수 있다.
⑤ 반대편 1차로에 좌회전하는 비보호 좌회전 신호가 있다.

38. 다음 안전표지의 뜻으로 맞는 것은? [난이도 : 下]

① 전방에 안전부 통행 도로가 있으므로 감속 운행
② 전방에 훨씬 정지가 차로를 받은 때
③ 전방에 중앙 분리대가 시작되는 도로가 있으므로 감속 운행
④ 전방에 두 방향 통행 도로가 있으므로 감속 운행

39. 운전면허증을 시·도경찰청장에게 반납하여야 하는 사유 2가지는? [3점]

① 운전면허 취소의 처분을 받은 때
② 운전면허 효력 정지의 처분을 받은 때
③ 운전면허의 수시적성검사 통보를 받은 때
④ 운전면허의 정기적성검사 기간이 6개월 경과한 때

40. 다음 영상을 보고 확인되는 가장 위험한 상황은? [난이도 : 中]

※ 동영상 시청 : 스마트폰으로 위 QR 코드로 검색하면 동영상 문제를 볼 수 있습니다. (카페에 동영상 문제 2번)

① 반대방향 1차로를 통해하는 자동차가 중앙선을 침범하는 상황
② 우측의 보행자가 갑자기 차도로 진입하려는 상황
③ 반대방향 자동차가 전조등을 켜서 경고하는 상황
④ 교차로 우측도로의 자동차가 신호위반을 하면서 교차로에 진입하는 상황

정답

31 ③ 32 ① 33 ② 34 ①,② 35 ①,② 36 ① 37 ①,④ 38 ③ 39 ①,② 40 ④

Round 03 실전출제문제

01 [2점]
도로교통법상 고령자 횡단보도로 제한속도를 제한할 때시 ( )킬로미터 이내로 제한할 필요가 있는 도로에 설치한다. ( )안에 맞는 것은?

① 10 ② 20
③ 30 ④ 50

고령자 횡단보도는 제한속도를 30km/h이하로 제한할 필요가 있는 도로에서 횡단보도를 노면보다 높게 하여 운전자의 주의를 환기시킬 필요가 있는 지점에 설치한다.

02 [2점]
고속도로에서 경미한 교통사고가 발생한 경우, 2차 사고를 방지하기 위한 조치요령으로 가장 올바른 것은?

① 보험처리를 위해 우선적으로 증거 등에 대해 사진촬영을 한다.
② 상대방 운전자에게 과실이 있음을 명확히 하고 보험청구를 요청한다.
③ 차로에 정차시켜 교통흐름에 방해가 되지 않도록 신속히 안전한 장소로 이동하고 2차 사고 예방조치를 실시한 후 관계기관(경찰서, 한국도로공사 등)에 신고한다.
④ 비상점멸등을 작동하고 자동차 안에서 관계기관에 신고한다.

고속도로에서 교통사고 시 차량이나 사람이 바로 옆, 뒤차에 의한 2차 사고의 위험이 크므로 신속히 갓길 등 안전한 곳으로 대피하고, 안전한 장소로 피한 후 관계기관(경찰관서, 소방관서, 한국도로공사 콜센터 등)에 신고한다.

03 [2점]
다음 중 자동차에 부착된 에어백의 구비조건으로 가장 거리가 먼 것은?

① 높은 온도에서 인장강도 및 내열강도
② 낮은 온도에서 인장강도 및 내열강도
③ 파열강도를 지니고 내마모성, 유연성
④ 운전자와 접촉하는 충격에너지 극대화

자동차가 충돌할 때 운전자와 직접 접촉하여 충격 에너지를 흡수해주어야 한다.

04 [3점]
시속 30킬로미터로 진행하는 상황이다. 안전한 운전방법 2가지는?

【도로상황】
- 반대방면에 통행중인 자동차들
- 진행방면 오른쪽에 주차한 차량
- 도로에 진입하기 위해 정차한 자동차

① 주차된 차량과 충돌하지 않도록 시속 30킬로미터 이하로 형단보도를 통과한다.
② 갑자기 차를과 접근하고 형단보도 직전 정지선에 정차한다.
③ 형단보도에 사람이 없으므로 시속 30킬로미터로 진행한다.
④ 형단보도 진입하는 차를 주의하며 통과한다.
⑤ 오른쪽에 도로에 진입하려는 차를 주의하며 시행한다.

05 [2점]
다음 중 도로교통법상 횡단보도가 없는 도로에서 보행자의 가장 바른 횡단방법은?

① 통과차량 바로 뒤로 횡단한다.
② 차량통행이 없을 때 빠르게 횡단한다.
③ 횡단보도가 없으므로 아무 곳이나 횡단한다.
④ 도로에서 가장 짧은 거리로 횡단한다.

보행자는 횡단보도가 없는 경우 가장 짧은 거리로 횡단해야 한다.

06 [2점]
다음 안전표지가 의미하는 것은?

① 좌측방 통행 ② 우회전 도로
③ 도로폭 좁아짐 ④ 우측차로 없어짐

07 [2점]
다음 중 운전자 등이 차량 승하차 시 주의사항으로 맞는 것은?

① 타고 내릴 때는 뒤에서 오는 차량이 있는지를 확인한다.
② 문을 열 때는 완전힌 열고나서 내려야 한다.
③ 뒷좌석 승차자가 하차할 때 운전자는 전방을 주시해야 한다.
④ 운전석을 일시적으로 떠날 때에는 시동을 끄지 않아도 된다.

08 [3점]
다음 상황에서 가장 안전한 운전방법 2가지는?

① 우회전 차로를 진행하려던 중 직진하려는 경우 백색실선 구간에서 차로를 변경할 수 있다.
② 우회전 삼색등이 적색등화일 때는 완전히 일고나서 우회전할 수 있다.
③ 우회전 삼색등이 적색등화하라도 형단보도를 형단하는 보행자가 없으면 우회전할 수 있다.
④ 우회전 삼색등이 적색등화이므로 정지선에 하나에 녹색등화로 비변한 후 우회전 할 수 있다.
⑤ 직진차로로 진행 중 녹색등화로 형단보도를 형단하는 보행자가 있을 수 있으므로 안전을 확인하며 우회전한다.
⑥ 우회전 삼색등이 녹색화살표인 경우라도 보행자가 있으면 안전을 확인하며 우회전한다.

09 [3점]
다음 도로 상황에서 가장 위험한 요인 2가지는?

【도로상황】
- +형 교차로
- 다원신호(직진 및 유턴), 2차로 (직진), 3차로(직진・우회전)
- 3차로를 시속 55킬로미터로 직주행 중

① 진행 방향 1차로에서 신호하게 좌회전하는 차와 충돌할 수 있다.
② 오른쪽 도로에서 우회전하는 차와 충돌할 수 있다.
③ 반대편 도로에서 우회전하는 차와 충돌할 수 있다.
④ 반대편 도로에서 유턴하는 차와 충돌할 수 있다.
⑤ 진행 방향 3차로로 직주행하는 차와 충돌할 수 있다.

10 [3점]
운전자의 준수 사항에 대한 설명으로 맞는 2가지는?

① 승객이 문을 열고 내릴 때에는 승객에게 안전 책임이 있다.
② 볼건 도둑 맞기 위해 일시 정차하는 경우에도 시동을 끈다.
③ 운전자는 차의 시동을 끄고 안전을 확인한 후 차의 문을 연다.
④ 주차 구역이 아닌 경우에는 누구라도 즉시 이동이 가능하도록 조치해 둔다.

승객이 문을 열 때에도 반드시 확인하며, 주차구역이 아니면 주차를 하지 말고, 주정차시 차량 이동을 할 수 있도록 해야 한다.

정답

01 ③ 02 ③ 03 ④ 04 ②,⑤ 05 ④ 06 ④ 07 ① 08 ③,⑤ 09 ②,④ 10 ②,③

11 [2점]
도로교통법상 올바른 운전방법으로 연결된 것은?

① 학교 앞 보행로 - 어린이에게 차량이 지나감을 알릴 수 있도록 경음기를 울리며 지나간다.
② 철길 건널목 - 차단기가 내려가려고 하는 경우 신속히 통과한다.
③ 신호 없는 교차로 - 우회전을 하는 경우 미리 도로의 우측 가장자리를 서행하면서 우회전한다.
④ 야간 운전 시 - 야간에 자동차가 마주 보고 진행하는 경우 반대편 차로의 운전자가 주의할 수 있도록 전조등을 상향으로 조정해야 한다.

12 [2점]
다음 안전표지가 의미하는 것은?

① 중앙분리대 시작
② 양측방 통행
③ 중앙분리대 끝남
④ 노상 장애물 있음

13 [2점]
앞지르기에 대한 내용으로 올바른 것은?

① 터널 안에서는 주간에는 앞지르기가 가능하지만 야간에는 앞지르기가 금지된다.
② 앞지르기할 때에는 앞차의 좌측으로 지나가야 한다.
③ 편도 1차로 도로에서 앞차가 저속으로 진행하고 정차 중인 차를 앞지르기할 때에는 앞차의 우측으로 통행해야 한다.
④ 앞지르기할 때에는 전조등을 켜고 경음기를 울리면서 좌측이나 우측 관계없이 할 수 있다.

14 [난이도:下]
다음 상황에서 우회전하려는 경우 가장 안전한 운전방법 2가지는?

[도로상황]
- 편도 1차로
- 불법주차된 차들

① 앞지르기가 금지된 장소: 다리 위, 교차로, 터널 안 등
② 앞지르기 금지 대상: 방향지시기 · 등화 또는 경음기를 사용하며 앞차를 앞지르고 있는 차
③ 앞지르기 금지 시기: 앞차가 다른 차를 앞지르고 있거나 앞지르고자 하는 때
④ 앞차의 우측에 다른 차가 나란히 가고 있는 경우에는 앞지르기를 할 수 없다.

15 [2점]
다음 중 운전자의 올바른 운전행동으로 가장 바람직하지 않은 것은?

① 교통경찰관의 법집행에 대항하여 폭력을 행사하는 경우 공무집행방해죄 등으로 처벌 받을 수 있다.
② 차량을 소통기를 차량 내부에 비치하여 화재발생에 대비한다.
③ 차량 내부에 휴대용 라이터 등 인화성 물질을 두지 않는다.
④ 반려동물과 함께 탈 때에는 안전을 위하여 전용 운반장을 사용하는 것이 좋다.
⑤ 보행자가 횡단보도에 진입하지 못하도록 그대로 진행한다.

16 [2점]
고속도로 운전 중 교통사고 발생 현장에서의 운전자 대응방법으로 바르지 않은 것은?

① 동승자의 부상정도에 따라 응급조치한다.
② 비상표시등을 켜는 등 후행 운전자에게 위험을 알린다.
③ 사고차량 후미에서 경찰공무원이 도로상에 위험을 방지하기 위한 조치를 할 때까지 교통 정리를 한다.
④ 현장에 접근하는 등 후방에서 접근하는 차량에 의해 2차적인 피해가 일어나지 않도록 조치한다.

17 [난이도:下]
교통사고 현장에서 증거확보를 위한 사진 촬영 방법으로 맞는 2가지는?

① 블랙박스 영상이 촬영되는 경우 추가하여 안전한 곳으로 이동하여 촬영한다.
② 도로에 엔진오일, 냉각수 등의 흔적은 오래 가지 않으므로 사진 촬영은 신속하게 하는 것이 좋다.
③ 파편물, 자동차와 도로의 파손부위 등 동일한 대상에 대해 근접촬영과 원거리 촬영을 함께 한다.
④ 차량 바퀴의 진행방향을 스프레이 등으로 표시하거나 촬영을 해 둔다.

18 [3점]
다음 상황에서 교통안전표지에 대한 설명 중 가장 바르게 된 것 2가지는?

[도로상황]
- 우측 자동차전용도로 입구
- 편도 4차로 도로
- 전방 차량신호등 녹색화

① 자동차 전용도로 표지는 자동차만 이용할 수 있는 도로를 안내하는 표지이다.
② 비보호 좌회전 표지가 있으므로 녹색신호등 등화 시 반대편 차량에 주의하며 좌회전 할 수 있다.
③ 우측의 황색부분은 정차 및 주차하는 것을 가능하다는 표지이다.
④ 전방 우측의 파란색 표지판은 교차로의 교통규제 중 지시표시이다.
⑤ 교차로 정지선 이전의 백색실선은 진행하여 교차로에 교차진입 있다는 표시이다.

19 [난이도:上]
어린이 보호구역에 대한 설명으로 맞는 2가지는?

① 어린이 보호구역은 초등학교 주출입문 100미터 이내의 도로 중 일정 구간을 말한다.
② 어린이 보호구역 안에서 오전 8시부터 오후 8시까지 주·정차 위반한 경우 범칙금이 가중된다.
③ 어린이 보호구역 내 설치된 과속방지 표지판의 제한속도는 어린이 보호구역에 교통안전시설과 일관하여 설치한다.
④ 어린이 보호구역 안에 설치된 신호기의 보행 시간은 어린이 평균 보행속도를 기준으로 한다.
⑤ 어린이 보호구역은 초등학교 및 유치원 정문 앞 도로 중 일정 구간을 지정하며 원칙적으로 주출입문을 중심으로 반경 300미터 이내의 도로 중 일정 구간을 말하며 어린이 보호구역 내 설치된 신호기의 보행 시간은 어린이 평균 보행속도를 기준으로 한다.

20 [3점]
다음 상황에서 알 수 있는 정보와 이에 대한 해석을 연결한 것으로 바르지 않은 것 2가지는?

[도로상황]
- 도로 우측에는 주차된 차량
- 현재 시각 16:00

① 도로 우측 주차된 자동차 - 주차위반에 해당한다.
② 횡단보도예고표시 - 전방에 곧 횡단보도가 나타난다.
③ 차도 우측 황색실선 - 주차는 금지되는 장소이다.
④ 보도 - 자전거 운전자는 보도로 통행해야 한다.
⑤ 과속방지턱 - 감속운전을 하는 것이 바람직하다.

정답
11 ③ 12 ① 13 ③ 14 ①,③ 15 ① 16 ③ 17 ③,④ 18 ①,④ 19 ②,④ 20 ③,④

21 [난이도: 下]
다음 중 보복운전을 당했을 때 신고하는 방법으로 가장 적절하지 않는 것은?

① 120에 신고한다.
② 112에 신고한다.
③ 스마트폰 '안전신문고'에 신고한다.
④ 사이버 경찰청에 신고한다.

22 [난이도: 下]
다음 중 운전자의 올바른 마음가짐으로 가장 적절하지 않은 것은?

① 정속주행 등 올바른 운전습관을 가지려는 마음
② 정체되는 도로에서 갓길(길가장자리)로도 통행하려는 마음
③ 예측운전을 하고 차로간의 양보운전을 하려는 마음
④ 자동차의 빠른 소통보다는 보행자를 우선으로 생각하는 마음

정체되어 있다 하더라도 갓길(길가장자리)를 통행하는 것은 잘못된 운전태도이다.

23 [난이도: 下]
혼잡한 교차로에서 직진할 때 가장 안전한 운전방법은?

도로상황
- 편도 1차로 좌로 굽은 내리막
- 우측 이따는 집 중 으로
- 신호기 없는 삼거리 교차로

① 진행하는 방향의 전방에 차량이 있으므로 빠르게 진행한다.
② 좌로 굽은 내리막 도로는 전방 상황을 확인하기 어렵기 때문에 미리 속도를 줄여 교차로에 진입한다.
③ 이따른에서 나오는 차량이 있을 수 있으므로 미리 대비하며 주행한다.
④ 맞은편 차량이 좌회전하려는 경우 직진 차량이 우선이므로 경음기를 울리며 경고하며 진행한다.
⑤ 이따른으로 진출하려는 경우 보행자에 주의하며 진입한다.

24 [난이도: 中]
왼쪽차로(1차로)에서 직진하여 교차로에 접근하고 안전한 운전방법 2가지는?

도로상황
- 교통정리가 있는 교차로
- 앞방향 주차된 차들
- 오른쪽 후사경에 접근 중인 승용차

① 반대쪽 방향에 차가 없으므로 안쪽으로 앞지르기하여 통과한다.
② 건수하게 1차로 택시와 안전한 거리를 두고 진로한다.
③ 경음기를 사용하여 택시를 앞지르기 하고 택시의 오른쪽으로 빠르게 통과한다.
④ 3차로로 연속하여 진로변경하여 정차한다.
⑤ 2차로로 진로변경하는 경우 택시와 보행자에 접근 시 감속한다.

25 [난이도: 下]
다음 중 교통범규 위반으로 교통사고가 발생하였다면 그 내용에 따라 운전자 책임으로 가장 거리가 먼 것은?

① 형사책임 ② 행정책임
③ 민사책임 ④ 공고책임

약인 택시가 손님을 승객 태우기 위해 3차로로 진로변경 가능성이 크므로 안전거리를 두고 접근해야 하며, 2차로 진로변경할 때 준수해야 한다.

벌금 부과 등 형사책임, 벌점에 따른 행정책임, 손해배상에 따른 민사책임이 따른다.

26 [난이도: 中]
편도 2차로 고속도로에서 1차로가 차량 통행량 증가로 인하여 부득이하게 시속 ( )킬로미터 미만으로 통행할 수밖에 없는 경우에는 앞지르기를 하는 경우가 아니라도 통행할 수 있다. ( ) 안에 기준으로 맞는 것은?

① 80 ② 90 ③ 100 ④ 110

27 [난이도: 中]
직진으로 통행하는 중이다. 안전한 운전방법 2가지는?

도로상황
- 도로유지 보수하고 있는 상황
- 한색 자동차는 오른쪽에서 직진 중

① 한색 자동차가 진입하지 못하도록 가속하여 통행한다.
② 한색 자동차 직진할 수 있으므로 서행하며 주의를 살핀다.
③ 도로유지 보수 차량 중 최측을 통행할 수 있으므로 그대로 통행한다.
④ 현색 승용차가 맞은 것이라 예측하기로 반대편 차로로 집입하려 필요가 있다.
⑤ 반대방향 승용차가 맞은 오른쪽 차로로 진입할 수 있으므로 집중하여 통행한다.

도로유지 보수 공사로 인해 우측통행이 불가능 한 경우, 도로교통법 밖에 따라 좌측으로 통행할 수 있다. 이때 반대편에서 자동차가 진행하는 한색차의 주의가 필요하며, 그림 반대방향 승용차가 좌측으로 진입 전체라도 하는 경우 접촉사고의 필요가 있다면 모든 승용차가 진기 때문에 반대방향 접촉차량이 좌측(중앙선 침범) 및 좌측견에 한색(중앙선 침범) 행동 등 중 집중한 가능을 할 수 있으므로 진접하여 상황을 살펴야 한다.

28 [난이도: 下]
승용자동차에 영유아와 통행하는 경우 운전자의 행동으로 가장 올바른 것은?

① 운전석 앞좌석에 성인이 영유아를 안고 좌석안전띠를 착용한다.
② 운전석 앞쪽좌에 영유아가 착용한 경우 유아보호 자동 만들지 않고 좌석안전띠 착용하여도 된다.
③ 운전 중 영유아가 보채는 경우 이를 달래기 위해 운전석에서 영유아와 함께 안전띠를 착용한다.
④ 영유아가 탑승하는 경우 도로를 불문하고 유아보호 자동을 장착한 후에 좌석안전띠를 착용시킨다.

29 [난이도: 中]
다음 안전표지가 있는 도로에서 올바른 운전방법은?

① 눈길인 경우 고단 변속기를 사용한다.
② 눈길이 아닌 경우 가속페달과 브레이크를 사용하지 않는다.
③ 평지에서 보다 고단 변속기를 사용한다.
④ 경인 많은 차를 가까이 따라간다.

30 [난이도: 中]
양보 운전에 대한 설명 중 맞는 것은?

① 계속하여 느린 속도로 운행 중일 때에는 도로 좌측 가장자리로 피하여 진로를 양보한다.
② 긴급자동차가 뒤따라올 때에는 급정지한다.
③ 교차로에서는 우선순위에 상관없이 다른 차량에 양보하여야 한다.
④ 양보 표지가 설치된 도로의 주행 차량은 다른 도로의 주행 차량에 진로를 양보하여야 한다.

긴급자동차 위따라 오는 경우에는 진로를 양보하여야 한다. 양보 표지가 설치된 도로의 차량은 다른 도로의 차량에 진로를 양보해야 한다.

정답

| 21 ① | 22 ② | 23 ②,③ | 24 ②,⑤ | 25 ④ | 26 ① | 27 ②,⑤ | 28 ④ | 29 ② | 30 ④ |

2점

31. 가짜 석유를 주유했을 때 자동차에 발생할 수 있는 문제점이 아닌 것은?

① 연료 공급 장치 부식 및 파손으로 인한 엔진 소음 증가
② 연료를 분사하는 인젝터 파손으로 인한 출력 및 연비 감소
③ 윤활성 상승으로 인한 마찰력 감소로 출력 저하
④ 연료를 공급하는 연료 고압 펌프 파손으로 시동 꺼짐

① 가짜석유를 연료로 사용하였을 경우, 윤활성 저하로 인한 마찰력 증가로 연료 고압 펌프 및 인젝터 파손이 발생할 수 있다.

2점

32. 다음 안전표지가 의미하는 것은? [난이도: 下]

① 자전거 통행이 많은 지점
② 자전거 횡단도
③ 자전거 주차장
④ 자전거 전용도로

3점

33. 도심지 이면 도로를 주행하는 상황에서 가장 안전한 운전방법 2가지는? [난이도: 中]

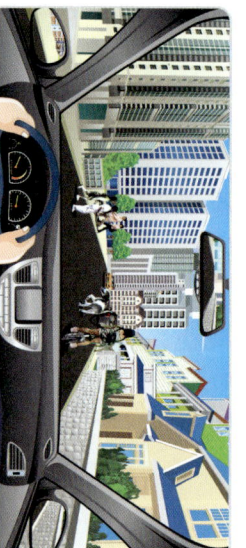

[도로상황]
- 어린이들이 도로를 횡단하려는 중
- 자전거 운전자는 애완견과 산책 중

① 어린이가 갑자기 도로 중앙으로 나올 수 있으므로 주의하며 운전한다.
② 경음기를 사용해서 내 차의 진행을 알리고 자전거에게 안전하도록 한다.
③ 어린이와 자전거가 내 옆을 지나갈 때까지 속도를 줄여 주의하며 진행한다.
④ 속도를 높여 자전거를 피해 신속히 통과한다.
⑤ 자전거 뒷바퀴 반대방향에서 마주 오는 차에 주의하며 운전한다.

2점

34. 교통약자의 이동편의 증진법에 따른 '교통약자'에 해당되지 않는 사람은?

① 고령자
② 임산부
③ 영유아를 동반한 사람
④ 반려동물을 동반한 사람

① 교통약자의 이동편의 증진법 제2조 '교통약자'란 장애인, 고령자, 임산부, 영·유아를 동반한 사람, 어린이 등 일상생활에서 이동에 불편함을 느끼는 사람을 말한다.

3점

35. 다음 상황에서 가장 안전한 운전방법 2가지는?

[도로상황]
- 지하주차장
- 지하주차장에 보행중인 보행자

① 주차된 차량사이에서 보행자가 나타날 수 있기 때문에 시행으로 운전한다.
② 주차중인 차량이 갑자기 출발할 수 있으므로 주의하며 운전한다.
③ 지하주차장 노면표시는 반드시 지키며 운전할 필요가 없다.
④ 내 차량을 주차할 수 있는 주차구역만 살펴보며 운전한다.
⑤ 지하주차장 기둥은 운전시야를 방해하는 시설물이므로 경음기를 계속 울리면서 운전한다.

⑤ 위험예측. 주차된 차량사이에서 보행자가 나타날 수 있기 때문에 서행으로 운전해야 하고, 내 차량을 주차할 수 있는 주차구역뿐만 아니라 다른 차량의 움직임 및 보행자에 대한 주의를 잊어서는 안된다.

2점

36. 교통약자의 이동편의 증진법에 따른 교통약자를 위한 '보행안전 시설물'로 보기 어려운 것은? [난이도: 中]

① 속도저감시설
② 자전거전용도로
③ 대중 교통정보 알림 시설 등 교통안내시설
④ 보행자 우선 통행을 위한 교통신호기

3점

37. 다음 상황에서 잘못된 운전방법 2가지는? [난이도: 中]

[도로상황]
- 편도 2차로 도로
- 가로형 삼색 차량신호등 적색 등화

① 직진하려면 정지선의 직전에 정지한다.
② 우측도로의 화살표시가 있다면 직진이 2차로에서 교차로를 통해 우회전한다.
③ 탑승자를 하차시키려면 정지선의 횡단보도 앞에 잠시 정차한다.
④ 우회전하려면 일시정지 후 앞차에 주의하며 우회전한다.
⑤ 횡단보도를 이용하는 보행자가 없는 경우 자전거에서 내려 끌고 간다.

② 유턴을 허용하는 표지가 없다면 원칙적으로 허용되지 않는다.
③ 횡단보도 5m 구간은 주정차 금지장소이다.

2점

38. 다음 안전표지가 못하는 것은?

① 편도 2차로의 터널
② 연속 과속방지턱
③ 노면이 고르지 못함
④ 굴곡이 있는 잠수교

③ 노면이 고르지 못함을 알리는 것

3점

39. 다음 상황에 대한 설명 중 옳은 것 2가지는?

[도로상황]
- 차량주행시스템 미장착 차량

① 시행 중에는 운전자가 휴대전화를 사용할 수 있다.
② 정차 중에는 자전거가 휴대전화를 사용할 수 있다.
③ 시행 중에는 휴대전화 사용할 수 있지만 영상표시장치는 조작해도 된다.
④ 시내도로에서 운전자는 안전띠를 사용할 의무가 있다.
⑤ 시내도로에서 동승자는 안전띠를 매어야 할 의무가 없다.

② 정차 이외의 주행 중 휴대전화, 내비게이션(영상표시장치)를 사용해서는 안된다.
④ 모든 도로에서는 운전자, 동승자 모두 안전띠를 매어야 할 의무가 있다.

5점

40. 다음 영상에서 예측되는 가장 위험한 상황은?

※ 동영상 시험: 스마트폰으로 옆 QR 코드로 검색하면 동영상 문제를 풀어볼 수 있습니다. (카페의 동영상 문제 3번)

① 좌회전할 때 앞쪽 차도에서 우회전하는 차와 충돌 가능성
② 좌회전 신호 때 맞은편에서 직진하려는 차와 충돌 가능성
③ 횡단보도를 횡단하는 보행자와의 충돌 가능성
④ 오르막길 차선에 정지한 승용차와 충돌사고 가능성

교차로에서 녹색신호에 비보호 좌회전을 하려는 상황에서 만나는 좌측 횡단보도의 신호등이 녹색이 점등되었으므로 보행자가 전입 전에 반드시 정지해야 한다.

정답

31 ③	32 ①	33 ①,③	34 ④	35 ①,②
36 ②	37 ②,③	38 ③	39 ②,④	40 ③

Round 04 실전출제문제

| 도로교통공단 운전면허학과시험 문제유형 |

01 [2점] [난이도: 下]
다음 중 도로교통법상 횡단보도를 횡단하는 방법에 대한 설명으로 옳지 않은 것은?

① 개인형 이동장치를 끌고 횡단할 수 있다.
② 보행보조용 의자차를 타고 횡단할 수 있다.
③ 자전거를 타고 횡단할 수 있다.
④ 유모차를 끌고 횡단할 수 있다.

→ 횡단보도를 횡단할 때 자전거를 타고 횡단해서는 안되며, 자전거를 끌고 횡단해야 한다.

02 [2점] [난이도: 下]
도로교통법상 ( )의 운전자는 도로에서 2명 이상이 공동으로 2대 이상의 자동차등을 정당한 사유 없이 앞뒤로 줄지어 통행하면서 교통상의 위험을 발생하게 하여서는 아니된다. 이를 위반한 경우 ( )으로 처벌 될 수 있다. ( )안에 각각 바르게 짝지어진 것은?

① 전동이륜평행차, 1년 이하의 징역 또는 500만원 이하의 벌금
② 이륜자동차, 6개월 이하의 징역 또는 300만원 이하의 벌금
③ 특수자동차, 1년 이하의 징역 또는 500만원 이하의 벌금
④ 원동기장치자전거, 6개월 이하의 징역 또는 300만원 이하의 벌금

03 [3점] [난이도: 中]

공동주택 주차장에서 좌회전 하려는 중이다. 대비해야 할 위험 요소의 거리가 먼 2가지는?

① 공작물에 가려져 확인되지 않는 A 지역
② 후진하는 흰색 자동차
③ 재활용수거용 마대에 대인 자동차
④ 놀이하고 있는 어린이의 차도 진입
⑤ 뒤쪽 자전거와의 충돌 가능성

도로상황
- 전동이륜평행장치
- 오른쪽 횡색자동차에 가려져 있는 흰색승용차
- 실내후사경에 확인되는 자동차

04 [2점] [난이도: 下]
다음 안전표지가 있는 도로에서의 안전운전 방법은?

① 신호기의 진행신호가 있을 때 서서히 진입 통과한다.
② 차단기가 내려가고 있을 때 신속히 진입 통과한다.
③ 철도건널목 직전에 경보기가 울리수에 진입 통과한다.
④ 차단기가 올라가고 있을 때 기어를 자주 바꾸가며 통과한다.

05 [2점]
고속도로 진입 방법으로 옳은 것은?

① 반드시 일시정지하여 교통 흐름을 살핀 후 신속하게 진입한다.
② 진입 전 일시정지하여 주행 중인 차량이 있을 때 급진입한다.
③ 진입용 공간에서 부족하더라도 주행차로로 무리하게 진입한다.
④ 가속 차로를 이용하여 일정 속도를 유지하면서 충분한 공간을 확보한 후 진입한다.

06 [2점] [난이도: 下]
다음 중 도로교통법상 편도 3차로 고속도로에서 2차로를 이용하여 주행할 수 있는 자동차는?

① 화물자동차   ② 특수자동차
③ 건설기계   ④ 소·중형승합자동차

→ 편도 2차로 고속도로에서 왼쪽차로에 해당하므로 통행할 수 있는 차종은 승용자동차 및 경형·소형·중형 승합자동차이다.

07 [3점] [난이도: 下]

다음 상황에서 운전자별 잘못된 운전방법 2가지는?

① 자전거 운전자 - 차도의 가장 우측으로 다른 차량들을 앞지르기 할 수 있다.
② 전동킥보드 운전자 - 운전자와 동승자 모두 안전모를 착용하고 운전할 수 있다.
③ 이륜차 운전자 - 정체로 피해 중앙버스전용차로로 운행할 수 있다.
④ 승용차 운전자 - 정체 상황에 따른 수신호에 주의하며 운전한다.
⑤ 버스 운전자 - 전용차로가 아닌 차로로 운전 중일 때에는 중앙버스신호등이 아닌 차량신호등의 신호에 따라야 한다.

도로상황
- 정체중인 도로
- 중앙버스전용차로가 설치된 도로

08 [2점] [난이도: 下]
고속도로 본선 우측 차로에 서행하는 A차량이 있다. 이 때 B차량의 안전한 본선 진입 방법으로 가장 알맞은 것은?

① 서서히 속도를 높여 진입하되 A차량이 지나간 후 진입한다.
② 가속하여 비어있는 갓길을 이용하여 진입한다.
③ 가속차로 끝에서 정차하였다가 A차량이 지나간 후 진입한다.
④ 가속 차로를 이용하여 본선 운전자의 주의를 환기시킨 후 진입한다.

09 [2점] [난이도: 下]
다음 안전표지가 못하는 것은?

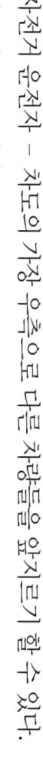

① 우선도로에서 우선도로가 아닌 도로와 교차함을 알린다.
② 일방통행 교차로를 나타내는 표지이다.
③ 동일방향통행 자전거에 이어지는 다음 사행로에서 2방향 통행을 알리는 표지이다.
④ 우선도로에서 우선도로가 아닌 도로와 교차함을 알리는 것

10 [2점]
도로교통법상 신호등이 없고 좌·우를 확인할 수 없는 교차로에 진입 시 가장 안전한 운행 방법은?

① 주변 상황에 따라 서행으로 안전을 확인한 다음 통과한다.
② 경음기를 울리고 사행하면서 통과한다.
③ 반드시 일시정지 후 안전을 확인한 다음 사행하면서 통과한다.
④ 우선순위에 상관없이 신속히 통과한다.

→ 신호등이 없는 교차로는 서행이 원칙이나 교차로의 좌·우를 확인할 수 없는 경우에는 일시정지하여야 한다. 만약 교차로에서 우선순위의 도로와 차—넓은 도로와의 차—우측 도로의 차—넓은 순서로 통과해야 한다.

정답
01 ③ 02 ③ 03 ③,⑤ 04 ① 05 ④ 06 ④ 07 ②,③ 08 ① 09 ① 10 ③

11 어린이 보호자 없이 도로를 횡단할 때 운전자의 올바른 운전행위로 가장 바람직한 것은?

① 반복적으로 경음기를 울려 어린이가 빨리 횡단하도록 한다.
② 서행하여 도로를 횡단하는 어린이의 안전을 확보한다.
③ 일시정지하여 도로를 횡단하는 어린이의 안전을 확보한다.
④ 빠르게 지나가서 도로를 횡단하는 어린이의 안전을 확보한다.

12 교차로에서 좌회전할 때 가장 위험한 요인은?

① 우측 도로의 횡단보도를 횡단하는 보행자
② 우측 차로 후방에서 달려오는 오토바이
③ 좌측도로에서 우회전하는 승용차
④ 반대편 도로에서 우회전하는 자전거

13 교차로에 접근하고 있다. 무회전하려는 상황이다. 가장 안전한 통행방법 2가지는?

[도로상황]
- 오른쪽에서 왼쪽으로 통행 중인 승용차
- 반대편에서 직진하고 있는 자동차
- 적색점멸이 돌화된 신호등

① 어린이가 인도쪽으로 횡단하고 있으므로 우측공간을 이용하여 그대로 진입하여 우회전한다.
② 반대편에서 집입하는 자동차가 좌회전하려 하므로 자집에서 대기한다.
③ 횡단보도 직전 정지선에서 일시정지하여 어린이가 횡단을 끝낼 때까지 기다린다.
④ 반대편보다 내 승용차가 먼저 왔기 때문에 정지선을 통과하여 우회전한다.
⑤ 신호에 따라 주의하며 서행으로 진입하고 우회전한다.

14 도로교통법에 따라 개인형 이동장치를 운전하는 사람의 자세로 가장 알맞은 것은?

① 보도를 통행하는 경우 보행자를 피해서 운전한다.
② 술을 마시고 운전하는 경우 특별히 주의하며 운전한다.
③ 횡단보도와 자전거횡단도가 있는 경우 자전거횡단도를 이용하여 운전한다.
④ 횡단보도를 횡단하는 경우 횡단보도를 이용하는 보행자를 피해서 운전한다.
⑤ 자전거도로가 있으면 그 곳으로 통행하여야 하고 도로교통법을 위반한 경우 범칙금 또는 과태료를 부과받는다.

15 다음 상황에서 가장 안전한 운전방법 2가지는?

[도로상황]
- 주택가 이면도로 골목길

① 주택가 이면에 보행자가 나타날 수 있으므로 경음기를 계속 사용하면서 운전한다.
② 속도에 있는 보행자가 겨래들 수도 있으므로 서행하여 지나간다.
③ 보도를 통행하는 경우 보행자를 피해서 진행한다.
④ 출입이 많고 미끄러우므로 최고속도의 20%(센트)를 감속한다.
⑤ 보행자의 통행행동을 방지하기 위하여 경음기를 계속 울리며 주행한다.

16 자동차에 승차하기 전 주의점검 사항으로 맞는 2가지는?

① 타이어 마모상태
② 전, 후방 장애물 유무
③ 운전석 계기판 정상작동 유무
④ 브레이크 패달 정상작동

17 다음 안전표지에 대한 설명으로 바르지 않은 것은?

① 국토의 계획 및 이용에 관한 법률에 따른 주거지역에 설치한다.
② 도시부 도로임을 안내하여 도로 이용자에게 경각심을 높이기 위해 설치한다.
③ 국토의 계획 및 이용에 관한 법률에 따른 계획관리구역에 설치한다.
④ 국토의 계획 및 이용에 관한 법률에 따른 공업지역에 설치한다.

18 T자형 교차로에서 좌회전을 하려는 상황이다. 가장 안전한 운전방법 2가지는?

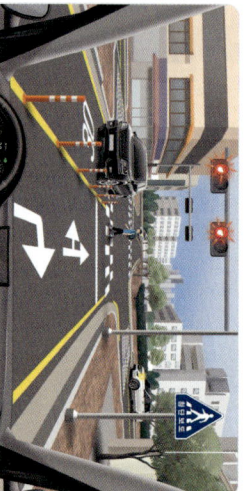

[도로상황]
- 좌회전하려는 상황
- 왼쪽 횡단보도는 신호등이 없음

① 좌회전 신호에 따라 신속하게 좌회전한다.
② 횡단보도 정지선 전에서 정지한다.
③ 차행으로 횡단보도에 진입한 후 좌회전한다.
④ 오른쪽 앞으로 안전한 거리를 두고 주의하며 좌회전한다.
⑤ 횡단보도 이용하는 보행자 자전거가 횡단을 완료할 때까지 기다린다.

19 자동차를 안전하고 편리하게 주행할 수 있도록 보조해 주는 기능에 대한 설명으로 잘못된 것은?

① LFA(Lane Following Assist)는 "차로유지보조기능"으로 자동차가 차로 중앙을 유지하며 주행할 수 있도록 보조하는 기능이다.
② ASCC(Adaptive Smart Cruise Control)는 "차간거리 및 속도유지 기능"으로 운전자가 설정한 속도로 주행하면서 앞차와의 거리를 유지하여 자동으로 가·감속을 해주는 기능이다.
③ ABSD(Active Blind Spot Detection)는 "사각지대감지기능"으로 사각지대의 충돌 위험을 감지하여 안전한 차로변경을 돕는 기능이다.
④ AEB(Autonomous Emergency Braking)는 "자동긴급제동기능"으로 브레이크 제동시 타이어가 잠기는 것을 방지하여 제동거리를 줄여주는 기능이다.
※ AEB : 차량에 장착된 레이더 또는 카메라, 라이다에 의해 선행 차량과의 거리를 감지하여 충돌을 방지하는 기능이다.

20 다음 상황에서 가장 안전한 운전방법 2가지는?

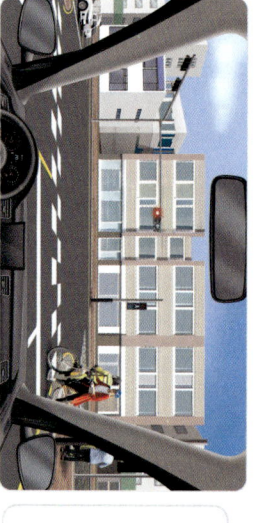

[도로상황]
- 편도 2차로 도로
- 전방에 마을버스 정차 중
- 2차로로 진행 중

① 버스 후방에서 경음기를 계속 울려 진행을 재촉한다.
② 주의 상황을 확인 후 1차로로 차로변경 한다.
③ 비상점멸등을 켜고 속도를 높여 1차로로 차로변경 한다.
④ 1차로로 차로변경 하려는 경우 뒤에서 주행하는 차량에 주의한다.
⑤ 1차로 중앙선에 차량이 있으면 무리해서 차로변경하지 않고 버스 뒤에 대기한다.

정답
11 ③ 12 ④ 13 ②,③ 14 ③ 15 ①,④ 16 ①,② 17 ③ 18 ②,⑤ 19 ④ 20 ②,⑤

21 안전속도 5030 교통안전정책에 관한 내용으로 옳은 것은? [난이도:下]

① 자동차 전용도로 매시 50킬로미터 이내, 도시부 주거지역 매시 30킬로미터
② 도시부 일반도로 매시 50킬로미터 이내, 어린이 보호구역 매시 30킬로 미터 이내
③ 자동차 전용도로 매시 50킬로미터 이내, 도시부 보호구역 매시 30킬로미터 이내
④ 도시부 지역 일반도로 매시 50킬로미터 이내, 자전거 도로 매시 30킬로미터 이내

※ 안전속도 5030은 보행자의 통행이 잦은 도시부 지역의 일반도로 매시 50킬로미터 이내, 주택가 등 이면 도로에서 30킬로미터 이내로 하향 조정하는 정책이다.

22 다음 중 도로교통법상 차마의 통행방법에 대한 설명으로 잘못된 것은? [난이도:中]

① 보도와 차도가 구분된 도로에서는 차도로 통행하여야 한다.
② 보도를 횡단하기 직전에 서행하여 좌ㆍ우를 살핀 후 보행할 방해하지 않도록 횡단하여야 한다.
③ 도로의 중앙이나 우측 부분으로 통행하여야 한다.
④ 도로가 일방통행인 경우 도로의 중앙이나 좌측 부분을 통행하여야 한다.

※ 단서의 경우 차마의 운전자는 보도를 횡단하기 직전에 일시정지하여 좌측과 우측 부분 등을 살핀 후 보행자의 통행을 방해하지 아니하도록 횡단하여야 한다.

23 도로교통법상 다음 안전표지에 대한 설명으로 맞는 것은? [난이도:下]

도로상황
- 다수의 보행자들 차도 통행
- 우측 통행 뒤따르는 자동차들

① 도로의 일변이 계곡 등 추락위험지역임을 알리는 보조표지
② 도로의 일변이 강변 등 추락위험지역임을 알리는 규제표지
③ 도로의 일변이 계곡 등 추락위험지역임을 알리는 주의표지
④ 도로의 일변이 강변 등 추락위험지역임을 알리는 지시표지

※ 삼각형 모양에 빨간 테두리에 노란색 바탕이므로 주의표지이다.

24 다음 도로상황에서 가장 주의해야 할 위험상황 2가지는? [난이도:中]

① 전동킥보드 운전자는 안전모 등 보호장구를 피해서 겉차기 인쪽으로 이동할 수 있다.
② 오른쪽 보행자들이 인쪽으로 횡단할 수 있다.
③ 시행으로 통행하면 뒤차들과 충돌할 수 있다.
④ 반대편 차량이 황색 자동차와 충돌할 수 있다.
⑤ 전동킥보드가 버스승강장에 있는 보행자를 충돌할 수 있다.

※ 도로상황에서는 전방의 전동킥보드 및 횡단하려는 보행자에 가장 주의해야 한다.

25 도로교통상 음주운전 방지장치 부착 조건부 운전면허를 받은 사람에 대한 설명으로 틀린 것은? [난이도:中]

① 자동차등을 운전하려는 경우 음주운전 방지장치를 설치하고, 시ㆍ도경찰청장에게 제등록하여야 한다.
② 음주운전 방지장치가 설치되지 않은 자동차등을 운전해서는 아니 된다.
③ 설치기준에 적합하지 아니한 음주운전 방지장치가 설치된 자동차등을 운전이 가능하다.
④ 연 2회 이상 음주운전 방지장치 부착 자동차등의 운행기록을 시ㆍ도경찰청장에게 제출하여야 한다.

※ 음주운전 방지장치 부착 조건부 운전면허를 받은 사람은 음주운전 방지장치가 설치되지 아니하거나 설치기준에 적합하지 아니한 음주운전 방지장치가 설치된 자동차를 운전하여서는 안된다.

26 다음 상황에서 가장 안전한 운전방법 2가지는? [난이도:中]

도로상황
- 주택가 맞은 1차로 도로
- 도로 좌우측 주차 차량

① 경찰가를 계속 울리며 속도를 높여 빠르게 진행한다.
② 중앙선 좌측 보행자의 돌발행동을 대비할 필요가 없다.
③ 주차된 차량 중앙에서 갑자기 횡단하는 차가 있을 수 있으므로 전방 및 좌우를 살피며 서행한다.
④ 우측 차량의 거리를 이용하는 경우이 있어 주행한다.
⑤ 주차가에서는 일반적으로 중앙선 좌측으로 진행하는 것이 안전하다.

※ 보행자가 횡단보도를 통행하고 있는 때에는 그 횡단보도 앞(정지선이 설치되어 있는 곳에서는 그 정지선을 말한다)에서 일시정지하여야 한다.

27 도로교통법상 과로(졸음운전 포함)로 인하여 정상적으로 운전하지 못할 우려가 있는 상태에서 자동차를 운전한 사람에 대한 벌칙으로 맞는 것은? [난이도:上]

① 처벌하지 않는다.
② 10만 원 이하의 벌금이나 구류에 처한다.
③ 20만 원 이하의 벌금이나 구류에 처한다.
④ 30만 원 이하의 벌금에 처한다.

※ 과로한 때 등의 운전금지를 위반하면 30만원 이하의 벌금이나 구류에 처한다.

28 보행자 신호등이 없는 횡단보도로 횡단하는 노인을 뒤늦게 발견한 승용차 운전자가 급제동을 하였으나 노인을 충격(좁추진단)하는 교통사고가 발생하였다. 올바른 설명 2가지는? [난이도:中]

① 보행자 신호등이 없으므로 자동차 운전자는 과실이 전혀 없다.
② 자동차 운전자에게 민사책임이 있다.
③ 횡단한 노인에게 형사책임이 있다.
④ 자동차 운전자에게 형사 책임이 있다.

29 다음 상황에서 가장 안전한 운전방법 2가지는? [난이도:中]

도로상황
- 현재 속도 시속 25킬로미터
- 후방하는 4대의 자동차들

① 안쪽 방향지시기의 전조등을 작동하여 안전하게 주행한다.
② 경적기 운전자의 수신호에 따라 주의하여 안전하게 주행한다.
③ 경적기 운전자의 수신호가 끝나면 맞춘다.
④ 경적기 운전자의 수신호를 무시하고 그 뒤를 맞는다.
⑤ 경적기 운전 중인 안전거리를 유지한다.

※ 농기계 운전자는 수신호를 할 수 있는 사람이 아니다. 느린 속도로 통행하고 있는 동기계 운전자가 "그냥 앞질러서 가세요"라는 의미로 손짓을 하는 경우가 있으나, 이 때의 손짓은 수신호가 아니다.

30 운전자의 피로는 운전 행동에 영향을 미치게 된다. 피로가 운전 행동에 미치는 영향을 바르게 설명한 것은? [난이도:中]

① 주변 자극에 반응 동작이 빠르게 나타난다.
② 시력이 떨어지고 시야가 빠르게 나타난다.
③ 지각 및 운전 조작 능력이 떨어진다.
④ 지명하고 계획적인 운전 행동이 나타난다.

※ 피로는 지각 및 운전 조작 능력이 떨어지게 한다.

정답
21 ② 22 ② 23 ③ 24 ①,② 25 ③ 26 ③,④ 27 ④ 28 ②,④ 29 ④,⑤ 30 ③

31 [2점] 승용자동차를 음주운전한 경우 차별 기준에 대한 설명으로 틀린 것은?

[난이도 : 上]

① 최초 위반 시 혈중알코올농도가 0.2퍼센트 이상인 경우 2년 이상 5년 이하의 징역이나 1천만원 이상 2천만원 이하의 벌금
② 음주 측정 거부 시 1년 이상 5년 이하의 징역이나 5백만원 이상 2천만원 이하의 벌금
③ 혈중알코올농도가 0.05퍼센트로, 2회 위반한 경우 1년 이하의 징역이나 5백만원 이하의 벌금
④ 최초 위반 시 혈중알코올농도 0.08퍼센트 이상 0.20퍼센트 미만의 경우 1년 이상 2년 이하의 징역이나 5백만원 이상 1천만원 이하의 벌금

⊙ 3회 이상, 2년 이하 5년 이하의 징역이나 1천만원 이상 2천만원 이하의 벌금

32 [2점] 다음 중 도로교통법상 의무용 전동휠체어가 통행할 수 없는 곳은?

[난이도 : 上]

① 자전거전용도로   ② 길가장자리구역
③ 보도   ④ 도로의 가장자리

33 [2점] 운전자가 피곤한 상태에서 운전하게 되면 속도 판단을 잘못하게 된다. 그 내용이 맞는 것은?

[난이도 : 中]

① 좁은 도로에서는 실제 속도보다 느리게 느껴진다.
② 주변이 탁 트인 도로에서는 실제보다 빠르게 느껴진다.
③ 멀리서 다가오는 차의 속도를 과소평가하다가 사고가 발생할 수 있다.
④ 고속도로에서 전방에 정지한 차를 주행 중인 차로 잘못 알고 충돌 사고가 발생할 수 있다.

⊙ ① 좁은 도로에서는 실제 속도보다 빠르게 느껴진다.
② 주변이 탁 트인 도로에서는 실제보다 느리게 느껴진다.
④ 고속도로에서 전방에 정지한 차를 주행 중인 차로 잘못 알고 추돌 사고가 발생할 수 있다.

34 [3점] 다음 상황에서 가장 안전한 운전방법은?

[도로상황]
■ 주택가 이면도로
■ 우측 차량 출발하려는 상황

① 안전을 위해 경음기를 계속 울리며 진행한다.
② 좌측 보도로 걸어가는 보행자를 주의하며 필요 시.
③ 비상점멸등을 켜고 도로 중앙으로 신속하게 진행한다.
④ 우측 출발하려는 승용차와의 안전거리를 유지하며 서행한다.
⑤ 주택가 이면도로이므로 보행자가 나올 것을 대비하여 속도를 줄인다.

35 [3점] 다음 상황에서 직진할 때 가장 안전한 운전방법 2가지는?

[도로상황]
■ 회전교차로
■ 진입과 회전하는 차량

① 진입하려는 차량은 회전차량이 안 보이면 진입한다.
② 회전교차로에 진입하려는 경우에는 서행하거나 일시정지 하여야 한다.
③ 진입차량이 우선이므로 가고자 하는 목적지로 진입한다.
④ 회전교차로에 진입할 때에는 회전차량보다 먼저 진입한다.
⑤ 주변 차량의 움직임에 주의하면서 진행해야 한다.

36 [3점] 자동차관리법상 자동차의 종류로 맞는 2가지는?

[난이도 : 下]

① 경향한 통행 표지이다.
② 중앙보안대에 끝남 표지이다.
③ 양측방 통행 표지이다.
④ 중앙분리대 시작 표지이다.

37 [2점] 다음 안전표지에 대한 설명으로 맞는 것은?

[난이도 : 下]

동일방향 통행도로에서 양 측으로 통행하여야 할 지점이 있음을 알리는 것

38 [3점] 교차로에 접근하여 직진하려는 상황이다. 가장 안전한 운전방법 2가지는?

[도로상황]
■ 신호등 없는 교차로
■ 오른쪽 3차로에 주차된 자동차
■ 유턴하는 과정에 정차중인 검은색 자동차

① 검은색 자동차가 후진할 수 있으므로 주의하며 진행한다.
② 이면도로 접근하는 승용차의 진입으로 진로변경할 수 있으므로 주의한다.
③ 반대방향에 비어있는 직진차로를 이용하여 진로변경 원리 없이 직진으로 통과한다.
④ 정차한 검은색 자동차 앞으로 가속하여 직진으로 통과한다.
⑤ 이륜차가 나의 앞으로 진로변경 할 수 있으므로 통과한다.

⊙ 검은색 자동차에 의해 오토바이가 1차로(앞쪽)로 진로변경할 수 있으므로 주의하며, 검은색 자동차의 우측 공간활용이 어려워 후진할 수 있으므로 주의해야 한다.

39 [3점] 다음 상황에서 가장 안전한 운전방법 2가지는?

[도로상황]
■ 좌우측 주차 차량

① 안전하며 서행하거나 일시정지하여 확인해야 하는 보행자를 보호한다.
② 도로를 횡단하는 보행자의 보호를 위해 신속하게 진행한다.
③ 우측 주차된 차량이 문이 열릴 수 있으니 대비하며 진행한다.
④ 주차공간이 부족한 경우 우측 앞쪽 공간에 주차할 수 있다.
⑤ 주차된 차량 뒤에서 사람이 나오는 정차 주의할 필요도 없으므로 속도를 높여 진행해도 된다.

40 [5점] 다음 영상에서 가장 위험한 상황으로 맞는 것은?

※ 동영상 시청 : 스마트폰으로 옆 QR 코드로 검색하면 동영상 문제를 볼 수 있습니다. (카페의 동영상 문제 4번)

소화전 앞 적색 연석 구간에서는 주정차가 모두 금지된다.

① 오른쪽 가장자리에서 우회전하려는 이륜차와의 충돌 가능성
② 오른쪽 경우 승용차와 충돌 가능성
③ 수측 구조된 차량이 열릴 수 있는 의무가 없으므로 대피하며 진행한다.
④ 반대편에서 좌회전하기 중인 흑색 승용차의 충돌 가능성
⑤ 횡단보도 좌측에 시선이 중인 보행자와 충돌 가능성

정답

| 31 ③ | 32 ① | 33 ③ | 34 ④,⑤ | 35 ①,② | 36 ②,④ | 37 ③ | 38 ①,② | 39 ①,③ | 40 ① |

Round 05 실전출제문제

| 도로교통공단 운전면허학과시험 문제은행 |

01 [2점] 도로교통법상 보행자에 대한 설명으로 틀린 것은?
[난이도 : 上]
① 너비 1미터 이하의 동력이 없는 손수레를 이용하여 통행하는 사람은 보행자가 아니다.
② 너비 1미터 이하의 보행보조용 의자차를 이용하여 통행하는 사람은 보행자이다.
③ 자전거를 타고 가는 사람은 보행자가 아니다.
④ 너비 1미터 이하의 노약자용 보행기를 이용하여 통행하는 사람은 보행자이다.

02 [3점] 자전거의 하이패스 단말기 고장으로 하이패스가 인식되지 않은 경우, 올바른 조치방법은?
① 비상점멸등을 작동하고 임시정차 후 인접영업소의 통행권을 발권한다.
② 무정차 요금소에서 정산 담당자에게 고장을 설명하고 정산한다.
③ 무정차 요금소의 하이패스 차로를 통과하면 자동 정산된다.
④ 부정차 요금소에 하이패스 단말기의 카드를 보여준 후 정산담당자에게 그 카드 요금을 정산한다.

하이패스 차로에 이미 진입한 경우 시속 30km/h 이내 통과해야 하고, 무정차 요금소에서 정산담당자에게 정산한다. 단, 하이패스 단말기가 없는 경우 하이패스 단말기의 카드를 빼서 요금을 정산할 수 있다.

03 [2점] 다음 안전표지가 설치된 곳에서의 운전 방법으로 맞는 것은?
[난이도 : 中]

① 자동차전용도로에 설치되며 차간거리를 50미터 이상 확보한다.
② 일반통행 도로에 설치되며 차간거리를 50미터 이상 확보한다.
③ 자동차전용도로에 설치되며 50미터 전방 교통정체 구간이므로 서행한다.
④ 일반통행 도로에 설치되며 50미터 전방 교통정체 구간이므로 서행한다.

04 [3점] 다음과 같은 상황에서 안전한 운전방법 2가지는?
[난이도 : 中]

[도로상황]
• 통행하고 있는 검은색 흰색 자동차
• 정차하고 있는 어린이통학버스

① 검은색 자동차 운전자는 P주차금을 이용하여 신속하게 통행한다.
② 검은색 자동차 운전자는 어린이통학버스 옆에서 정차한다.
③ 검은색 자동차 운전자는 어린이통학버스 주위하며 주행한다.
④ 현색 자동차 운전자는 어린이통학버스에 이르기 전에 정지한 후 서행한다.
⑤ 현색 자동차 운전자는 지속주행으로 경음기를 작동하여 본인이 직진할 것을 알린다.

05 [2점] 운전자의 보행자 보호에 대한 설명으로 옳지 않은 것은?
[난이도 : 下]
① 운전자가 보행자우선도로에서 사행 시 정지하지 않음이 보행자통행을 방해한 경우에는 범칙금이 부과된다.
② 도로 외의 곳을 운전하는 운전자에게도 보행자 보호의무가 부여된다.
③ 운전자는 보행자가 횡단보도가 없는 도로를 횡단하고 있을 때에는 안전거리를 두고 일시정지하여 보행자가 안전하게 횡단할 수 있도록 하여야 한다.
④ 운전자는 어린이보호구역 내 신호기가 없는 횡단보도 앞에서는 반드시 일시정지하여야 한다.

06 [2점] 운전자의 보행자 보호에 대한 설명으로 옳지 않은 것은?
[난이도 : 中]
① 운전자는 보행자가 횡단보도를 통행하고 있는 때에는 그 횡단보도 앞에서 일시정지하여야 한다.
② 운전자는 차도를 설치되지 아니한 좁은 도로에서 보행자의 옆을 지나는 경우 안전한 거리를 두고 서행하여야 한다.
③ 운전자는 어린이를 두고 일시정지한 다른 차가 있는 앞을 지나는 경우 그 옆으로 서행하여야 한다.
④ 운전자는 보도와 차도가 구분되지 아니한 도로 중 중앙선이 없는 도로에서 보행자의 옆을 지나는 경우 안전한 거리를 두고 서행하여야 한다.

07 [2점] 피해 차량을 뒤따르던 승용차 운전자가 중앙선을 넘어 앞지르기하여 금지통행을 등 위험한 운전을 한 경우에는 '형법'에 따른 처벌기준으로 맞는 것은?
[난이도 : 上]
① 7년 이하의 징역 또는 1천만원 이하의 벌금에 처한다.
② 10년 이하의 징역 또는 2천만원 이하의 벌금에 처한다.
③ 1년 이상의 유기징역에 처한다.
④ 1년 이상 6년 이상의 유기징역에 처한다.

08 [3점] 다음 상황에서 가장 안전한 운전방법 2가지는?
[난이도 : 中]

[도로상황]
• 보도가 없는 주택가 이면도로
• 우측에 골목길이 있는 "ㅏ"형 교차로

① 우측 골목길에서 보행자나 자전거가 진입할 수 있으므로 주위하며 진행한다.
② 중앙선이 없으므로 도로 좌측과 최대한 가까이 우측으로 진행한다.
③ 최고 제한속도가 없으므로 속도를 높여 빠르게 진행한다.
④ 도로의 우측 부분을 주행하면서 차간을 통과한다.
⑤ 부득이한 사유 없이 보행자의 계속 진행기를 올려 보행자가 길 비켜주도록 유도한다.

09 [2점] 고속도로 갓길 이용에 대한 설명으로 맞는 것은?
[난이도 : 中]
① 졸음운전 방지를 위해 갓길에 정차 후 수식한다.
② 해돋이 풍경 감상을 위해 갓길에 주차한다.
③ 고속도로 주행차로에 정체가 있는 때에는 갓길로 통행한다.
④ 부득이한 사유 없이 승용자동차 운전자가 갓길을 통행한 승용자동차 범칙금액은 6만원이다.

10 [2점] 시내 도로를 매시 50킬로미터로 주행하던 중 무단횡단 중인 보행자를 발견하였다. 가장 적절한 조치는?
[난이도 : 下]
① 보행자가 횡단 중이므로 일단 급브레이크를 밟아 멈춘다.
② 보행자의 움직임을 예측하여 그 사이로 주행한다.
③ 속도를 줄이며 멈출 준비를 하고 비상점멸등으로 뒤차에도 알리면서 안전하게 정지한다.
④ 보행자에게 경음기로 주위를 주며 다소 속도를 높여 통과한다.

정답 01 ① 02 ②,④ 03 ① 04 ②,④ 05 ④ 06 ③ 07 ① 08 ①,⑤ 09 ④ 10 ③

11 다음의 안전표지에 대한 설명으로 맞는 것은?

[난이도 : 下]

① 지시표지이며, 자동차의 통행속도가 평균 매시 50킬로미터를 초과해서는 아니 된다.
② 규제표지이며, 자동차의 통행속도가 평균 매시 50킬로
미터를 초과해서는 아니 된다.
③ 지시표지이며, 자동차의 최고속도가 매시 50킬로미터를 초과해서는 아니 된다.
④ 규제표지이며, 자동차의 최고속도가 매시 50킬로미터를 초과해서는 아니 된다.

표지판의 숫자는 최고속도를 지정하는 것이므로 규제표지이며, 빨간색 테두리의 표시가 있으므로 초과해서는 아니 된다.

12 도로교통법상 보행자의 보호 등에 관한 설명으로 맞지 않은 것은?

[난이도 : 中]

① 도로에 설치된 안전지대에 보행자가 있는 경우와 차로가 설치되지 아니한 좁은 도로에서 보행자의 옆을 지나는 경우에는 안전한 거리를 두고 서행하여야 한다.
② 보행자가 횡단보도가 설치되어 있지 아니한 도로를 횡단하고 있을 때에는 안전거리를 두고 일시정지하여 보행자가 안전하게 횡단할 수 있도록 하여야 한다.
③ 보도와 차도가 구분되지 아니한 도로 중 중앙선이 있는 도로에서 보행자의 옆을 지나는 경우에는 안전한 거리를 두고 서행하여야 한다.
④ 어린이 보호구역 내에 설치된 횡단보도 중 신호기가 설치되지 아니한 횡단보도 앞(정지선이 설치된 경우에는 그 정지선을 말한다)에서는 보행자의 횡단 여부와 관계없이 일시정지하여야 한다.

어린이 보호구역 내에 설치된 횡단보도 중 신호기가 설치되지 아니한 횡단보도 앞(정지선이 설치된 경우에는 그 정지선을 말한다)에서는 보행자의 횡단 여부와 관계없이 일시정지하여야 한다.

13 다음과 같은 교차로에서 가장 안전한 통행방법 2가지를 설명한 것은?

[난이도 : 上]

도로상황 ■ 나선형 회전교차로

① A차로에서는 b에서 오른쪽 방향지시기를 작동하였다.
② A차로에서 진입하려는 B차로의 a차량이 진입하여 회전하므로 일시정지하여 진입하여야 한다.
③ B차로에서 진입하려는 c에서 오른쪽 방향지시기를 작동하였다.
④ B차로에서 진입하려는 c에 b차로로 진입할 수 있다.
⑤ 안쪽에서 회전하더라도 나에서 오른쪽 방향지시기를 작동하였다.

14 다음 상황에서 가장 안전한 운전방법 2가지는?

도로상황 ■ 눈이 내리는 상황

① 도로가 한산하기 때문에 속도를 높여 진행한다.
② 기상상황에 따라 규정된 속도 이내로 진행한다.
③ 전방 공사 중이므로 교통상황을 잘 주시하며 진행한다.
④ 노면이 미끄러우므로 2개 차로를 걸쳐서 주행한다.
⑤ 전방에 저속으로 진행하는 화물차량 뒤에서 바짝 붙어 진행한다.

15 다음 안전표지에 대한 설명으로 맞는 것은?

[난이도 : 下]

① 보행자는 통행할 수 있다.
② 보행자뿐 아니라 모든 차마는 통행할 수 없다.
③ 도로의 중앙 기준으로 좌측에 설치한다.
④ 통행금지 기간은 함께 표지할 수 없다.

16 도로교통법상 도로에서 13세 미만의 어린이가 ( )를 타는 경우에는 어린이의 안전을 위해 인명보호 장구를 착용하여야 한다. ( )에 해당되지 않는 것은?

[난이도 : 中]

① 킥보드
② 외발자전거
③ 인라인스케이트
④ 스케이트 보드

17 보행자의 보호의무에 대한 설명으로 맞는 것은?

[난이도 : 中]

① 무단 횡단하는 술 취한 보행자를 보호할 필요 없다.
② 신호등이 있는 도로에서는 횡단 중인 보행자의 통행을 방해하여도 무방하다.
③ 보행자 신호기에 녹색 신호가 점멸하고 있을 때에는 차량이 진행해도 된다.
④ 신호등이 있는 교차로에서 우회전할 경우 보행자가 횡단하지 않는 방향으로는 진행할 수 있다.

18 다음 상황에서 우회전하고자 할 때 가장 안전한 운전방법 2가지는?

[난이도 : 中]

도로상황 ■ 우회전 전용신호등 교차로

① 전방 녹색 진행신호에 따라 신속히 우회전한다.
② 우측 보행자가 횡단보도를 통행할 수 있으므로 일시정지 후 안전을 확인하고 우회전한다.
③ 우회전 전용신호가 적색이므로 정지한다.
④ 우회전 전용신호가 녹색이 점멸하고 있는 지라도 진행해도 된다.
⑤ 정지선에 정지하여 우회전 화살표신호에 따라 진행하여야 한다.

19 도로의 중앙을 통행할 수 있는 사람 또는 행렬로 맞는 것은?

[난이도 : 中]

① 사회적으로 중요한 행사에 따라 시가행진하는 행렬
② 말, 소 등의 큰 동물을 몰고 가는 사람
③ 도로의 청소 또는 보수 등 도로에서 작업 중인 사람
④ 기 또는 현수막 등을 휴대한 장의 행렬

20 다음 안전표지에 대한 설명으로 가장 옳은 것은?

① 이륜자동차 및 자전거의 통행을 금지한다.
② 이륜자동차 및 원동기장치자전거의 통행을 금지한다.
③ 이륜자동차와 자전거 이외의 차마는 언제나 통행할 수 있다.
④ 이륜자동차와 원동기장치자전거 이외의 차마는 언제나 통행할 수 있다.

21 보행자의 보도통행 원칙으로 맞는 것은?

① 보도 내 우측통행
② 보도 내 좌측통행
③ 보도 내 중앙통행
④ 보도 내 통행원칙은 없음

정답 11 ④ 12 ④ 13 ①,② 14 ②,③ 15 ② 16 ② 17 ④ 18 ③,⑤ 19 ① 20 ② 21 ①

22. 다음 상황에서 가장 안전한 운전방법 2가지는?

도로상황
- 겨울철 다리 위
- 산악 화물차 1차로에서 2차로로 차로변경 중

① 겨울철에는 노면의 상황을 주의하며 운전한다.
② 도로 상황을 한적하므로 주차해도 된다.
③ 차로를 변경하여 진행한다.
④ 다리 위를 진행할 때에는 앞지르기를 할 수 있다.
⑤ 차로변경하는 화물차에게 주의를 주기위해 바싹 붙어서 진행한다.

23. 야간에 도로 상의 보행자나 물체들이 일시적으로 안 보이게 되는 "증발 현상"이 일어나기 쉬운 위치는?

① 반대 차로의 가장자리
② 주행 차로의 우측 부분
③ 도로의 중앙선 부근
④ 보도 내 통행인 차도 부분

다리 위에서는 주차장지, 차선변경를 할 수 없다.

야간에 도로 상의 중앙선 부근에서 자동차 불빛 등으로 인해 보행자나 물체들이 일시적으로 안 보이게 되는 "증발 현상"이 일어나기 쉽다.

24. 다음 상황에서 가장 안전한 운전방법 2가지는?

① 전방에 보행자가 있으므로 일시정지 후 보행자의 안전을 확인한 후 진행한다.
② 도로를 횡단하는 보행자는 보호할 의무가 없으므로 그대로 진행한다.
③ 우측 주차된 차량의 차량 미확인의 보호를 주의하며 진행한다.
④ 경음기를 크게 울려 도로를 횡단하는 보행자가 횡단하지 못하도록 한다.
⑤ 보행자 앞에서 급정지 하여 도로를 횡단하는 보행자에게 주의를 준다.

25. 다음 상황에서 좌회전하려는 경우 가장 안전한 운전방법 2가지는?

- 좌회전 방향 통행량 증가로 정체
- 2차로 좌회전차로 주행중

① 녹색 진행신호에 따라 교차로에 그대로 빠르게 진입한다.
② 앞차에 바싹 붙어 따라간다.
③ 좌회전 차로를 이용해 좌회전한다.
④ 꼬리물기로 다른 차의 통행에 방해를 줄 수 있으므로 진입하지 않는다.
⑤ 교차로에 진입하려는 후행 차량에 방해되지 않을 수 있으므로 미리 속도를 줄여 사고를 예방한다.

판단 저질의 내려 막 교차로에 그대로 빠르게 진입한다, 우측 소로에서 진입과자 대기 중이므로 감속하여 서행으로 통행하도록 한다.

26. 신호등이 없는 횡단보도를 통과할 때 가장 안전한 운전 방법은?

① 횡단하는 사람이 없다 하더라도 정지선 직전에 일시정지한다.
② 횡단하는 사람이 없으므로 그대로 진행한다.
③ 횡단하는 사람이 있을 때만 빠르게 지나간다.
④ 횡단하는 사람이 있을 수 있으므로 경음기를 울리며 그대로 진행한다.

27. 사고발생 가능성이 가장 높은 요인 2가지는?

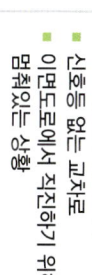

도로상황
- 이면도로에서 교차로
- 일방도로에서 직진하기 위해 멈춰있는 상황

① 후진하려는 A 화물차
② 횡단보도 뒤에서 횡단하는 B 보행자
③ 횡단보도에서 횡단중인 C 차량
④ 보도 위 통행중인 D 보행자
⑤ 좌측에서 우회전하려는 E 차량

28. 다음 상황에서 가장 안전한 운전방법 2가지는?

도로상황
- 전방 도로 공사현장
- 우측 벽에 길가장자리 구역선
- 전방에 자속화물차를 앞지르기 하는 승용차

① 공사 중 안내표지판이 있으므로 속도를 줄이고 진행한다.
② 전방에 중앙선을 넘는 차량이 경계선을 주의하며 안전으로 운전한다.
③ 비상점멸등을 켜고 속도를 높여 빠르게 운전한다.
④ 사고 방지를 위해 충방에서 진행하는 차로를 급진로 변경한다.
⑤ 우측 길가장자리 구역선은 정차가 허용되지 않는 장소이다.

불법으로 앞지르기하는 차량이라도 안전하게 앞지르기할 수 있도록 속도를 줄여야 하고, 커브 같은 속도를 낮추어 신호하여 빠져나가는 것이 좋고, 전방의 상황을 살필 수 있으므로 우측에 붙어 있는 것이 좋다.

29. 운전자 준수 사항으로 맞는 것 2가지는?

① 어린이 교통사고 위험이 있을 때에는 일시 정지한다.
② 물이 고인 곳을 지날 때에는 피해를 주지 않기 위해 사용하여 진행한다.
③ 자동차 유리창의 밝기를 규제하지 않으므로 짙은 틴팅(선팅)을 한다.
④ 보행자가 횡단보도를 통행하고 있을 때에도 사용한다.

도로에서 어린이의 교통사고 위험이 있는 것을 발견한 경우 일시정지를 하여야 한다. 도로를 통과하고 있을 때에는 일시정지하여야 하며, 안전지대에 보행자가 있는 경우와 차로기 앞선 자동차의 위험 요소를 확인하여야 한다.

30. 다음 중 고속도로에서 운전자의 바람직한 운전행위 2가지는?

① 피로한 경우 갓길에 정차하여 안정을 취한 후 출발한다.
② 평소 즐겨듣는 음악을 크게 틀면서 시원하게 운전한다.
③ 주기적인 휴식이나 스트레칭으로 피로를 예방한다.
④ 출발 전 뿐만 아니라 휴식 중에도 목적지까지의 경로의 위험한 요소를 확인하여 운전한다.

정답

21 ①,④ 22 ①,④ 23 ③ 24 ①,③ 25 ④,⑤ 26 ① 27 ①,② 28 ①,④ 29 ①,② 30 ③,④

31 철길건널목을 통과하다가 고장으로 건널목 안에서 차를 운행할 수 없는 경우 운전자의 조치요령으로 바르지 않은 것은? [난이도 : 下]

① 동승자를 대피시킨다.
② 비상점멸등을 작동한다.
③ 철도공무원에게 알린다.
④ 차량의 고장 원인을 확인한다.

32 다음 중 도로교통법상 보행자의 도로 횡단 방법에 대한 설명으로 잘못된 것은? [난이도 : 中]

① 모든 차의 바로 앞이나 뒤로 횡단하여서는 아니 된다.
② 지체장애인의 경우라도 반드시 도로 횡단 시설을 이용하여야 한다.
③ 안전표지 등에 의하여 횡단이 금지되어 있는 도로의 부분에서는 그 도로를 횡단하여서는 아니 된다.
④ 횡단보도가 설치되어 있지 아니한 도로에서는 가장 짧은 거리로 횡단하여야 한다.

33 보행자의 통행에 관한 설명으로 맞는 것은? [난이도 : 下]

① 보행자는 도로 횡단 시 자의 바로 앞이나 뒤로 신속히 횡단하여야 한다.
② 지체 장애인은 도로 횡단시설이 있는 도로에서 반드시 그곳으로 도로를 횡단하여야 한다.
③ 보행자는 안전표지 등에 의하여 횡단이 금지되어 있는 도로에서는 신속하게 도로를 횡단하여야 한다.
④ 보행자는 횡단보도가 설치되어 있지 아니한 도로에서는 가장 짧은 거리로 도로를 횡단하여야 한다.

34 다음 안전표지에 대한 설명으로 맞는 것은?

① 자의 진입을 금지한다.
② 모든 차와 보행자의 진입을 금지한다.
③ 위험물 적재 화물차 진입을 금지한다.
④ 진입 금지 기간 등을 알리는 보조표지는 설치할 수 없다.

35 다음 상황에서 가장 안전한 운전방법 2가지는? [3점]

■ 도로상황
- 회전교차로
- 회전교차로 진입하려는 하얀색 화물차

① 차의 진입을 금지하는 구역 및 도로의 중앙 또는 우측에 설치
② 전방만 주시하며 운전해야 한다.
③ 1차로 화물차가 2차로 쪽으로 차로변경 할 수 있으므로 주의하며 운전한다.
④ 좌우측 차로로부터 차량이 진입할 수 있어 주의하며 운전해야 한다.
⑤ 진입 차량이 회전 차량보다 우선이라는 생각으로 운전한다.

36 자의 운전자가 보도를 횡단하여 건물 등에 진입하려고 한다. 운전자가 행해야 할 순서로 올바른 것은? [난이도 : 下]

① 사행 → 방향지시등 작동 → 신속 진입
② 일시정지 → 경음기 사용 → 신속 진입
③ 서행 → 좌측과 우측부분 확인 → 서행 진입
④ 일시정지 → 좌측과 우측부분 확인 → 서행 진입

37 다음 상황에서 가장 안전한 운전방법 2가지는? [난이도 : 中]

① 앞서 가는 이륜차가 갑자기 도로 중앙 쪽으로 들어올 수 있으므로 주의하며 진행한다.
② 한적한 도로이므로 속도를 높여 진행한다.
③ 이륜차와의 안전거리를 좁혀 빠르게 진행한다.
④ 경음기를 반복적으로 사용하며 이륜차를 앞질러 간다.
⑤ 중앙선을 넘어 이륜차를 피해가며 운행한다.
⑥ 이륜차가 도로의 중앙 쪽으로 이동할 수 있으므로 안전거리를 충분히 유지하며 감속해야 한다.

38 다음 상황에서 가장 안전한 운전방법 2가지는? [난이도 : 中]

■ 도로상황
- 1,2차로 좌회전차로로 3,4차로 직진차로
- 자의 차 사이에서 무언가하려는 보행자

① 직진 신호 대기차량이 사이에서 갑자기 횡단하려는 보행자를 주의한다.
② 전방 좌측차신호가 바뀌기 전에 통과하기 위해 진입한다.
③ 무단횡단 보행자를 위험하기 위해 오히려 속도를 높인다.
④ 횡단하려는 보행자를 보호하기 위해 비상등을 켜고 감속한다.
⑤ 보행자의 충돌을 피하기 위해 1차로로 급진로 변경한다.

39 도로교통법상 다음승용자동차로 통행할 수 있는 차의 기준으로 맞는 2가지는? [난이도 : 中]

① 3명 이상 승차한 승용자동차   ② 3명 이상 승차한 화물자동차
③ 3명 이상 승차한 승합자동차   ④ 2명 이상 승차한 이륜자동차

40 다음 영상을 보고 확인되는 가장 위험한 상황은?

※ 동영상 시청 : 스마트폰으로 위 QR 코드를 검색하면 동영상 문제를 볼 수 있습니다. (카페의 동영상 문제 5번)

① 앞쪽에서 서행하는 회색 승용차가 급정지 하는 상황
② 반대방향 노란색 승용차가 중앙선 침범하여 유턴하려는 상황
③ 좌회전 대기 중인 버스가 직진하기 위해 갑자기 출발하는 상황
④ 오른쪽 자전거운전자가 차의 앞으로 갑자기 진입하는 상황

정답
31 ④ 32 ② 33 ④ 34 ① 35 ③,④ 36 ④ 37 ①,③ 38 ①,④ 39 ①,③ 40 ④

Round 06 실전충제문제

1장

01 '착한운전 마일리지' 제도에 대한 설명으로 적절치 않은 것은?
① 교통법규를 잘 지키고 이를 실천한 운전자에게 인센티브를 부여하는 제도이다.
② 운전자가 정지처분을 받게 될 경우 누산점수에서 공제할 수 있다.
③ 벌점이나 과태료 미납자로 마일리지 제도의 무위반·무사고 서약에 참여할 수 있다.
④ 서약 실천기간 중에 교통사고를 유발하거나 교통법규를 위반하면 다시 서약할 수 있다.

2장

02 도로교통법상 운전면허의 조건 부과기준 중 운전면허증 기재부호으로 바르지 않은 것은?
① A: 수동식 조작기
② E: 청각장애인 표지 및 볼록거울
③ G: 특수제작 및 승인차
④ H: 우측 방향지시기

03 다음 안전표지에 대한 설명으로 가장 옳은 것은?

① 직진하는 차량이 많은 도로에 설치한다.
② 금지해야 할 지점의 도로 좌측에 설치한다.
③ 이런 지점에서는 반드시 유턴하여 되돌아가야 한다.
④ 좌·우측 도로를 이용하는 등 다른 도로를 이용해야 한다.

3장

04 오른쪽으로 갔어야 하는데 길을 잘못 들었다. 이 때 가장 안전한 운전방법 2가지는?

[도로상황]
- 돌신 양쪽 방면으로 가야 하는 상황
- 분기점에서 오른쪽으로 진입하려는 상황

① 안전지대로 잠입하여 비상점멸등을 작동한 후 오른쪽으로 진입한다.
② 오른쪽 방향지시기를 작동하며 안전지대로 진입하여 오른쪽으로 진입한다.
③ 신속하게 가속하여 오른쪽으로 진입한다.
④ 대구방향으로 그대로 진행한다.
⑤ 다음에서 만나는 나들목 또는 갈림목을 이용한다.

2장

05 다음 중 교차로에 진입하여 신호가 바뀐 후에도 지나가지 못해 다른 차량 통행을 방해하는 행위인 "꼬리 물기"를 하였을 때의 위반 행위로 맞는 것은?
① 교차로 통행방법 위반
② 일시정지 위반
③ 진로 변경 방법 위반
④ 운전 안전의 조치 위반

2장

06 승용차 운전자가 차로 변경 시바이에 상대차를 앞에서 상대하고 한동하지, 이를 보지 못하고 뒤따르던 화물차가 추돌하여 화물차 운전자가 다친 경우에는 「형법」에 따른 보복운전으로 처벌될 수 있다. 이에 대한 처벌기준으로 맞는 것은?
① 1년 이상 10년 이하의 유기징역에 처한다.
② 1년 이상 20년 이하의 유기징역에 처한다.
③ 2년 이상 10년 이하의 유기징역에 처한다.
④ 2년 이상 20년 이하의 유기징역에 처한다.

※ 보복운전으로 상해를 입힌 경우 1년 이상 10년 이하의 유기징역에 처한다.

2장

07 다음은 차로에 따른 통행방법의 기준에 대한 설명이다. 잘못된 것은?
① 모든 차는 지정된 차로의 오른쪽 차로로 통행할 수 있다.
② 승용자동차가 앞지르기를 할 때에는 통행 기준에 지정된 차로의 바로 옆 오른쪽 차로로 통행하여야 한다.
③ 편도 4차로 일반도로에서 승용자동차의 주행차로는 모든 차로이다.
④ 편도 4차로 고속도로에서 대형화물자동차의 주행차로는 오른쪽 차로이다.
⑤ 앞지르기를 할 때에는 통행 기준에 지정된 차로의 바로 옆 왼쪽 차로로 통행할 수 있다.

3장

08 다음 상황에서 통행방법으로 잘못된 2가지는?

① 회전교차로에는 시계방향으로 통행하여야 한다.
② 회전교차로에 진입하려는 경우에는 서행하거나 일시정지하여야 한다.
③ 회전교차로 안에서는 시계반대방향으로 진행하고 있는 차가 회전교차로에 진입하려는 차보다 우선이다.
④ 회전교차로 진입을 위하여 방향지시등을 켠 차가 있으면 그 뒤차는 앞차의 진행을 방해하여서는 아니 된다.
⑤ 회전교차로 내에서는 반시계방향으로 통행하여야 한다.

3장

09 운전 중 집중력에 대한 내용으로 가장 적절한 2가지는?
① 운전 중 동승자와 계속 이야기를 나누는 것은 집중력을 높여 준다.
② 운전자의 시야를 가리는 차량 부착물은 제거하는 것이 좋다.
③ 운전 중 집중력은 안전운전과는 상관이 없다.
④ 수면 부족은 운전 중 집중력에 영향을 준다.
⑤ TV/DMB는 뒷좌석 승차자만 볼 수 있는 곳에 장착하는 것이 좋다.

2장

10 도로교통법상 다음 안전표지에 대한 설명으로 맞는 것은?

① 차마의 유턴을 금지하는 규제표지이다.
② 자마(노면전차는 제외한다.)의 유턴을 금지하는 지시표지이다.
③ 개인형 이동장치의 유턴을 금지하는 주의표지이다.
④ 자동차등의 이동장치는 제외한다.)의 유턴을 금지하는 지시표지이다.

정답
01 ③,④ 02 ① 03 ④ 04 ④,⑤ 05 ① 06 ① 07 ② 08 ①,③ 09 ②,④ 10 ①

11 [난이도 : 下]
도로교통법상 '모든 차의 운전자는 교차로에서 ( )을 하려는 경우에는 미리 도로의 우측 가장자리를 서행하면서 우회전하여야 한다. 이 경우 우회전하는 차의 운전자는 신호에 따라 정지하거나 진행하는 보행자 또는 자전거 등에 주의하여야 한다.' ( )안에 맞는 것으로 짝지어진 것은?

① 우회전 - 우회전
② 좌회전 - 좌회전
③ 우회전 - 좌회전
④ 좌회전 - 우회전

12 [난이도 : 下]
다음 중 도로교통법상 차로변경에 대한 설명으로 맞는 것은?

① 다리 위는 위험한 장소이기 때문에 백색 실선으로 차로변경을 제한하는 경우가 많다.
② 차로변경을 제한하고자 하는 장소는 백색 점선의 차선으로 표시되어 있다.
③ 차로변경 금지장소에서는 도로공사 등으로 장애물이 있어 통행이 불가능한 경우라도 차로변경을 해서는 안 된다.
④ 차로변경 금지장소이지만 안전하게 차로를 변경하면 법규위반이 아니다.

13 [난이도 : 上]
다음 안전표지에 관한 설명으로 맞는 것은?

① 화물을 싣기 위해 잠시 주차할 수 있다.
② 승객을 내려주기 위해 일시적으로 정차할 수 있다.
③ 주차 및 정차를 금지하는 구간에 설치한다.
④ 이륜자동차는 주차할 수 있다.

도로교통법 제33조에 따라 주차금지를 표시하는 구역, 도로의 구간이나 장소의 전면 또는 필요한 지점의 도로우측에 설치

14 [난이도 : 中]
다음 상황에서 가장 안전한 운전방법 2가지는?

[도로상황]
- 눈이 쌓인 도로
- 전방 터널에 진입하려고 함

① 자간 거리를 평소보다 충분히 확보한다.
② 터널 진입 전 브레이크를 이주 강하게 밟아 본다.
③ 터널 안은 눈이 쌓이지 않았기 때문에 가속 운행한다.
④ 노면은 매우 미끄럽기 때문에 바퀴자국을 따라 주행한다.
⑤ 미끄럼 방지를 위해 기어를 중립으로 변경하여 진행한다.

15 [난이도 : 下]
고속도로의 가속 차로에 대한 설명 중 옳은 것은?

① 고속도로 주행 차량이 진출로로 진출하기 위해 진로 변경할 수 있도록 유도하는 차로
② 고속도로로 진입하는 차량이 충분한 속도를 낼 수 있도록 하는 차로
③ 고속도로에서 앞지르기하고자 하는 차량이 속도를 낼 수 있도록 유도하는 차로
④ 오르막에서 대형 차량들의 속도 감소로 인한 영향을 줄이기 위해 설치한 차로

16 [난이도 : 下]
도로교통법상 자동차(이륜자동차 제외)에 의무를 동승하는 경우 유아 보호용 장구를 사용토록 한다. 다음 중 영유아에 해당하는 나이 기준은?

① 8세 이하
② 8세 미만
③ 6세 이하
④ 6세 미만

---

17 [난이도 : 中]
고속도로에 진입한 후 잘못 진입한 사실을 알았을 때 적절한 행동은?

[도로상황]
- 2차로에서 시속 50km로 주행 중
- 내비게이션에서 전방 좌회전 안내
- 3차로에서 시속 60km로 주행 중인 승용 차

① 경찰관서에 의뢰한 후 비상경고등을 켜고 고속도로 순찰대나 도움을 요청한다.
② 이미 진입하였으므로 다음 출구까지 주행한 후 빠져나온다.
③ 비상점멸등을 켜고 진입했던 길로 서서히 후진하여 빠져나온다.
④ 진입 차로가 2개 이상일 경우에는 유턴하여 돌아나온다.

18 [난이도 : 中]
기업도시, 터미널 방향으로 좌회전 하려고 한다. 가장 안전한 운전방법 2가지는?

① 내비게이션 안내에 따라 진행방향에서 좌회전해야 하므로 2차로에서 1차로 미리 진로를 변경한다.
② 1,2차로는 지하차도로 진입하므로 3차로로 진로를 변경한다.
③ 정체된 길이나 내비게이션을 조작한다.
④ 2차로에 후행 차량이 있으므로 우측 방향지시등을 켜 그 앞으로 빠르게 차로를 변경한다.
⑤ 선행하는 차량이 급제동을 할 수 있으므로 안전거리를 확보한다.

19 [난이도 : 中]
다음 상황에서 가장 안전한 운전방법 2가지는?

① 우측의 안전표지가 진입하는 차량이 주속해야 하는 속도이다.
② 회전교차로 안에 진입한 차량이 진행하고 있다고 할 때에는 안이 직접 우선이므로 앞차를 따라 진입한다.
③ 회전교차로는 시계방향으로 회전한다.
④ 회전교차로를 진·출입 할 때에는 방향지시등을 켤 필요가 없다.
⑤ 회전교차로 내에 여유 공간이 있을 때까지 양보선에서 대기하여야 한다.

20 [난이도 : 中]
다음 상황에서 가장 안전한 운전방법 2가지는?

[도로상황]
- 빗길 자동차전용도로
- 시정당 집중 차량들로 인해 1차로 지정체

① 진로변경 제한선을 피하기 위해 3차로로 급차로 변경한다.
② 1차로 차량이 진입하지 못하도록 속도를 높여 운전한다.
③ 경음기와 상항등을 사용하여 진로변경을 방해한다.
④ 견유등을 통해 진로변경 차량에 양보한다.
⑤ 빗길에서는 제동거리가 길어지므로 미리 감속한다.

정답
11 ① 12 ① 13 ② 14 ①,④ 15 ② 16 ③ 17 ② 18 ②,⑤ 19 ①,⑤ 20 ④,⑤

21. 도로교통법상 도로에 설치하는 노면표시의 색이 잘못 연결된 것은?
① 안전지대 중 양방향 교통을 분리하는 표시는 노란색
② 버스전용차로표시는 파란색
③ 노면색깔유도선표시는 분홍색, 연한녹색 또는 녹색
④ 어린이보호구역 안에 설치하는 속도제한표시의 테두리선은 작색

[난이도: 中]

22. 도로교통법상 고속도로 외의 도로에서 왼쪽 차로를 통행할 수 있는 차종으로 맞는 것은?
① 승용자동차 및 경형·소형·중형 승합자동차
② 대형승합자동차
③ 화물자동차
④ 특수자동차 및 이륜자동차

[난이도: 下]

23. 다음 안전표지가 뜻하는 것은?

① 차폭 제한
② 차 높이 제한
③ 차간거리 확보
④ 터널의 높이

[난이도: 下]

24. 다음에서 사고발생 가능성이 가장 높은 상황 2가지는?

[도로상황]
- 농번기 교외도로
- 시속 60km로 주행 중

① 전방 주행중인 자동차
② 좌측으로 진입하기 위해 갑자기 회전하는 전동스쿠터
③ 우측에서 출발하려는 화물차
④ 우측에서 작업중인 사람
⑤ 전방 좌측 이륜차

25. 다음 상황에서 가장 안전한 운전방법 2가지는?

① 어린이 보호구역이므로 최고 제한속도 이내로 진행하여 갑작스러운 위험에 대비한다.
② 공사 현장이더라도 작업량이 없으면 신속하게 진행한다.
③ 안전을 위해 비상점멸등을 켜고 진행한다.
④ 한적한 도로이기에 속도를 줄이지 주의할 필요는 없다.
⑤ 횡단보도 앞에서는 보행자가 없더라도 반드시 일시정지 후 진행한다.

26. 자동차 운전 시 유턴이 허용되는 노면표시 형식은?(유턴표지가 있는 곳)
① 도로의 중앙에 황색 실선 형식으로 설치된 노면표시
② 도로의 중앙에 백색 실선 형식으로 설치된 노면표시
③ 도로의 중앙에 백색 점선 형식으로 설치된 노면표시
④ 도로의 중앙에 청색 실선 형식으로 설치된 노면표시

[난이도: 中]

27. 도로교통법상 차로에 따른 통행구분 설명이다. 잘못된 것은?
① 차로의 순위는 도로의 중앙선쪽에 있는 차로부터 1차로로 한다.
② 느린 속도로 진행하여 다른 차의 정상적인 통행을 방해할 우려가 있는 때에는 그 통행하던 차로의 오른쪽 차로로 통행하여야 한다.
③ 일방통행도로에서는 도로의 오른쪽부터 1차로 한다.
④ 편도 2차로 고속도로에서 모든 자동차는 2차로로 통행하는 것이 원칙이다.

[난이도: 中]

28. 다음 도로에서 가장 안전한 통행방법 2가지는?

[도로상황]
- 보행자우선도로

① 보행자우선도로는 어린이에게만 적용되므로 정상 속도로 주행한다.
② 보행자가 안전하게 거릴수 있도록 일정한 거리를 두고 진행한다.
③ 나란히 통행하는 보행자 일행이 있을 때에는 한 줄로 통행하도록 경음기를 울린다.
④ 보행자에 방해가 될 때에는 일시정지하거나 서행하여야 한다.
⑤ 보행자 통행에 방해를 주지 않는다면 시속 20km 이상 주행할 수 있다.

[난이도: 下]

29. 다음 상황에서 가장 안전한 운전방법 2가지는?

[도로상황]
- 중앙선이 없는 이면도로
- 보행자가 도로를 횡단하려는 상황

① 전방에 보행자가 도로를 횡단하려 하므로 일시정지 후 보행자의 안전을 확인하고 진행한다.
② 이면도로이므로 보행자를 보호할 의무가 없어 속도를 줄일 필요 없이 진행한다.
③ 뒤따르는 차량에 방해가 되지 않도록 경제 빨리 진행한다.
④ 경음기를 반복하여 사용하면 비상점멸등을 켜고 진행한다.
⑤ 보행자를 발견한 즉시 급정지하여 보행자에게 주의를 준다.

[난이도: 中]

30. 운전 중 서행을 하여야 하는 경우나 장소 2가지는?
① 신호등이 없는 교차로
② 어린이가 보호자 없이 도로를 횡단할 때
③ 앞을 보지 못하는 사람이 흰색 지팡이를 가지고 도로를 횡단하고 있는 때
④ 도로가 구부러진 부근
⑤ 신호등이 없는 교차로는 서행을 하고, 어린이가 보호자 없이 도로를 횡단할 때와 앞을 보지 못하는 사람이 흰색 지팡이를 가지고 도로를 횡단하고 있는 경우 앞으로 일시정지를 하여야 한다.

정답
21 ④ 22 ① 23 ② 24 ②,③ 25 ①,⑤ 26 ③ 27 ③ 28 ②,④ 29 ①,③ 30 ①,④

45

31. 자동차 운전자는 북쪽으로 가시거리가 50미터 이내인 경우 도로교통법령상 최고속도의 ( )을 줄인 속도로 운행하여야 한다. ( )에 기준으로 맞는 것은?

① 100분의 50
② 100분의 40
③ 100분의 30
④ 100분의 20

비·안개 등으로 인한 악천후 시 감속 기준

최고속도의 100분의 20을 줄여야 할 경우	최고속도의 100분의 50을 줄여야 할 경우
• 비가 내려 노면이 젖어있는 경우 • 눈이 20mm 미만 쌓인 경우	• 폭우·폭설·안개 등으로 가시거리가 100미터 이내인 경우 • 노면이 얼어붙은 경우 • 눈이 20mm 이상 쌓인 경우

[난이도 : 中]

32. 운전 중 집중력에 대한 내용으로 가장 적합한 2가지는?

① 운전 중 동승자와 계속 이야기를 나누는 것은 집중력을 높여 준다.
② 운전자의 시야를 가리는 차량 부착물은 제거하는 것이 좋다.
③ 운전 중 집중력은 안전운전과는 상관이 없다.
④ TV/DMB를 시청하면서 운전을 하는 것은 좋지 않다.

33. 다음 안전표지가 의미하는 것은?

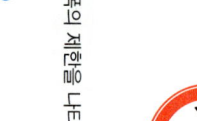

① 차 높이 제한
② 차간거리 확보
③ 차폭 제한
④ 차 길이 제한

[난이도 : 下]

34. 다음 상황에서 가장 안전한 운전방법 2가지는?

[도로상황]
• 통행량이 많은 시가지 도로
• 전방에 무단횡단하는 보행자

① 보행자가 갑자기 뛰어들 것에 대비해 속도를 줄인다.
② 무단횡단자는 보호할 필요가 없으므로 신속히 진행한다.
③ 경음기를 크게 울려 무단횡단자가 도로 밖으로 나가도록 한다.
④ 비상점멸등을 켜서 뒤따르는 차량이 위험상황을 알리도록 한다.
⑤ 무단횡단자는 보행자 보호의무의 대상이 아니므로 신속히 진행한다.

35. 다음 상황에서 확인할 수 없는 교통안전표지 2가지는?

① 횡단보도 표지
② 좌회전 금지 표지
③ 회전형 교차로 표지
④ 정차·주차금지 표지
⑤ 통행금지 표지

36. 1·2차로가 좌회전 차로의 교차로의 통행 방법으로 맞는 것은?

① 승용차는 1차로만을 이용하여 좌회전하여야 한다.
② 승합차는 2차로만을 이용하여 좌회전하여야 한다.
③ 대형 승합차는 1차로만을 이용하여 좌회전하여야 한다.
④ 좌회전 차로가 2개인 경우 승용차는 1·2차로, 대형 승합차는 1.5톤 초과 화물차, 특수차 등은, 건설기계 등은 2차로를 이용하여 좌회전할 수 있다.

[난이도 : 上]

37. 열동기 장치자전거 중 개인형 이동장치의 정의에 대한 설명으로 바르지 않은 것은?

① 오르막 자전거 25㎞ 미만이어야 한다.
② 차체 중량이 30킬로그램 미만이어야 한다.
③ 자전거이탈 자전거와 개인형 이동장치를 말한다.
④ 시속 25킬로미터 이상으로 운행할 경우 전동기가 작동하지 않아야 한다.

* "개인형 이동장치"란 원동기장치자전거 중 시속 25㎞/h 이상으로 운행할 경우 전동기가 작동하지 아니하고 차체 중량이 30kg 미만인 것으로서 행정안전부령으로 정하는 것을 말하며, 등판각도는 규정되어 있지 않다.

[난이도 : 中]

38. 사고발생 가능성이 가장 높은 상황은?

[도로상황]
• 도로변 건물에서 좌회전 진입

① 보도 우측에서 진행 중인 자전거
② 건물로 진입하기 위해 좌회전 중인 차량
③ 도로 좌측에서 우측으로 주행 중인 자동차
④ 반대편에 있는 주차된 자동차
⑤ 반사경에 비친 자동차

[난이도 : 下]

39. 다음 중 회전교차로의 통행 방법으로 가장 적절한 2가지는?

① 회전교차로에서 이미 회전하고 있는 차량이 우선이다.
② 회전교차로에 진입하려고 하는 경우 신속히 진입한다.
③ 회전교차로 진입 시 시계방향을 진입한다.
④ 회전교차로에서는 반시계방향으로 주행한다.
⑤ 반시계의 경우에도 주정차를 할 수 있다.

40. 다음 영상에서 운전자가 해야 할 행동으로 맞는 것은?

※ 동영상 시청 : 스마트폰으로 옆 QR 코드로 검색하면 동영상 문제를 볼 수 있습니다. (카페에 동영상 문제 6번)

① 경찰차 뒤에서 서행으로 통행한다.
② 경찰차 운전자의 위반행위를 즉시 신고한다.
③ 왼쪽 차로에 안전한 공간이 있는 경우 앞지르기 한다.
④ 오른쪽 차로에 안전한 공간이 있는 경우 앞지르기 한다.

※ 영상에서 경찰차가 지그재그 형태로 차로를 운전하는 경우 가상의 정체를 유발하여 차로를 안정화하고 있다. 이 기법을 트래픽 브레이크(traffic break)라고 한다. 이는 도로에 낙하물 교통사고 발생 후속조치 또는 2차로 3차로 연결이 녀녀지는 공사 이전 사고 위험상을 줄이기 위한 서행운전으로 통상 속도를 줄여 교통사고를 예방한다. 이 기법은 후속차의 교통흐름을 늦추고 그 사이에 낙하물·방애물 등 제거 또는 차선 안전한 공간이 있는 경우 앞지르기 한다. 신호와 지시에 따라 안전한 운전을 해야 한다.

정답
31 ① 32 ②,④ 33 ③ 34 ①,④ 35 ③,⑤ 36 ① 37 ④ 38 ①,② 39 ①,④ 40 ①

사진에서 확인할 수 없는 교통안전표지 : 좌회전 금지 표지, 정차·주차금지 표지, 횡단금지 표지, 견인지역 표지

Round 07 실전출제문제

01 [2점] 도로교통법상 차마의 통행방법 및 속도에 대한 설명으로 옳지 않은 것은?
[난이도 : 上]
① 신호등이 있는 교차로에서 좌회전할 때 직진하려는 다른 차가 있는 경우 직진 차에게 진로를 양보하여야 한다.
② 차도와 보도의 구분이 없는 도로에서 차량을 정차할 때 도로의 오른쪽 가장자리로부터 중앙으로 50센티미터 이상의 거리를 두어야 한다.
③ 교차로에서 앞 차가 우회전을 하려고 신호를 하는 경우 뒤따르는 차는 앞 차의 진행 방향에서는 안 된다.
④ 자동차전용도로에서의 최저속도는 매시 30킬로미터이다.

02 [2점] 도로통행상 개인형 이동장치와 관련된 내용으로 맞는 것은?
[난이도 : 中]
① 승차정원을 초과하여 운전
② 운전면허를 반납한 만 65세 이상인 사람의 운전
③ 만 13세 이상인 사람이 운전면허 취득 없이 운전
④ 횡단보도에서 개인형 이동장치를 끌거나 들고 보행

03 [2점] 다음 안전표지가 있는 도로에서의 운전 방법으로 맞는 것은?
[난이도 : 下]

① 다가오는 차량이 있을 때에만 정지하면 된다.
② 도로에 차량이 없을 때에도 정지해야 한다.
③ 어린이들이 길을 건널 때에만 정지한다.
④ 적색등이 켜진 때에만 정지하면 된다.

04 [3점] 다음 상황에서 가장 올바른 운전방법 2가지는?

도로상황
- 양방향 통행가능한 중앙선이 없는 도로
- 반대방향에서 진행중인 택배 차량
- 승용차 탑승인원 1명

① 마주 오는 택배차량에게 진로를 양보한다.
② 승용차 운전자에게 우선권이 있으므로 그대로 진행한다.
③ 상향등을 반복 조작하여 상대운전자가 진행하지 못하도록 한다.
④ 주정차된 차량에서 내리려는 사람을 주의한다.
⑤ 정차하여 상대운전자가 진로 양보 때까지 기다린다.

05 [3점] 다음 상황에서 차로변경에 대한 설명으로 옳은 것 2가지는?

도로상황
- 길 우측의 진입차로에서 본선 차로로 진입하는 상황

① 2차로를 주행 중인 승용차량이 1차로로 차로변경을 할 수 있다.
② 1차로를 주행 중인 승용차가 2차로로 차로변경을 할 수 없다.
③ 진입차로에서 바로 1차로로 차로변경을 할 수 있다.
④ 2차로를 주행 중인 승용차는 진입차로로 차로변경을 할 수 없다.
⑤ 모든 차로에서 차로변경을 할 수 있다.

06 [2점] 도로교통법상 전용차로의 종류가 아닌 것은?
[난이도 : 中]
① 버스 전용차로
② 다인승 전용차로
③ 자동차 전용차로
④ 자전거 전용차로

07 [2점] 교차로의 딜레마 존(Dilemma Zone) 통과 방법 중 가장 거리가 먼 것은?
[난이도 : 中]
① 교차로 진입 전 교통 상황을 미리 확인하고 안전거리 유지와 감속운전으로 신호가 변경될 때 정지할 수 있도록 준비한다.
② 적색신호에서 교차로에 진입하면 신호위반에 해당된다.
③ 신호등이 녹색에서 황색으로 바뀔 때 앞바퀴가 정지선을 진입했다면 교차로 상황을 주의하며 신속히 교차로 밖으로 진행한다.
④ 도로교통법상 딜레마 존(Dilemma Zone)을 인정하여 교차로에 진입하기 전에 황색의 등화로 바뀐 경우 교차로에 정지할 필요가 없다.

08 [3점] 고속도로를 주행할 때 옳은 것 2가지는?
[난이도 : 下]
① 모든 좌석에서 안전띠를 착용하여야 한다.
② 고속도로를 주행하는 차는 진입하는 차에 대해 진로를 양보하여야 한다.
③ 고속도로를 주행하고 있다면 긴급자동차가 진입한다 하여도 양보할 필요는 없다.
④ 고장자동차의 표지(안전삼각대 포함)를 가지고 다녀야 한다.

09 [3점] 다음 상황에서 가장 안전한 운전방법 2가지는?

도로상황
- 1, 2차로 지하차도로 연결
- 3차로에서 시속 50km 주행 중

① 한색차 앞에서 브레이크를 밟아 끼어들기 진로변경 할 수 있도록 한다.
② 건조한 흰색차량이 진로변경 할 수 있도록 안전거리를 확보한다.
③ 주행사고를 피하기 위해 4차로로 진로변경한다.
④ 급가속을 통해 흰색차량의 추돌을 피한다.
⑤ 안쪽으로 핸들을 돌리며 급제동한다.

10 [2점] 다음 규제표지를 설치할 수 있는 장소는?

① 교통정리를 하고 있지 아니하고 교통이 빈번한 교차로
② 비탈길 고갯마루 부근
③ 교통정리를 하고 있지 아니하고 좌우를 확인할 수 없는 교차로
④ 신호기가 없는 철길 건널목

자동차전용도로에서의 최저속도는 매시 30킬로미터이다.
전용차로의 종류는 버스 전용차로, 다인승 전용차로, 자전거 전용차로 3가지로 구분된다.

비탈길 고갯마루 부근은 서행이 가까워져 고갯마루 너머의 전방 상태를 확인이 어려우므로 천천히 주행해야 한다.

정답

01 ④ 02 ④ 03 ② 04 ①,④ 05 ②,④ 06 ③ 07 ④ 08 ①,④ 09 ②,③ 10 ②

3차로(진입차로)에서 2차로로는 백색 점선이므로 차로변경이 가능하나, 1차로~2차로, 2차로~1차로는 백색 실선이므로 차로변경을 할 수 없다.

11. 차간거리에 대한 설명으로 올바르게 표현된 것은?

① 공주거리라는 위험을 발견하고 브레이크 페달을 밟아 브레이크가 실제 듣기 시작할 때까지의 거리를 말한다.
② 정지거리라는 앞차가 급정지할 때 추돌하지 않을 정도의 거리를 말한다.
③ 안전거리라는 브레이크를 작동시켜 안전히 정지할 때까지의 거리를 말한다.
④ 제동거리라는 위험한 상황 발생 시 차량이 완전히 정지할 때까지의 거리를 말한다.

12. 다음 중 일시정지가 가능한 장소는? [난이도: 上]

① 교차로 ② 황색실선의 국도
③ 터널 안 ④ 황색점선의 지방도

13. 다음 규제표지가 의미하는 것은? [난이도: 上]

① 위험물을 실은 차량 통행금지
② 전방에 차량 화재로 인한 교통 통제 중
③ 차량화재가 빈발하는 곳
④ 산불 발생 지역으로 차량 통행금지

14. 고속도로 휴게소에서 휴식을 취하고 고속도로로 합류하려고 한다. 가장 안전한 운전방법 2가지는? [난이도: 下]

① 일시정지 후 주행 중인 차들이 없을 때 도로로 합류한다.
② 가속을 통해 한번에 1차로까지 진입한다.
③ 충분한 가속을 통해 주행차로의 차량에 확인한 후 합류한다.
④ 가감속 차로를 통해 주행한다.
⑤ 다른 차량의 통행에 방해하지 않도록 한다.

15. 다음 상황에서 가장 안전한 운전방법 2가지는?

[도로상황]
- 자동차 전용도로
- 눈이 와서 노면이 미끄러운 상황
- 2차로에서 길 우측의 진출로로 차로 변경하려는 상황

① 차간에 일시정지를 금지한다.
② 백색점선과 실선의 복선에서 진출한다.
③ 진출로를 지나치게 차량을 원래 가려던 곳으로 진출한다.
④ 노면이 미끄러우므로 감속하여 진출을 시도한다.
⑤ 진출 시 정체되면 가속차로를 해제하려면 빼르게 진출을 시도한다.

16. 다음 중 도로교통법상 교차로에서의 서행에 대한 설명으로 가장 적절한 것은? [난이도: 上]

① 차가 즉시 정지할 수 있는 정도의 느린 속도로 진행하는 것
② 매시 30킬로미터의 속도를 유지하여 진행하는 것
③ 사고를 유발하지 않을 만큼의 속도로 느리게 진행하는 것
④ 앞차의 급정지를 피할 만큼의 속도로 진행하는 것

※ 서행(徐行) : 운전자가 차를 즉시 정지시킬 수 있는 정도의 느린 속도로 진행하는 것

17. 차로 운전 중 차량 신호등과 횡단보도 보행자 신호등이 모두 고장 난 경우 횡단보도 통과 방법으로 옳은 것은? [난이도: 上]

① 횡단하는 사람이 있는 경우 서행으로 통과한다.
② 횡단보도에 사람이 없으면 경음기를 울리며 빠르게 통과한다.
③ 신호가 고장이므로 서행할 필요가 없다.
④ 횡단하는 사람이 있는 경우 횡단보도 직전에 일시정지한다.

18. 소통이 원활한 편도 3차로 고속도로에서 승용자동차의 앞지르기 방법에 대한 설명으로 잘못된 것은?(버스전용차로 없음) [난이도: 中]

① 승용자동차가 앞지르기하려고 2차로에서 1차로로 앞지르기 한다.
② 3차로로 주행 중인 대형승합자동차가 2차로에서 앞지르기한다.
③ 소형승합자동차는 1차로를 이용하여 앞지르기 한다.
④ 5톤 화물차는 2차로를 이용하여 앞지르기 한다.
⑤ 고속도로에서 승용자동차가 앞지르기할 때에는 1차로를 이용하고, 앞지르기를 마친 후에는 지정된 주행 차로에서 주행하여야 한다.

19. 다음 설명 중 맞는 것은? [난이도: 下]

① 안전운전의 노면표시는 흰색 '소'로 표시한다.
② 안전표지가 있는 차로를 진행 중인 자동차의 주행차로를 변경해야야 한다.
③ 일반도로에서 차로를 변경할 때에는 30미터 전에서 신호 후 차로를 변경한다.
④ 원활한 교통을 위해서는 무리가 되더라도 속도를 내어 차간거리를 좁혀서 운전하여야 한다.

20. 다음 상황에서 가장 안전한 운전방법 2가지는?

[도로상황]
- 터널 밖에 눈이 내리고 있어 도로가 미끄러운 상태

① 도로가 미끄러우므로 터널을 나가기 전에 3차로로 차로변경 후 주행한다.
② 터널 밖의 도로상황을 알 수 없으므로 터널을 빠져나오면서 가속하며 주행한다.
③ 터널 안에서도 차로변경이 가능한 구간이기에 1차로 차로변경 후 가속하며 신속하게 주행한다.
④ 터널 밖의 도로에 미끄러울 수 있으므로 감속하여 주행한다.
⑤ 터널 안에서 진출 시 방향을 현저히 나타낼 수 있으니 주의한다.

정답

| 11 ① | 12 ④ | 13 ① | 14 ③,⑤ | 15 ②,④ | 16 ① | 17 ④ | 18 ① | 19 ②,③ | 20 ④,⑤ |

1 차로에서는 일시정지를 금지한다.
3 후진강 매우 위험하며, 진출로에서 지나면 다음 진출로에서 빠져나간다.
5 정체되더라도 갓길로 진출해서는 안된다.

21. 신호기가 있고 차량보조신호가 없는 교차로에서 우회전하려고 한다. 도로교통법상 잘못된 것은?

① 차량신호가 적색 생등하는 경우, 횡단보도에서 일시정지 후 신호와 관계없이 우회전한다.
② 차량신호가 녹색등화인 경우, 정지선 직전에 일시정지하지 않고 우회전한다.
③ 차량신호가 녹색화살표 등화인 경우, 정지선 직전에 일시정지하지 않고 우회전한다.
④ 차량신호와 관계없이 다른 차량의 교통을 방해하지 않을 때 일시정지 후 우회전한다.

[난이도: 上]

22. 교차로에서 좌·우회전하는 방법을 가장 바르게 설명한 것은?

※ 교차로에서 우회전 요령
• 적색등화: 횡단보도 보행자 신호와 관계없이 정지선 직전에 일시정지 후 신호에 따라 진행하는 다른 차량의 교통을 방해하지 않고 우회전 한다.
• 녹색등화: 횡단보도를 통과 시 일시정지 의무는 없다.
• 녹색화살표 등화: 횡단보도에서 일시정지 의무 없이 우회전 한다.
※ 일시정지하지 않고 보행자 보행하를 방해무리하고 차들과한다.

① 우회전을 하고자 하는 때에는 신호에 따라 정지 또는 진행하는 보행자나 자전거에 주의하면서 신속히 통과한다.
② 좌회전을 하고자 하는 때에는 항상 교차로 중심 바깥쪽으로 통과해야 한다.
③ 우회전을 하고자 하는 때에는 미리 우측 가장자리를 서행하여야 한다.
④ 신호등 없는 교차로에서 좌회전 하려고 할 경우 보행자가 횡단 중이면 그 앞을 신속히 통과한다.

[난이도: 中]

23. 다음 규제표지가 설치된 지역에서 운행이 금지된 차량은?

① 이륜자동차
② 승합자동차
③ 승용자동차
④ 원동기장치자전거

[난이도: 下]

24. 다음과 상황에서 가장 올바른 운전방법 2가지는?

도로상황
• 눈이 20mm 미만으로 쌓이고 속도로 주행 중

① 눈이 많이 쌓이지 않았으므로 평소대로 운전한다.
② 출발차가 다녔던 길로 미끄러져 회전할 수 있으므로 이에 대비한다.
③ 최고 속도의 100분의 10을 줄인 속도로 운행한다.
④ 비상점멸등을 작동시키며 서행한다.
⑤ 자격기능에 속한다.

25. 도로교통법령상 개인형 이동장치에 대한 설명으로 바르지 않은 것 2가지는?

① 시속 25킬로미터 이상으로 운행할 경우 전동기가 작동하지 않아야 한다.
② 전동주행모드, 전동이륜평행차, 전동보드가 해당된다.
③ 차량가능에 속한다.
④ 전동기의 동력만으로 운전할 수 있는 자전거(PAS : Pedal Assist System) 전기자전거를 포함한다.
⑤ 눈이 20mm 미만으로 쌓인 경우 최고속도의 100분의 20을 서행해야 한다.

26. 다음 상황에서 가장 안전한 운전방법 2가지는?

도로상황

① 좌측 방향지시등을 켜고 안전거리를 확보하며 상황에 맞게 우측으로 진로변경한다.
② 전방의 교통상황에 따라 내가 앞차를 추월하던지 진행한다.
③ 전동도를 주행하는 차량이 있을 지 모르니 방향지시등을 켠 후 급차로 변경한다.
④ 미끄러질 위험이 있으므로 급제동 등을 이용하여 야기되는 차로부터 곧 나간다.
⑤ 진로변경 후 차량 가능한 숙도로 안전거리를 두고 진행한다.

[난이도: 中]

27. 정지거리에 대한 설명으로 맞는 것은?

① 운전자가 브레이크 페달을 밟은 후 최종적으로 정지한 거리
② 앞차가 급정지 시 앞차와의 추돌을 피할 수 있는 거리
③ 운전자가 위험을 발견하고 브레이크 페달을 밟아 실제로 차량이 정지하기까지의 거리
④ 운전자가 위험을 감지하고 브레이크 페달을 밟아 브레이크가 실제 듣기 시작하는 순간까지의 거리

[난이도: 上]

28. 하이패스 차로 설명 및 이용방법으로 가장 올바른 것은?

① 하이패스 차로는 항상 1차로에 설치되어 있으므로 미리 일반차로에서 하이패스 차로로 진로를 변경하여 안전하게 통과한다.
② 화물차 하이패스 차로 유도선은 파란색으로 표시되어 있고 화물차 전용차로이며 주행하던 속도 그대로 통과한다.
③ 다차로 하이패스구간 통과속도는 매시 30킬로미터 이내로 제한하고 있으며 앞차와의 안전거리를 유지하며 서행한다.
④ 다차로 하이패스구간은 규정된 속도를 준수하고 하이패스 단말기 고장 등으로 하이패스가 정상 작동하지 못하는 경우 한국도로공사의 안내에 따라 통과한다.

[난이도: 中]

29. 다음 상황에서 가장 바람직한 운전방법 2가지는?

도로상황
• 편도 3차로 고속도로
• 기후상황: 가시거리 50미터 타인 안개낌 낌

① 자차로 진로변경한 경우 빠르게 통행한다.
② 등화장치를 작동하여 차의 위치를 다른 운전자에게 알린다.
③ 노면이 습한 상태이므로 속도를 줄이고 서행한다.
④ 앞차가 통과하고 있는 속도에 맞추어 앞차를 보며 통행한다.
⑤ 갓길로 진로변경하여 앞차 차로보다 앞서간다.

[난이도: 下]

30. 교통사고 감소를 위해 도심부 최고속도를 시속 50킬로미터 이내로 제한하고, 주거지역 등 이면도로는 시속 30킬로미터 이하로 이하 하향 조정하는 교통안전 정책으로 맞는 것은?

① 뉴딜 정책
② 안전속도 5030
③ 교통사고 줄이기 한마음 대회
④ 지능형 교통체계(ITS)

31 교통정리가 없는 교차로에서의 양보 운전에 대한 내용으로 맞는 것 2가지는?

① 좌회전하려고 하는 차의 운전자는 그 교차로에서 직진 또는 우회전하려는 차에 진로를 양보해야 한다.
② 교차로에 들어가고자 하는 차의 운전자는 이미 교차로에 들어가 있는 다른 차가 있을 때에는 그 차에 진로를 양보할 의무가 없다.
③ 교차로에 들어가고자 하는 차의 운전자는 폭이 좁은 도로로부터 교차로에 들어가려고 하는 다른 차가 있을 경우에는 그 차에 진로를 양보해야 한다.
④ 우선순위가 같은 차가 교차로에 동시에 들어가려고 하는 때에는 우측 도로의 차에 진로를 양보해야 한다.

32 편도 2차로 지동차전용도로의 구간에 최고속도 매시 60킬로미터의 안전표지가 설치되어 있다. 다음 중 운전자의 속도 준수방법으로 맞는 것은?
[난이도 : 中]

① 매시 90 킬로미터로 주행한다. ② 매시 80 킬로미터로 주행한다.
③ 매시 70 킬로미터로 주행한다. ④ 매시 60 킬로미터로 주행한다.

33 도로교통법상 주거지역·상업지역 및 공업지역의 일반도로에서 제한할 수 있는 속도로 맞는 것은?
[난이도 : 中]

① 시속 20킬로미터 이내 ② 시속 30킬로미터 이내
③ 시속 40킬로미터 이내 ④ 시속 50킬로미터 이내

34 교차로 통행 방법으로 맞는 것은?
[난이도 : 下]

① 신호등이 적색 점멸인 경우 서행한다.
② 신호등이 황색 점멸인 경우 일시정지한다.
③ 교차로에서는 앞지르기를 하지 않는다.
④ 교차로 접근 시 전조등을 상향으로 켜고 진행한다.

35 다음 상황과 같이 화재 발생구간을 통과 할 경우 올바른 운전방법 2가지는?

[도로상황]
- 고속도로 인근 지역 화재 발생
- 화재연기가 도로를 가득 메우고 있는 상황

① 도로에 진행할 수 있으므로 그대로 해치나간다.
② 전방 시야 확보가 어려우므로 비상등을 켜고 운전한다.
③ 타이어 으름을 통해 우회도로에 대한 정보를 파악한다.
④ 신선한 공기순환을 위해 유리창을 외부순환 모드로 둔다.
⑤ 차량에 주차된 후 우측 가드레일을 넘어 도로를 벗어난다.

36 다음 안전표지의 뜻으로 맞는 것은?

① 일렬주차표지   ② 상습정체구간표지
③ 야간통행주의표지   ④ 차선변경구간표지

---

37 다음 상황에서 가장 안전한 운전방법 2가지는?

[도로상황]
- 고속도로 2차로 주행 중

① 자속주행 중인 트레일러를 향해 점멸기를 눌러 가속을 재촉한다.
② 차로를 이용하여 전방 트레일러를 안전하게 앞지르기 한다.
③ 진로를 변경할 때는 미리 방향지시등을 작동시킨다.
④ 주행차로의 최고속도 제한이 있으므로 속도를 높여 주행한다.
⑤ 자동차 전용도로이므로 1차로로 진입하여 계속 주행한다.

38 다음 상황에서 가장 안전한 운전방법 2가지는?

[도로상황]
- 눈이 내리고 있어 도로가 미끄러운 상태
- 2차로로 진행 중

① 3차로에 진행하는 차량이 있으므로 3차로 차로변경 없이 앞지르기 한다.
② 전방 회물차의 화물을 연료로 사용하여 화물차가 안보이게 한다.
③ 전방의 자속주행하는 상황으로 차로변경 비켜서 뒤따라간다.
④ 타이어 앞에서는 자동차기를 사용할 수 없다.
⑤ 좌측 자로로 차량이 많으므로 무리하게 앞지르기 시도하지 않는다.

39 다음 상황에서 가장 안전한 운전방법 2가지는?

[도로상황]
- 눈이 내리고 있는 상황

① 속도를 줄이며 전방의 상황을 확인하며 진행한다.
② 2차로 진행 중 우측에 있는 차로 차로변경 후 진행한다.
③ 눈이 오는 상황이므로 최고 제한속도의 10퍼센트를 감속하여 진행한다.
④ 백색 점선 구간이기에 차로 변경할 수 있다.
⑤ 도로의 결빙 상태를 확인하고 후방에 상황을 살피며 진행한다.

40 다음 중 교차로에서 홍단하는 보행자 보호를 위해 도로교통법을 준수하는 차는?

※ 동영상 시청 : 스마트폰으로 앞 QR 코드로 검색하면 동영상 문제를 볼 수 있습니다. (카페의 동영상 문제 7번)

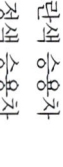

① 검은 SUV차   ② 노란색 승용차
③ 주홍색 택시   ④ 검정색 승용차

③ 20mm 이하의 눈이 오면 도로 최고제한속도의 20퍼센트를 감속하고
④ 백색 점선 구간이기에 차로 변경이 가능하다.

정답
31 ①,④   32 ④   33 ④   34 ③   35 ②,③   36 ②   37 ②,③   38 ④,⑤   39 ①,⑤   40 ④

Round 08 실전출제문제

| 도로교통공단 운전면허학과시험 문제은행 |

2점
01 교차로에서 우회전 중 소방차가 경광등을 켜고 사이렌을 울리며 접근할 경우에 가장 안전한 운전방법은?

① 교차로를 통과하여 도로 우측 가장자리에 일시정지한다.
② 즉시 현 위치에서 정차한다.
③ 서행하면서 우회전한다.
④ 교차로를 신속하게 통과한 후 계속 진행한다.

2점
02 도로교통법상 보행자전용도로 통행이 허용된 차마의 운전자가 통행하는 방법으로 맞는 것은?

① 보행자가 있는 경우 서행으로 진행한다.
② 경음기를 울리면서 진행한다.
③ 보행자의 걸음 속도로 운행하거나 일시정지하여야 한다.
④ 보행자가 없는 경우 신속히 진행한다.

2점
03 다음 규제표지가 의미하는 것은?

① 커브길 주의
② 자동차 진입금지
③ 앞지르기 금지
④ 과속방지턱 설치 지역

3점
04 다음 상황에서 가장 안전한 운전 방법 2가지는?

[도로상황]
- 편도 5차로
- 버스가 3차로에서 4차로로 차로 변경 중
- 도로구간 일부 공사 중

① 정체가 풀리는 것을 알리는 화물차가 정차 중일 수 있다.
② 2차로의 버스가 안전운전을 위해 속도를 낮출 수 있다.
③ 4차로로 진로 변경한 버스가 계속 진행할 수 있다.
④ 1차로 차량이 속도를 높여 주행할 수 있다.
⑤ 다른 차량이 내 앞으로 앞지르기 할 수 있다.

3점
05 자동차를 운행할 때 공주거리에 영향을 줄 수 있는 경우로 맞는 2가지는?

① 비가 오는 날 운전하는 경우
② 술에 취한 상태로 운전하는 경우
③ 차량의 브레이크액이 부족한 경우
④ 운전자가 피로한 상태로 운전하는 경우

 **정답** 01 ③ 02 ③ 03 ③ 04 ①,⑤ 05 ②,④ 06 ④ 07 ④ 08 ② 09 ④ 10 ②,④

2점
06 다음 중 소화기를 의무적으로 설치하거나 비치해야 하는 자동차가 아닌 것은?

① 5인승 승용자동차
② 승합자동차
③ 화물자동차
④ 이륜자동차

2점
07 일반도로의 버스전용차로를 통행할 수 있는 경우로 맞는 것은?

① 12인승 이상의 승합자동차가 6인의 승용차를 싣고 가는 경우
② 내국인 관광객 수송을 위한 25명이 승합자동차를 싣고 가는 경우
③ 노선을 운행하는 12인승 통근용 승합자동차가 직원들을 싣고 가는 경우
④ 택시가 승객을 태우러 가기 위하여 일시 통행하는 경우

2점
08 소방차 등의 긴급자동차 긴급 구역에서 앞지르기 시도하거나 속도를 초과하여 운행 하는 등 특례를 적용 받으려면 어떻게 하여야 하는가?

① 경음기를 울리면서 운행하여야 한다.
② 자동차관리법에 따른 자동차의 안전 운행에 필요한 구조를 갖추고 사이렌을 울리거나 경광등을 켜야 한다.
③ 전조등을 켜고 운행하여야 한다.
④ 특별한 조건이 없다 하더라도 특례를 적용 받을 수 있다.

2점
09 다음 안전표지에 대한 설명으로 맞는 것은?

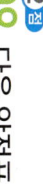

① 중량 5.5t 이상 차의 횡단을 제한하는 것
② 중량 5.5t 초과 차의 횡단을 제한하는 것
③ 중량 5.5t 이상 차의 통행을 제한하는 것
④ 중량 5.5t 초과 차의 통행을 제한하는 것

3점
10 다음 상황에서 가장 안전한 운전방법 2가지는?

[도로상황]
- 자동차 전용도로
- 우측에 건설도로에서 보수 차로 진입하는 상황

① 자로변경이 가능하지 않더라도 방향지시등을 켜지 않고 차로변경 해도 된다.
② 1차로에서 주행 중인 승용차는 2차로로 차로변경 할 수 있다.
③ 건설자동차 바로 1차로로 차로변경 할 수 있다.
④ 2차로에서 주행 중인 승용차는 1차로로 차로변경 할 수 있다.
⑤ 2차로에서 진입차로를 차로변경 할 수 있다.

11 [2점] 도로교통법상 긴급자동차 특례 적용대상이 아닌 것은?
① 자동차의 속도제한
② 앞지르기의 금지
③ 끼어들기의 금지
④ 보행자 보호

○ 긴급자동차 특례 적용대상: 자동차의 속도제한, 앞지르기의 금지, 끼어들기의 금지

12 [2점] 일반자동차가 생명이 위독한 환자를 이송 중인 경우 긴급자동차로 인정받기 위한 조치는?
① 관할 경찰서장의 허가를 받아야 한다.
② 전조등 또는 비상등을 켜고 운행한다.
③ 생명이 위독한 환자를 이송 중이기 때문에 특별한 조치가 필요 없다.
④ 반드시 다른 자동차의 호송을 받으면서 운행하여야 한다.

○ 구급차를 부를 수 없는 상황에서 일반자동차로 긴급한 용무를 수행하는 경우에는 긴급자동차 특례를 적용 받기 위해서는 전조등 또는 비상등을 켜거나 그 밖에 적당한 방법으로 긴급한 목적으로 운행되고 있음을 표시하여야 한다.

13 [2점] 다음 안전표지에 대한 설명으로 맞는 것은? [난이도: 下]

① 승용자동차의 통행을 금지하는 것이다.
② 위험물 운반 자동차의 통행을 금지하는 것이다.
③ 승합자동차의 통행을 금지하는 것이다.
④ 화물자동차의 통행을 금지하는 것이다.

도로상황
■ 자동차전용도로 분류구간
■ 자동차전용도로로부터 진출하고자 차로변경을 하려는 운전자
■ 진로변경제한선 표시

14 [3점] 다음 상황에서 가장 안전한 운전 방법 2가지는? [난이도: 中]

① 진로변경제한선 표시와 상관없이 우측차로로 진로변경 한다.
② 우측 방향지시기를 켜서 주변 운전자에게 알린다.
③ 급가속하며 우측으로 진로변경 한다.
④ 진로변경은 진출로 바로 직전에서 속도를 낮춰 시도한다.
⑤ 다른 차량 통행에 장애를 주더라도 진로변경을 해서는 안 된다.

15 [2점] 사진에 나타난 교통안전시설과 이에 따른 해석으로 잘못된 것은? [난이도: 下]

① 신호기 표시 - 표지판 뒤쪽이 차로 이면인 것의 표시
② 어린이보호구역 - 어린이 보호구역의 시작
③ 금지속도 - 매시 30km로 진입금지
④ 전거의 통행 금지
⑤ 자동차 신호등(적색등화의 점멸) - 다른 교통에 주의하면서 서행할 수 있다.

16 [2점] 어린이통학버스 운영자의 의무에 대한 설명으로 맞지 않은 것은?
① 어린이통학버스 안에는 어린이나 영유아가 타고 내리는 경우에만 점멸등을 작동해야 한다.
② 좌석안전띠를 매도록 한 후 출발한다.
③ 어린이통학버스의 운전자는 운행 중 어린이나 영유아가 좌석에 앉아 좌석안전띠를 매고 있도록 한다.
④ 어린이가 내릴 때에는 보도나 길 가장자리 구역 등 자동차로부터 안전한 장소에 도착한 것을 확인한 후 출발한다.

17 [2점] 어린이통학버스로 신고할 수 있는 자동차의 승차정원 기준으로 맞는 것은? [난이도: 上]
① 11인승 이상
② 16인승 이상
③ 17인승 이상
④ 9인승 이상

18 [3점] 고속도로를 운행중인 차량 중 지정차로로 위반한 차량 2대는? [난이도: 中]

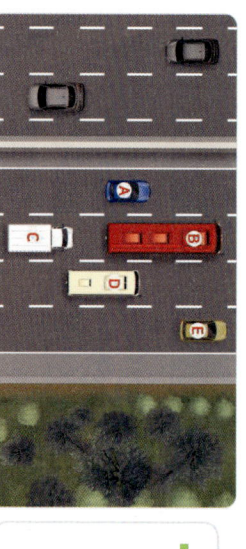

■ 편도4차로 고속도로

① A (앞지르기 중인 승용차)
② B (36인승 승합차)
③ C (1톤 화물차)
④ D (26인승 대형승합차)
⑤ E (주행중인 승용차)

● 추월(앞지르기) 차로: 1차로
● 승용차, 승합차: 2~4차로
● 화물차, 특수차 및 대형 승합차: 3~4차로

19 [3점] 음주 운전자에 대한 처벌 기준으로 맞는 것은? [난이도: 上]
① 혈중알코올농도 0.08퍼센트 이상의 만취 운전자는 운전면허 취소와 형사처벌을 받는다.
② 경찰관의 음주 측정에 불응하거나 혈중알코올농도 0.03퍼센트 이상의 술에 취한 상태로 인적 피해의 교통사고를 일으킨 경우 운전면허의 취소와 형사처벌을 받는다.
③ 혈중알코올농도 0.03퍼센트 이상 0.08퍼센트 미만의 단순 음주운전일 경우 120일간의 운전면허 정지와 형사처벌을 받는다.
④ 자동차등의 혈중알코올농도 0.03퍼센트 이상 0.08퍼센트 미만의 음주 운전자가 물적 피해의 교통사고를 일으킨 경우에는 운전면허 취소된다.

○ 0.08% 이상에서는 사고유무에 관계없이 면허취소가 되며, 혈중알코올농도 0.03% 이상에서 대인사고 시 항상 면허취소가 된다.

20 [3점] 다음 상황에서 가장 안전한 운전방법 2가지는?

도로상황
■ 자동차 전용도로
■ 2차로에서 우측 진출로로 진로를 변경하려는 상황

① 진출로에 차량이 정체되면 안전지대를 통과해서 진출로로 진입한다.
② 진출로로 진로를 변경할 때에는 2차로에서 충분한 안전거리를 두고 감속한다.
③ 백색실선과 점선이 있는 구간에서 2차로에 진입한 후 진출로로 나간다.
④ 우측의 진출로로 순조롭게 진출하기 위해서 지체없이 진로변경을 한다.
⑤ 진출로로 진로변경 시에 우측방향지시등을 작동한다.

[정답]
11 ④ 12 ② 13 ④ 14 ②,⑤ 15 ①,④ 16 ④ 17 ④ 18 ②,③ 19 ①,② 20 ③,⑤

21
편도 2차로 도로에서 1차로로 어린이 통학버스가 어린이나 영유아를 태우고 있음을 알리는 표시를 한 상태로 주행 중이다. 가장 안전한 운전방법은?

① 2차로가 비어 있어도 앞지르기를 하지 않는다.
② 2차로로 앞지르기하여 주행한다.
③ 경음기를 울려 전방 차로를 비켜 달라는 표시를 한다.
④ 반대 차로의 상황을 보아 중앙선을 넘어 진행한다.

22 [난이도 : 下]
다음 중 보행자의 통행에 아무런 관계없이 반드시 일시정지 하여야 할 장소는?

① 보도와 차도가 구분되지 아니한 도로 중 중앙선이 없는 도로
② 어린이 보호구역 내 신호기가 설치되지 아니한 횡단보도
③ 보행자우선도로
④ 도로 외의 곳

23 [난이도 : 中]
다음에서 "차량경고등"을 표시내용으로 틀린 것은?

① 그림 ①은 엔진 제어 장치 및 배기가스 제어와 관련 센서 이상을 알리는 경고등
② 그림 ②은 워셔액 부족을 알리는 경고등
③ 그림 ③은 타이어 공기압이 낮을시 표시등이으로 타이어 공기압이 낮을시 표시등이음
④ 그림 ④는 ABS 브레이크 기능이상을 알리는 경고등

24 [난이도 : 中]
다음 상황에서 가장 안전한 운전방법 2가지는?

[도로상황]
■ 최고속도 100km/h 고속도로
■ 폭우로 가시거리가 100미터 이내임

① 비로 인해 노면이 젖어 있어 시속 80km/h 이하로 주행한다.
② 우측 대형버스가 물을 튕기는 것을 피해 배 뒤에 붙어서 시야를 가릴 수 있기에 주의하여 운전한다.
③ 빛 반사 운전장애에 나의 위치를 알릴 수 있도록 비상등을 점등하고 주행한다.
④ 우측 차량 뒤에 바짝 붙어서 차량의 진로변경 가능성이 있기에 지속하여 주행한다.
⑤ 물웅덩이가 감지된 뒤에 시야확보가 어려운 경우 안전확보를 위해 100분의 50 속도 즉 시속 50km/h 이하로 고속도로에서 주행한다.

25 [난이도 : 中]
다음 상황에서 가장 안전한 운전방법 2가지는?

[도로상황]
■ 자동차 전용도로
■ 좌측 진출로로 나가는 상황

① 백색실선이 차선이 복선 구간이므로 진출 쪽에 있는 차로에서 자도로 진로변경하여 진출한다.
② 좌측 갓길에 임시 정차한 후 진출한다.
③ 진출로를 지나치면 차량을 안전하게 후진해서 진출한다.
④ 충분한 교통상황을 간단하게 확인 후 좌측 차로변경을 시도한다.
⑤ 진출로에 들어서서 우측 자로로 차로변경 할 수 있다.

26 [난이도 : 上]
다음 중 교통사고처리특례법상 어린이 보호구역 내에서 매시 40킬로미터로 주행 중 어린이를 다치게 한 경우의 처벌로 맞는 것은?

① 피해자가 형사 처벌을 원하지 않는 경우에만 형사 처벌된다.
② 피해자의 의사에 관계없이 형사 처벌된다.
③ 종합보험에 가입되어 있는 경우에는 형사 처벌되지 않는다.
④ 치량의 운행 속도와 관계없이 형사 처벌된다.

27 [난이도 : 上]
다음 중 어린이 보호구역에 관한 설명 중 맞는 것은?

① 유치원이나 중학교 앞에 설치할 수 있다.
② 시장 등은 차의 통행을 제한하거나 금지할 수 있다.
③ 어린이 보호구역으로 지정된 경우 어린이가 12세 미만인 경우에만 적용된다.
④ 차량의 운행 속도를 매시 30킬로미터 이내로 제한할 수 있다.

28 [난이도 : 中]
다음은 교통사고처럼 노면상황이다. 안전한 운전방법 2가지는?

[도로상황]
■ 터널을 막 통과하여 진출상황
■ 폭설이 내려 시야불가 어려움

① 폭설로 인해 차선이 보이지 않을 경우 앞 자의 바퀴자국을 따라서 주행한다.
② 눈길이나 빙판길에서는 제동거리가 짧아지므로 평소보다 안전거리를 더 넓게 유지한다.
③ 폭설 시 터널 진·출입구간으로 상습결빙구간으로 미끄러짐 사고로 인한 주의해야 한다.
④ 노면의 접지력을 최소화하기 위하여 최고속도의 100분의 20을 줄인 속도로 운행해야 한다.
⑤ 터널을 통과한 후에도 안전을 위해 최고속도의 100분의 50을 줄인 속도로 주행한다.

29 [난이도 : 上]
음주운전 관련 내용 중 맞는 것 2가지는?

① 호흡 측정에 의한 음주 측정 결과에 불복하는 경우 다시 호흡 측정을 할 수 있다.
② 도로교통법상 음주운전 예방을 위해 차량에 음주운전 방지장치를 설치하는 규정이 있다.
③ 술에 취한 상태에 있다고 인정할 만한 상당한 이유가 있음에도 경찰공무원의 음주측정에 응하지 않은 사람은 운전면허가 취소된다.
④ 노면이 얼어 있을 때 제동거리 100분의 50을 줄인 속도로 운행해야 한다.
⑤ 술에 취한 상태의 기준은 혈중알코올농도가 0.03퍼센트 이상인 경우이다.

30 [난이도 : 上]
다음 안전표지의 설치장소에 대한 기준으로 바르지 않은 것은?

 A 표지
 B 표지
 C 표지
 D 표지

① A 표지는 노면전차 교차로 전 50미터에서 120미터 사이의 도로 중앙 또는 우측에 설치한다.
② B 표지는 회전교차로 전 30미터 내지 120미터의 도로 우측에 설치한다.
③ C 표지는 내리막 경사가 시작되는 지점 전 30미터 내지 200미터의 도로 우측에 설치한다.
④ D 표지는 도로 폭이 좁아지는 지점 전 50미터 내지 200미터의 도로 우측에 설치한다.

정답
21 ① 22 ② 23 ④ 24 ②,③ 25 ①,④ 26 ② 27 ② 28 ①,③ 29 ③,④ 30 ④

31. 승용차 운전자가 어린이 보호구역에서 제한속도를 매시 25킬로미터 초과하여 운행한 경우 벌점으로 맞는 것은?

① 10점 ② 15점 ③ 30점 ④ 60점

- 어린이 보호구역 안에서 오전 8시부터 오후 8시까지 사이에 속도위반을 한 운전자에 대해서는 벌점의 2배에 해당하는 벌점을 부과한다.

32. 승용차 운전자가 어린이나 영유아를 태우고 어린이 통학버스를 운전하는 어린이통학버스를 운전하기 전 및 점검 벌점이 부과되는가?

[난이도 : 上]

① 10점 ② 15점 ③ 30점 ④ 40점

33. 다음 도로상황에서 가장 안전한 운전방법 2가지는?

[도로상황]
- 터널 밖은 야간 폭설이 내리는 중
- 전방 차량과 안전거리 유지한 상태
- 전방 트럭에 제동등과 비상등이 점등됨

[난이도 : 下]

① 터널 내부는 눈이 쌓여있지 않으므로 최고속도를 낮춰서 주행할 필요가 없다.
② 터널 밖에 눈이 많이 쌓였음을 알 수 있어, 이에 대비해야 한다.
③ 전방 차량과의 충돌사고를 막기 위해 3차로로 급차로변경 실시한다.
④ 터널을 통과할 경우, 폭설으로 인해 일시적 시야상실 겪을 수 있어 주의해야 한다.
⑤ 터널 내부와 터널 외부의 기온차는 현저하게 변화는 도로의 위험이 미리 대비하여야 한다.

34. 다음 상황에서 가장 안전한 운전방법 2가지는?

[도로상황]
- 자동차 전용도로
- 지하차도 입구

[난이도 : 下]

① 지하차도 안에서는 앞차와 안전거리를 유지한다.
② 지하차도 안에서는 전조등을 켜고 전방 상황을 주의하며 안전한 속도로 진행한다.
③ 지하차도 안에서는 백색실선 구간이더라도 다른 차를 앞지르기할 수 있다.
④ 자동차 전용도로에 잘못 진입한 경우 안전하게 후진한다.
⑤ 자동차 전용도로에 잘못 진입한 경우 안전하게 후진하여 진행한다.

35. 다음과 같은 상황에서 잘못된 운전방법 2가지는?

① 하이패스 이용자는 미리 하이패스 전용차로로 차로를 변경한다.
② 하이패스 차로에서는 정차하지 않으므로 전방 진행차량만 주의를 기울이면 운전하기 어렵지 않다.
③ 참금이나 카드로 요금을 계산하려면 미리 해당 차로로 차로를 변경한다.
④ 자동차 요금을 계산하려면 다른 차로를 변경한 경우에는 후진한다.
⑤ 톨게이트를 통과할 때에는 시속 30 킬로미터 이내의 속도로 통과한다.

36. 도로교통법상 어린이 통학버스 안전교육 대상자의 교육시간 기준으로 맞는 것은?

[난이도 : 上]

① 1시간 이상 ② 3시간 이상
③ 5시간 이상 ④ 6시간 이상

- 어린이통학버스의 안전교육은 3시간 이상 실시한다

37. 도로교통법상 어린이 및 영유아 연령기준으로 맞는 것은?

① 어린이는 13세 미만인 사람
② 영유아는 6세 미만인 사람
③ 어린이는 15세 미만인 사람
④ 영유아는 7세 미만인 사람

- 어린이: 13세 미만, 영유아: 6세 미만

38. 피로한 과로, 졸음운전과 관련된 설명 중 맞는 2가지는?

[난이도 : 中]

① 피로한 상황에서는 졸음운전이 빈번하므로 카페인 섭취를 늘리고 단조로운 길을 운전한다.
② 변화가 적고 위험 사태의 출현이 적은 도로에서는 주의력이 향상되어 졸음운전 행동이 줄어든다.
③ 감기약 복용 시 졸음이 올 수 있기 때문에 안전을 위해 운전을 지양해야 한다.
④ 음주운전을 할 경우 대뇌의 기능이 비활성화되어 졸음운전의 가능성이 높아진다.

39. 다음 도로를 통행하려는 경우 가장 올바른 운전방법 2가지는?

[도로상황]
- 중앙선이 없는 도로
- 도로 좌우측 불법주정차된 차들

[난이도 : 下]

① 자전거에 이르기 전 일시정지한다.
② 횡단보도 도로를 통행할 때에는 정차된 자전거 앞 일시정지한다.
③ 뒤차와의 거리가 가까우므로 가속하여 거리를 벌린다.
④ 횡단보도 위에 차가 있으므로 그대로 통과한다.
⑤ 경음기를 반복하여 작동하며 사람이 앞으로 통행한다.

40. 다음 영상에서 예측되는 가장 위험한 상황은?

※ 동영상 시청 : 스마트폰으로 옆의 QR 코드로 검색하면 동영상 문제를 볼 수 있습니다. (카페에 동영상 문제 8번)

① 주차금지 장소에 주차된 차가 1차로에 통행하는 상황
② 역주행하여 주차한 차의 문이 열리는 상황
③ 진행방향에서 역방향으로 주행하는 자전거를 추월하는 상황
④ 횡단 중인 보행자가 남아있는 상황

- 편도 1차로의 도로에 불법으로 주차된 차량을 피해 중앙선을 넘어 주행할 수밖에 없다. 이 경우 운전자는 진행방향이나 반대방향에서 주행하는 차량에 주의해야 하고, 특히 어린이보호 구역에서는 도로교통법을 반드시 준수하여야 하며 우연히 나올 수 있는 어린이에 주의를 기울여야 한다.

정답

31 ③ 32 ③ 33 ②,⑤ 34 ②,④ 35 ②,④ 36 ② 37 ② 38 ③,④ 39 ①,② 40 ③

Round 09 실전출제문제

| 도로교통공단 운전면허학과시험 문제은행 |

01 [2점]
승용차 운전자가 13:00경 어린이 보호구역에서 신호위반을 한 경우 범칙금은? [난이도 : 上]
① 5만원 ② 7만원 ③ 12만원 ④ 15만원

02 [2점]
어린이가 보호자 없이 도로에서 놀고 있는 경우 가장 올바른 운전 방법은? [난이도 : 下]
① 어린이 잘못이므로 무시하고 지나간다.
② 경음기를 울려 겁을 주며 진행한다.
③ 일시정지하여야 한다.
④ 어린이에 조심하며 급히 지나간다.

03 [2점]
다음 안전표지의 명칭으로 맞는 것은? [난이도 : 下]

① 일방통행 표지
② 양측방 통행금지 표지
③ 중앙 분리대 시작 표지
④ 중앙 보호대 종료 표지

04 [3점]
도로교통법상 다음 교통안전시설에 대한 설명으로 맞는 2가지는? [난이도 : 中]

도로상황
- 어린이보호구역
- 좌·우측에 좁은 도로
- 비보호좌회전 표지
- 신호 및 과속 단속 카메라

① 제한속도는 매시 50킬로미터이며 속도 초과 시 단속될 수 있다.
② 전방의 신호가 녹색화살표일 경우에만 좌회전 할 수 있다.
③ 모든 어린이보호구역의 제한속도는 매시 50킬로미터이다.
④ 신호순서는 적색-황색-녹색화살표이다.
⑤ 전방의 신호가 녹색일 경우 반대편 차로에서 차가 오지 않을 때 좌회전할 수 있다.

05 [3점]
다음 상황에서 가장 안전한 운전 방법 2가지는?

① 전방에 교통 정체 상황이므로 안전거리를 확보하며 주행한다.
② 상대 차로에 진행이 원활한 자로로 변경한다.
③ 음악을 듣거나 담배를 피운다.
④ 내 차 앞으로 다른 차가 끼어들지 못하도록 앞차와의 거리를 좁힌다.
⑤ 압지가 급정지 상황에 대비해 주방 상황이 더욱 주의를 기울이며 운전한다.

06 [2점]
도로교통법상 고속도로 버스전용차로를 통행할 수 있는 9인승 승용자동차는 ( )명 이상 승차한 경우로 한정한다. ( )안에 기준으로 맞는 것은? [난이도 : 上]
① 3 ② 4 ③ 5 ④ 6

07 [2점]
다음 중 도로교통법상 난폭운전 적용 대상이 아닌 것은? [난이도 : 下]
① 최고속도의 위반
② 횡단·유턴·후진 금지 위반
③ 끼어들기
④ 연속적으로 경음기를 울리는 행위

08 [3점]
어린이 보호구역 내에 설치된 횡단보도 중 신호기가 설치되지 아니한 횡단보도 앞(정지선이 설치된 경우에는 그 정지선을 말한다)에서 운전자의 행동으로 맞는 것 2가지는? [난이도 : 中]
① 보행자가 횡단보도를 통행하려고 하는 때에는 보행자의 안전을 확인하고 서행하며 통과한다.
② 보행자가 횡단보도를 통행하려고 하는 때에는 일시정지하여 보행자의 횡단을 보호한다.
③ 보행자의 횡단 여부와 관계없이 서행하며 통행한다.
④ 보행자의 횡단 여부와 관계없이 일시정지한다.

09 [2점]
차의 운전자가 운전 중 '어린이를 충격한 경우 가장 올바른 행동은?
① 이륜차운전자는 어린이에게 다쳤냐고 물어보았으나 아무 말도 하지 않아 안 다친 것으로 판단하여 계속 주행하였다.
② 승용차운전자는 다친 어린이를 육안으로 확인한 후 조치없이 주행하였다.
③ 화물차운전자는 어린이 부모에게 연락처를 알려주고 계속 주행하였다.
④ 자전거운전자는 넘어진 어린이가 재빨리 일어나 뛰어가는 것을 본 후 안 다친 것으로 판단하여 계속 주행하였다.
⑤ 택시운전자는 어린이를 병원에 데려다 주고 경찰관서에 신고하고 현장에 대기하였다.

10 [3점]
다음 도로상황에서 가장 안전한 운전방법 2가지는?

도로상황
- 우측 전방에 정차 중인 어린이통학버스
- 어린이통학버스에는 적색 점멸등이 작동 중

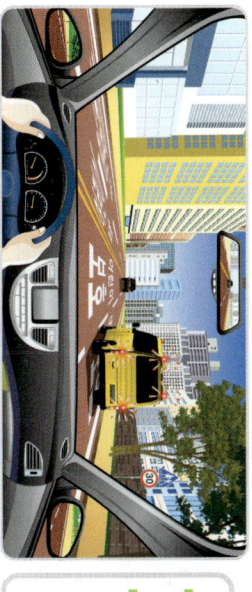

① 경음기로 어린이에게 위험을 알리며 지나간다.
② 전조등으로 어린이통학버스 운전자에게 위험을 알리며 지나간다.
③ 비상등을 켜서 뒤차에게 위험을 알리며 일시정지한다.
④ 어린이통학버스 이어 일시정지하여 안전을 확인한 후 서행하며 지나간다.
⑤ 비상등을 켜서 뒤차에게 위험을 알리며 느린 속도로 진행한다.

※ 서행(徐行) : 운전자가 차를 즉시 정지시킬 수 있는 정도의 느린 속도로 진행하는 것

정답
01 ③ 02 ③ 03 ① 04 ①,⑤ 05 ①,⑤ 06 ④ 07 ③ 08 ②,④ 09 ④ 10 ③,④

[2장] 11. 골목길에서 갑자기 뛰어나오는 어린이를 자동차가 충격하였다. 어린이는 외견상 다친 곳이 없어 보이고, "괜찮다"고 말하고 있다. 이런 경우 운전자의 행동으로 맞는 것은? [난이도: 下]

① 반의사불벌죄에 해당하므로 운전자는 가면 된다.
② 어린이의 피해가 없어 교통사고가 아니므로 별도의 조치 없이 현장을 벗어난다.
③ 부모에게 연락하는 등 반드시 필요한 조치를 다한 후 현장을 벗어난다.
④ 어린이의 과실이므로 운전자는 어린이의 연락처만 확인하고 가면 된다.

교통사고로 어린이를 다치게 한 운전자는 부모에게 어린이의 연락처를 확인하는 등 최선의 조치를 다해야 한다.

[2장] 12. 도로교통법상 고령운전자 표지에 대한 설명으로 맞는 것은? [난이도: 下]

① 고령운전자 표지란 운전면허를 받은 65세 이상인 사람이 운전하는 차임을 나타내는 표지이다.
② 바탕은 청색, 글씨는 노란색으로 한다.
③ 앞면과 뒷면이 가독되도록 고무자석으로 제작하고, 빛면은 반사지로 제작한다.
④ 차의 앞면 중 안전운전에 지장을 주지 않고, 시인성을 확보할 수 있는 장소에 부착한다.

[3장] 13. 다음 안전표지의 명칭은? [난이도: 中]

① 입국방 통행 표지
② 좌·우회전 표지
③ 중앙 분리대 시작 표지
④ 중앙 분리대 종료 표지

[3장] 14. 어린이보호구역을 안전하게 통행하는 운전방법 2가지는? [난이도: 中]

① 어린이보호구역 교차로
  직전에서는 일시정지
  한다.
② 신호등이 없는 횡단보도 및
  교차로
③ 실내후사경 속의 통행 차량 준수

[3장] 15. 다음과 같은 상황에서 잘못된 운전방법 2가지는?

■ 간속차로 제외 편도 3차로
  설치된 도로
■ 고속도로 휴게소 진입로와
  진출 입선 상황

① 오른쪽 자동차를 따라 서행으로 A형단보도를 통과한다.
② 뒤쪽 자동차의 흐름을 피하기 위해 속도를 유지하고 앞쪽 자를 따라간다.
③ A형단보도 정차시각 있으므로 일시정지 후 통행한다.
④ B형단보도에 정차 차량이 있으므로 서행하면서 통행한다.
⑤ B형단보도 앞에서 일시 정지한 후 통행한다.

어린이 보호구역 중 횡단보도가 설치되지 아니한 곳에 설치한 횡단보도로 일시정지선이 설치된 경우에는 그 정지선 앞에서 일시정지를 해야 하고, 예외적 보행자에 의해 관련없이 일시 정지하여야 한다.

[2장] 16. "노인 보호구역"에서 노인을 위해 시, 도경찰청장이나 경찰서장이 할 수 있는 조치가 아닌 것은? [난이도: 中]

① 차마의 통행을 금지하거나 제한할 수 있다.
② 이면도로를 일방통행로로 지정·운영할 수 있다.
③ 차마의 운행속도를 시속 30킬로미터 이내로 제한할 수 있다.
④ 주출입문 연결도로에 노인을 위한 노상주차장을 설치할 수 있다.

어린이·노인 및 장애인 보호구역의 지정 및 관리: 차마의 통행을 금지하거나 또는 주차 금지, 운행속도를 30km/h 이내로 제한, 이면도로를 일방통행로로 지정·운영

[2장] 17. 도로교통법상 노인보호구역에서 통행을 금지할 수 있는 대상으로 바른 것은? [난이도: 上]

① 개인형 이동장치, 노면전차
② 노인보행차, 어린이용 킥보드
③ 원동기장치자전거, 보행보조용 의자차
④ 노상안전기, 노약자용보행

[3장] 18. 다음 상황에서 가장 안전한 운전방법 2가지는? [난이도: 中]

■ 편도 1차로
■ 오른쪽 보행보조용 의자차

① 전동휠체어와 옆쪽으로 안전한 거리를 유지하기 위해 좌측통행한다.
② 전동휠체어에 이르기 전에 감속하여 행동을 살핀다.
③ 전동휠체어가 차도에 진입하기 전이므로 가속하여 통행한다.
④ 전동휠체어가 차도에 진입하지 않고 안쪽 주행차로 경우가 있으므로 자동차로 통행한다.
⑤ 전동휠체어가 차도에 진입했으므로 진입한 자동차를 일시 정지한다.

전동휠체어 또는 노인보행자 확인되는 경우 그 전동휠체어 또는 노인보행자에 이르기 전 감속하여야 한다. 또한 전동휠체어가 이미 차도에 진입하였다고 하는 경우에는 시설 등 관계기관이 일시정지하여 보행자를 보호해야 한다.

[3장] 19. 도로교통법상 보행자 보호에 대한 설명 중 맞는 것은 2가지는? [난이도: 中]

① 자전거를 끌고 걸어가는 사람은 보행자에 해당하지 않는다.
② 교통정리가 행하여지고 있지 않는 교차로에서 먼저 진입한 차량은 보행자에 우선하여 통행할 권한이 있다.
③ 시·도경찰청장은 보행자의 통행을 보호하기 위해 도로에 보행자 전용 도로를 설치할 수 있다.
④ 보행자 전용도로에는 유모차를 끌고 갈 수 없다.

[3장] 20. 다음과 같은 상황에서 잘못된 운전방법 2가지는?

■ 편도 3차로 고속도로
■ 일부 오후 경부고속도로 서울
  방면 경추 옥선IC 인근
■ 사진상의 가장 우측은 가변차로
  100km/h 속도로 자동차 전용 중

① 버스전용차로는 버스만 통행할 수 있다.
② 승용차는 안전 환풍장치를 앞면에 1차로로 통행할 수 있다.
③ 전방 휠체어의 안전거리를 유지하는 방법에 주의한다.
④ 가변차로로 통행하던 차량은 3차로로 진로를 변경해야 한다.
⑤ 5t 화물차는 옥선IC로 진입할 수 없다.

① 고속도로 버스 전용 자로는 9인승 이상, 12인승 이하 승용차 및 승합차의 경우 이용 가능하므로 승용차 또는 12인승 이하의 승합차는 6인 이상이 승차한 경우에만 가능하다.
② 고속도로의 일차로를 앞지르기를 하려고 승용차동차 및 옥선지도 이외의 경운·소형 중형승합자 동차가 1차로를 통행할 수 있다.

정답
11 ③ 12 ① 13 ② 14 ③,⑤ 15 ④,⑤ 16 ④ 17 ① 18 ②,⑤ 19 ③,④ 20 ①,②

21. 도로교통법상 노인보호구역에서 오전 10시경 발생한 법규위반에 대한 설명으로 맞는 것은?

① 덤프트럭 운전자가 신호위반을 하는 경우 범칙금은 13만원이다.
② 승용차 운전자가 노인보행자의 통행을 방해하면 범칙금은 7만원이다.
③ 자전거 운전자가 횡단보도에서 횡단하는 노인보행자의 횡단을 방해하면 범칙금은 5만원이다.
④ 경운기 운전자가 보행자보호를 불이행하는 경우 범칙금은 3만원이다.

22. 시장 등이 노인보호구역으로 지정할 수 있는 곳이 아닌 곳은? [난이도 : 下]

① 고등학교
② 노인복지시설
③ 도시공원
④ 생활체육시설

23. 도로교통법상 다음 안전표지에 대한 설명으로 맞는 것은? [난이도 : 中]

① 자가 좌회전 후 유턴할 것을 지시하는 안전표지이다.
② 자가 좌회전 후 유턴할 경우 유턴을 금지하는 안전표지이다.
③ 좌회전 차가 유턴표지 보다 우선임을 지시하는 안전표지이다.
④ 좌회전 차보다 유턴차가 우선임을 지시하는 안전표지이다.

24. 다음 도로상황에서 가장 안전한 운전방법 2가지는?

[도로상황]
- 어린이 보호구역
- 어린이 통학버스 뒤 초등학교 정문

① 어린이 통학버스 뒤에서 갑자기 뛰어나오는 어린이가 있을 수 있으므로 주의한다.
② 전방 신호등이 있는 횡단보도이나 어린이가 없으므로 시행하여 통과한다.
③ 우측에 뛰어가고 있는 아이들이 갑자기 횡단보도로 뛰어나올 수 있기에 횡단보도 앞에서 일시정지 하여야 한다.
④ 해당 구역의 어린이 통학버스에 한해 주·정차를 할 수 있는 곳이므로 이용한다.
⑤ 전방 우측의 어린이 통학버스에서 아이들이 승·하차하고 있기 때문에 통학버스 옆을 통과할 경우 일시정지 후 통과하여야 한다.

25. 다음과 같은 상황에서 안전한 운행방법이 아닌 것은?

① 가변차로로 통행할 수 있다.
② 1km 앞에 갓길이 있으므로 주의해서 운전한다.
③ 큰 구간단속 시점이므로 단속 구간 주의한다.
④ 화물차가 앞지르기 하려면 2차로로 통행한다.
⑤ 고속도로에 일시정지 하려면 안전지대 옆을 이용해야 할 수 있다.

26. 다음 중 노인보호구역을 지정할 수 없는 자는? [난이도 : 下]

① 특별시장
② 광역시장
③ 특별자치도지사
④ 시·도경찰청장

27. 교통약자의 고령자의 일반적인 특징으로 맞는 것 2가지는? [난이도 : 下]

① 반사 신경이 둔하지만 경험에 의한 신속한 판단은 가능하다.
② 시력은 약화되지만 청력은 발달되어 작은 소리에도 민감하게 반응한다.
③ 돌발 사태에 대응능력은 미흡하지만 인지능력은 강화된다.
④ 신체상태가 노화될수록 행동이 원활하지 않다.

28. 보행자의 통행에 대한 설명 중 맞는 것 2가지는? [난이도 : 中]

① 보행자는 예외적인 경우 차도를 통행할 수 있다. 이 경우 보행자는 좌측으로 통행해야 한다.
② 보행자는 사회적으로 중요한 행사 시에는 도로를 행진할 수 있다.
③ 도로횡단시설을 이용할 수 없는 지체장애인의 경우는 도로횡단시설을 이용하지 않고 도로를 횡단할 수 있다.
④ 도로횡단시설이 없는 경우 보행자는 안전을 위해 가장 긴 거리로 도로를 횡단하여야 한다.

29. 다음 도로상황에서 가장 안전한 운전행동 2가지는? [난이도 : 中]

[도로상황]
- 어린이 보호구역 주차 중
- 신호등이 없는 교차로 일부 주차 차량 존재

① 교차로 직전 일시정지 후 통과한다.
② 경음기를 사용하며 속도를 높여 통과한다.
③ 전방 교차로를 주의하며 고경보행자가 신속히 교차로를 통과하도록 한다.
④ 주·정차 차량 사이에 어린이가 있을 수 있어 주의한다.
⑤ 직진하는 차량이 우선이므로 좌측으로 보여 그대로 통과한다.

30. 다음과 같은 상황에서 가장 안전한 운전방법 2가지는?

[도로상황]
- 고속도로 통과 중
- 하이패스 차로에서 진행 중

① 하이패스 차로로 진입 후 다른 차로로 진행하려면 후진하여 해당 차로를 찾아간다.
② 하이패스 단말기 정상기능 정상작동 않으면 하이패스 차로에서 반드시 정차하여 결제 후 통과해야 한다.
③ 현금이나 카드로 요금을 결제하지 않으려면 미리 해당 차로를 변경한다.
④ 하이패스 차로에서는 정차하지 않도록 시속 30킬로미터 이내의 속도로 서행하는 것이 안전하다.
⑤ 하이패스 차로를 통행할 때에는 시속 30킬로미터 진행방향의 선두에서 주의를 기울여야 한다.
⑥ 하이패스 단말기 장착차량의 경우 환승계가 가능한 차로로 결제가 가능하므로, 만약 하이패스 차로로 진행했더라도 무정차 통과 후 사후 패스 차로로 진행했다면 무정차 통과 후 사후 패스 차로로 진행했다면 무정차 통과 후 사후 정산이 가능하다.

정답
21 ① 22 ① 23 ② 24 ①,③ 25 ③,⑤ 26 ④ 27 ④ 28 ②,③ 29 ①,④ 30 ③,⑤

31. 도로교통법상 시장등이 노인보호구역에서 할 수 있는 조치로 옳은 것은? [난이도: 上]

① 자동차의 노면전차의 통행을 제한하거나 금지할 수 있다.
② 대형승합차의 통행을 금지할 수 있으나 노면전차는 제한할 수 없다.
③ 이륜차의 통행은 금지할 수 있지만 자전거는 제한할 수 없다.
④ 건설기계는 통행을 금지할 수는 없지만 제한할 수 있다.

32. 주행 보조장치가 장착된 자동차의 운전방법으로 바르지 않은 것은? [난이도: 中]

① 주행 보조장치를 사용하는 경우 주행 보조장치 작동 유지 여부를 수시로 확인하며 주행한다.
② 운전 개입 경고 시 주행 보조장치가 해제될 때까지 기다렸다가 개입해야 한다.
③ 주행 보조장치의 일부 또는 전체를 해제하는 경우 자동차의 운전이 자동으로 운전자에게 전환된다.
④ 주행 보조장치 작동 중 다른 업무를 하지 않고 주행 중인 도로와 주변 교통상황을 주시하여야 한다.

33. 다음 안전표지에 대한 설명으로 맞는 것은? [난이도: 下]

① 주차장에 진입할 때 화살표 방향으로 통행할 것을 지시하는 것
② 좌회전이 금지된 지역에서 우회 도로로 통행할 것을 지시하는 것
③ 회전형 교차로이므로 주의하여 회전할 것을 지시하는 것
④ 좌측면으로 통행할 것을 지시하는 것

34. 다음 도로상황에서 발생할 수 있는 가장 위험한 요인 2가지는? [난이도: 中]

[도로상황]
● 어린이보호구역 주행 중
● 반대방향 어린이의 황색정원들 작동

① 전방 어린이 통학버스가 정차할 수 있어 안전거리를 유지한다.
② 속도를 줄이면 뒤차에게 추돌사고를 당할 수 있으므로 속도를 유지한다.
③ 좌측 어린이가 횡단보도로 진입할 수 있으므로 주의하며 진행한다.
④ 반대 좌측 차량 정차된 이륜자동차 사고를 주의하며, 전방에 어린이 행동을 살핀다.
⑤ 반대 어린이 통학버스에서 어린이가 갑자기 앞길 수 있다.

35. 비보호좌회전 교차로에서 좌회전하고자 할 때 설명으로 맞는 2가지는? [난이도: 中]

① 마주오는 차량이 있을 때 반드시 녹색등화에서 좌회전하여야 한다.
② 마주오는 차량이 모두 정지선 직전에 정차하는 적색등화에서 좌회전하여야 한다.
③ 녹색등화에서 비보호 좌회전할 때 사고가 나면 안전운전의무 위반으로 처벌받는다.
④ 적색등화에서 비보호 좌회전할 때 사고가 나면 안전운전의무 위반으로 처벌받는다.

※ 어린이 보호구역 보이지 않는 곳에서 위험이 발생할 수 있으므로 미리 속도를 줄이고 주위를 주행하여야 한다. 이륜차나 어린이의 통학버스의 황색점멸등으로 정차하려는 때 사용한다.

차량 착화점이 금지된 지역에서 우회도로 통행할 것을 지시하는 것

---

36. 승용자동차 운전자가 노인보호구역에서 교통사고로 노인에게 3주간의 상해를 입힌 경우 행정처분에 대한 설명으로 틀린 것은? [난이도: 上]

① 중상해인 경우에만 있으면 행정처분이 있다.
② 노인보호구역 안에서 노인에게 행정처분이 있는 경우 행정처벌된다.
③ 피해자가 치벌을 원하지 않으면 행정처벌되지 않는다.
④ 합의하여도 행정처벌된다.

37. 승용자동차 운전자가 노인보호구역에서 교통사고로 보고 시속 60킬로미터를 초과하여 운전한 경우 범칙금과 벌점은(가산금 제외)? [난이도: 上]

① 6만원, 60점   ② 9만원, 60점
③ 12만원, 120점   ④ 15만원, 120점

38. 다음 안전표지에 대한 설명으로 맞는 것은? [난이도: 下]

① 신호에 관계없이 차량 통행이 없을 때 좌회전할 수 있다.
② 적색 신호에 다른 교통에 방해가 되지 않을 때에는 좌회전할 수 있다.
③ 비보호이므로 좌회전 신호가 없으면 좌회전할 수 없다.
④ 녹색 신호에서 다른 교통에 방해가 되지 않으면 좌회전할 수 있다.

39. 다음과 같은 상황에서 가장 안전한 운전방법 2가지는? [난이도: 上]

[도로상황]
● 편도 3차로 고속도로
● 차로에 공사안내차량 정차중
● 2차로로 주행 중

① 1차로에 공사안내차량이 있으므로 속도를 줄여 빠르게 진행한다.
② 시사히 속도를 줄이고 전방 상황에 주의하며 진행한다.
③ 비상 점멸등을 점등하여 뒤차에게 차량의 위험 상황을 알린다.
④ 공사안내차량 뒤쪽에 가까이 접근시 전방 상황을 알 수 없으므로 차로를 변경한다.
⑤ 공사안내차량보다 고속도로를 통행하는 차가 우선권이 있으므로 계속 주행한다.
⑥ 변경하려는 차로의 후속 차량에 전방 사고상황을 가급적 크게 그대로 통과한다.

40. 다음 영상을 보고 확인되는 가장 위험한 상황은? [난이도: 上]

※ 동영상 시청 : 스마트폰으로 위 QR 코드를 검색하시면 동영상 문제를 볼 수 있습니다. (카페에 등록된 문제 9번)

① 교차로에 대기 중이던 1차로의 승용자동차가 좌회전하는 상황
② 2차로로 진로변경 하는 중 2차로로 주행하는 자동차와 부딪치게 될 상황
③ 입간판 뒤에서 보행자가 무단횡단하기 위해 갑자기 도로로 나오는 상황
④ 횡단보도 뒤에 대기 중이던 보행자가 신호등 황색등화에 횡단을 시작하는 상황

정답

31 ① 32 ② 33 ② 34 ①,③ 35 ①,③ 36 ② 37 ④ 38 ④ 39 ②,③ 40 ③

Round 10 실전총체문제

01 [난이도 : 上]
장애인주차구역에 대한 설명이다. 잘못된 것은?
① 장애인전용주차구역 주차표지가 붙어 있는 자동차에 장애인이 탑승하지 않아도 주차가 가능하다.
② 장애인전용주차구역 주차표지를 발급받은 사람이 운전하는 장애인이 탑승하지 않은 경우에도 주차가 가능하다.
③ 장애인전용주차구역 주차표지를 발급받은 사람이 그 표지를 양도·대여하는 등 부당한 목적으로 사용한 경우 표지를 회수하거나 재발급을 제한할 수 있다.
④ 장애인전용주차구역 주차표지가 붙어있지 아니한 자동차를 장애인전용주차구역에 주차한 경우 10만원의 과태료가 부과된다.

02 [난이도 : 上]
장애인 전용 주차구역 주차표지 발급 기관이 아닌 것은?
① 국가보훈처장
② 특별자치시장·특별자치도지사
③ 시장·군수·구청장
④ 보건복지부장관

03 [난이도 : 下]
다음 안전표지가 의미하는 것은?

① 자전거 횡단이 가능한 자전거횡단도가 있다.
② 자전거 횡단이 불가능한 길을 알리거나 지시하고 있다.
③ 자전거와 보행자 횡단에 주의한다.
④ 자전거와 보행자의 횡단에 주의한다.

04 [난이도 : 中]
다음 도로상황에서 가장 안전한 운전방법 2가지는?

[도로상황]
- 우회전 후 횡단보도
- 횡단보도에는 신호는 녹색점멸,
- 5초 남음
- 횡단보도 우측에 초등학교 정문

① 횡단보도에 있는 어린이와 충돌 가능성이 없으므로 우회전한다.
② 경찰공무원의 지시에 따라 아이들이 행동에 대비한다.
③ 횡단보도 위 어린이가 횡단을 원료한 후 우회전한다.
④ 어린이의 횡단을 제촉하기 위해 경음기를 사용한다.
⑤ 횡단보도 위에 정차하여 다른 아이들의 진입을 막는다.

05 [난이도 : 中]
도로교통법상 원동기장치자전거(개인형 이동장치 제외)의 난폭 운전행위로 볼 수 없는 것은?
① 신호 위반행위를 3회 반복하여 운전하였다.
② 속도 위반행위와 지시 위반행위를 연달아 운전하였다.
③ 신호 위반행위와 중앙선 침범행위를 연달아 위반하여 운전하였다.
④ 중앙선 침범행위와 보행자보호의무 위반행위를 연달아 위반하여 운전하였다.

06 [난이도 : 上]
밤에 자동차(이륜자동차 제외)의 운전자가 고장 그 밖의 사유로 도로에 정차할 경우 켜야 하는 등화로 맞는 것은?
① 전조등 및 미등
② 실내 조명등 및 차폭등
③ 번호등 및 전조등
④ 미등 및 차폭등

07 [난이도 : 上]
편도 3차로 고속도로에서 통행차의 기준으로 맞는 것은?
① 승용자동차의 주행차로는 1차로이므로 1차로로 주행하여야 한다.
② 주행차로가 2차로인 소형승합자동차가 앞지르기를 할 때에는 1차로를 이용하여야 한다.
③ 대형승합자동차의 경우 승용자동차와 주행차로는 왼쪽인 2차로이며, 앞지르기 차로는 1차로이다.
④ 적재중량 1.5톤 이하인 화물자동차는 1차로로 주행하여야 한다.

08 [난이도 : 上]
중앙 버스전용차로가 운영 중인 시내 도로를 주행하고 있다. 가장 안전한 운전방법 2가지는?
① 다른 차가 끼어들지 않도록 경음기를 계속 사용하며 주행한다.
② 우측의 보행자가 무단 횡단할 수 있으므로 주의하며 주행한다.
③ 좌측의 버스정류장에서 보행자가 나올 수 있어 서행한다.
④ 적색신호로 변경될 수 있으므로 신속하게 통과한다.

09 [난이도 : 中]
다음과 같은 상황에서 가장 안전한 운전방법 2가지는?

[도로상황]
- 편도 3차로 고속도로
- 터널 입구

① 터널 안에서는 주차는 금지되나 일정한 장소에 비상정차는 가능하다.
② 터널 내부가 어두우므로 전조등을 켜고 그대로 진행한다.
③ 터널 내에서는 앞차와의 안전거리를 좁혀도 무방하다.
④ 터널 내에서는 최고 제한속도가 적용되지 않아 과속이 가능하다.
⑤ 터널 주변에서는 바람이 불 수 있으니 주의하며 속도를 줄인다.

10 [난이도 : 中]
다음 안전표지가 의미하는 것은?

① 백색화살표 방향으로 진행하는 차량이 우선 통행할 수 있다.
② 적색화살표 방향으로 진행하는 차량의 우선 통행할 수 있다.
③ 백색화살표 방향의 지정차로로 통행할 수 있다.
④ 적색화살표 방향의 지정차로로 통행할 수 없다.

11 [난이도 : 中]
전기자동차가 아닌 자동차를 환경친화적 자동차 충전시설의 충전 구역에 주차했을 때 과태료는 얼마인가?
① 3만원   ② 5만원   ③ 7만원   ④ 10만원

정답
01 ①   02 ④   03 ①   04 ②,③   05 ④   06 ④   07 ②   08 ②,③   09 ①,⑤   10 ①   11 ④

보행자보호의무위반은 난폭운전의 행위에 포함되지 않는다.

12 [2점] 자동차에서 하차할 때 문을 여는 방법인 '더치 리치(Dutch Reach)'에 대한 설명으로 맞는 것은? [난이도 : 中]

① 자동차 하차 시 창문에서 먼 쪽 손으로 손잡이를 잡아 뒤쪽을 확인한 후 문을 연다.
② 자동차 하차 시 창문에서 가까운 쪽 손으로 손잡이를 잡아 앞을 확인한 후 문을 연다.
③ 개문발차사고를 예방한다.
④ 영국에서 처음 시작된 운동이다.

다치리치(Dutch Reach)는 운전자나 승용차에서 내리기 위하여 차문을 열 때 창문에서 먼 쪽 손으로 손잡이를 잡아 여는 방법으로, 뒤쪽에서 승용차 측후방에서 접근하는 차(전기차나 사각 위험하기 위해서 시작한 캠페인이다. 개문발차사고는 운전자 등이 자동차 문을 열고 출발하는 과정에서 발생하는 사고를 말한다.

13 [2점] 다음 안전표지가 의미하는 것은? [난이도 : 下]

일방통행

① 좌측 도로는 일방통행 도로이다.
② 우측 도로는 일방통행 도로이다.
③ 모든 도로는 일방통행 도로이다.
④ 직진 도로는 일방통행 도로이다.

14 [3점] 다음 도로상황에서 가장 올바른 운전방법 2가지는? [난이도 : 中]

[도로상황]
- 어린이 보호구역
- 전방 적색신호등 점화

① 시속 20km 이내로 주행한다.
② 횡단보도 앞에서 서행하고 그대로 통과한다.
③ 학교 정문 앞이므로 일단 정지한 후 진입한다.
④ 어린이가 도로를 뛰어나올 수 있어 주의하며 통과한다.
⑤ 학교 정문 앞 차량을 주차 후 자녀를 기다린다.

② 어린이 보호구역 내 신호등이 있는 횡단보도에 보행자신호가 일시정지 후 통과하여야 한다.
⑤ 주·정차 금지장소인 황색점선이 있는 정차가 가능하며, 실선일 경우 주·정차가 금지된다.

15 [3점] 다음 상황에서 가장 안전한 운전방법 2가지는? [난이도 : 下]

[도로상황]
- 편도 3차로 고속도로
- 3차로에 화물차 진행 중
- 2차로 진행 중 3차로 차로 변경 하려는 상황

① 황단보도로 우측으로 주행하므로 차간 거리에 상관없이 차로를 변경하면 된다.
② 화물차도 신호진자에 비해 속도가 느리므로 속도를 줄여 진행한다.
③ 차로변경 시에는 무조건 속도를 최대한 높여 주행한다.
④ 화물차량 위치나 차량 후미에 주의하며 차로를 변경한다.
⑤ 충분한 안전거리가 확보되면 방향지시등을 켠 후 차로를 변경한다.

16 [2점] 회전교차로에 대한 설명으로 맞는 것은? [난이도 : 上]

① 회전하는 차량은 주행하므로 차간 거리에 상관없이 차로를 변경하면 된다.
② 회전교차로 내에 여유 공간이 있을 때에는 대기하여야 한다.
③ 신호등 설치로 진입차량을 유도하여 교통흐름을 원활하게 한다.
④ 회전방향 위치나 차량 후미에 주의하며 차로를 변경한다.
⑤ 충분한 안전거리가 확보되면 방향지시등을 켠 후 차로를 변경한다.

회전교차로에 의해 선호교차로 수가 적고, 회전중인 차량에 대해 진입하고자 하는 차량이 양보해야 하며, 회전교차로 내에 여유 공간이 없는 경우에는 진입하면 안 된다.

17 [2점] 도로교통법상 경사진 곳에서의 정차 방법과 그 기준에 대한 설명으로 맞는 것은? [난이도 : 上]

① 경사의 내리막 방향으로 바퀴에 고임목, 고임돌, 그 밖에 자동차의 미끄럼 사고를 방지할 수 있는 것을 설치할 것.
② 조향장치를 자동차에서 가장 가까운 도로의 가장자리 방향으로 돌려놓을 것.
③ 운전자가 운전석에 대기하고 있는 경우에는 조향장치를 자동차에서 가까운 쪽 도로의 가장자리 방향으로 돌려놓지 않아도 된다.
④ 도로 외의 경사진 곳에 정차하는 경우에는 조향장치를 자동차에서 가까운 쪽 도로의 가장자리 방향으로 돌려놓아야 한다.
⑤ 조향장치가 운전석에서 멀리 떨어져 있는 경우에는 3분 이내로 정차하여야 한다.

자동차의 운전자는 경사진 곳에 정차하거나 주차하려는 경우 자동차의 주차브레이크를 작동한 후에 다음의 어느 하나에 해당하는 조치를 취하여야 한다. 다만, 운전자가 운전석을 떠나지 아니한 경우는 제외한다.
1. 경사의 내리막 방향으로 바퀴에 고임목, 고임돌, 그 밖에 자동차의 미끄럼 사고를 방지할 수 있는 것을 설치할 것.
2. 조향장치를 자동차에서 가장 가까운 도로의 가장자리 방향으로 돌려놓을 것.
3. 그 밖에 미끄럼 사고의 발생 방지를 위한 조치를 취할 것.

18 [3점] 다음 상황에서 가장 올바른 운전방법 2가지로 맞는 것은? [난이도 : 中]

[도로상황]
- 긴급자동차 및 경광등 점등
- 긴급자동차 역주행 하는 상황

① 긴급자가 도로교통법을 무시하고 통행한다.
② 긴급자가 안전하를 하지 못하도록 상향등을 수회 점등한다.
③ 뒤 따르는 차의 운전자에게 알리기 위해 브레이크를 여러 번 나누어 밟는다.
④ 긴급자가 역주행할 수 있도록 거리를 두고 정지한다.
⑤ 긴급자가 진행할 수 있도록 그 앞에 정차한다.

19 [3점] 다음 중 도로교통법상 차로를 변경할 때 안전한 운전방법으로 맞는 2가지는? [난이도 : 下]

① 차로를 변경할 때 최대한 빠르게 해야 한다.
② 백색실선 구간에서만 할 수 있다.
③ 진행하는 차의 뒤 운전자가 의아해하지 않도록 급격하게 진로를 바꾼다.
④ 백색점선 구간에서만 할 수 있다.
⑤ 차로 변경은 차로변경이 가능한 구간에서 안전을 확인한 후 차로를 변경한다.

20 [3점] 다음과 같은 상황에서 가장 안전한 운전방법 2가지는? [난이도 : 下]

[도로상황]
- 고속도로 진출로 부근

① 전방에 무인 과속 단속 중이므로 급제동하여 감속한다.
② 미리 속도를 줄이고 안전하게 진행한다.
③ 차로를 갑자기 벗어나면 안전지대를 이용하여 진로를 변경한다.
④ 무인 단속 장비를 피하여 우측 차로로 급차로 변경한다.
⑤ 주행 속도 그대로 시속 50 킬로미터 이내로 진행한다.

정답
12 ①
13 ④
14 ①,④
15 ②,④
16 ②
17 ④
18 ③,④
19 ③,④
20 ②,⑤

21 교통정리가 행하여지지 않는 교차로를 좌회전할 때 가장 안전한 운전 방법은?

① 중앙선을 따라 서행하면서 교차로 중심 안쪽으로 좌회전한다.
② 중앙선을 따라 빠르게 진행하면서 교차로 중심 바깥쪽으로 좌회전한다.
③ 중앙선을 따라 빠르게 진행하면서 교차로 중심 바깥쪽으로 좌회전한다.
④ 중앙선을 따라 서행하면서 교차로 중심 바깥쪽으로 좌회전한다.

22 교차로에서 좌회전 시 가장 적절한 통행 방법은? [난이도 : 下]

① 중앙선을 따라 서행하면서 교차로 중심 안쪽으로 좌회전한다.
② 중앙선을 따라 빠르게 진행하면서 교차로 중심 안쪽으로 좌회전한다.
③ 중앙선을 따라 빠르게 진행하면서 교차로 중심 바깥쪽으로 좌회전한다.
④ 자기 차로에서 직진하려는 수신호를 한 다음에 좌회전한다.

23 도로교통법상 다음 안전표지가 설치된 차로 통행방법으로 올바른 것은? [난이도 : 下]

① 전동킥보드는 이 표지가 설치된 차로를 통행할 수 있다.
② 전기자전거는 이 표지가 설치된 차로를 통행할 수 없다.
③ 자전거인 경우만 이 표지가 설치된 차로를 통행할 수 있다.
④ 자동차는 이 표지가 설치된 차로를 통행할 수 있다.

24 다음 도로상황에서 가장 올바른 운전방법 2가지는? [난이도 : 中]

[도로상황]
- 전방 차량신호는 녹색
- 교차로 통과 중인 구급차

① 구급차가 지나갈 수 있도록 3차로로 속도를 줄여 통과한다.
② 긴급차가 지나갈 때까지 일시정지한다.
③ 긴급차와 관계없이 신호에 따라 주행한다.
④ 교차로에 긴급차가 주행하고 있으므로 교차로 전에 일시정지한다.
⑤ 반대편 도로의 차가 연급을 주고 있으므로 속도를 높여 통과한다.

25 가속페달이 운전석 매트에 끼어 되돌아오지 않아 가속될 경우, 운전자가 안전하게 정차 또는 감속할 수 있는 방법 2가지는? [난이도 : 中]

① 브레이크 페달을 힘껏 세게 밟는다.
② 비상점멸표시등을 작동시켜 주위에 알린다.
③ 경음기를 크게 계속 누르며 주행한다.
④ 전자식 주차브레이크(EPB)를 지속 조작한다.
⑤ 조향핸들을 조작하지 않도록 주의하며 주행한다.

26 교통정리가 행하여지고 있지 않는 교차로에 선진입하여 좌회전하는 차량이 있는 경우에 옳은 것은? [난이도 : 中]

① 직진 차량은 주의하며 진행한다.
② 우회전 차량은 좌회전 차량이 통과한 후 우회전한다.
③ 직진 차량과 우회전 차량 모두 좌회전 차량에 통행 우선권이 있다.
④ 앞차를 따라 진행하는 차량에는 통행 우선권이 있다.

27 다음 중 회전교차로 통행방법에 대한 설명으로 잘못된 것은? [난이도 : 下]

① 진입할 때는 속도를 줄여 서행한다.
② 양보선에 대기하여 일시정지한 후 서행으로 진입한다.
③ 진입차량이 우선이므로 신속히 진입하여 통과한다.
④ 반시계방향으로 회전한다.

28 다음 도로상황에서 가장 올바른 운전방법 2가지는? [난이도 : 中]

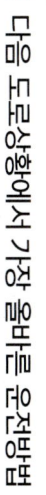

[도로상황]
- 전방 좌회전에 신호등 점멸
- 신호등 고장으로 인해 시야확보가 어려운 상황임

① 회전차로 내 선진입차에 진로를 양보한다.
② 공조기를 외기순환모드로 신속하게 전환한다.
③ 주행 중인 차로를 그대로 계속 진행한다.
④ 차량 창문을 닫고 유독가스 흡입을 참도록 한다.
⑤ 불길이 심한 곳으로 진입하지 않고, 경찰관의 수신호에 따른다.

29 교차로에서 우회전할 때 가장 올바른 운전 행동으로 맞는 2가지는? [난이도 : 下]

① 방향지시등은 우회전하는 지점의 30미터 이상 후방에서 작동한다.
② 백색 실선이 그어져 있으면 주의하며 우측으로 진로를 변경한다.
③ 진행 방향의 좌측으로 차로에 진행에 방해가 없도록 변경한다.
④ 다른 교통에 주의하며 신속하게 우회전 한다.
⑤ 백색 실선이 진로 변경금지도 ④ 다른 교통에 서행하여 우회전한다.

30 다음과 같은 구간에 대한 설명으로 가장 옳은 것 2가지는? [난이도 : 下]

[도로상황]
- 어린이 보호구역

① 어린이 보호구역에서는 주정차를 할 수 있다.
② 어린이 보호구역에 설치된 물라더가 있다면 어린이가 차도에 뛰어나오지 않는지 본다.
③ 교통사고의 위험으로부터 어린이를 보호하기 위해 어린이 보호구역을 지정할 수 있다.
④ 눈이 쌓인 상황을 고려하여 통행 속도를 준수하고 어린이의 안전에 주의하면서 운행하여야 한다.
⑤ 어린이의 보호구역에서는 어린이의 안전을 위해 사고 이후라도 주의가 발생할 수 없다.

정답
21 ② 22 ① 23 ① 24 ②,③ 25 ①,④ 26 ③ 27 ③ 28 ④,⑤ 29 ①,③ 30 ③,④

31. 교통정리가 없는 교차로 통행 방법으로 알맞은 것은?

① 좌측도로의 차에 진로를 양보해야 한다.
② 좌회전하려는 차는 직진차량보다 우선 통행해야 한다.
③ 우회전하려는 차는 직진차량보다 우선 통행해야 한다.
④ 통행하고 있는 도로의 폭보다 교차하는 도로의 폭이 넓은 경우 서행하여야 한다.

[난이도 : 上]

32. 도로의 원활한 소통과 안전을 위하여 회전교차로의 설치가 필요한 곳은?

① 교차로에서 직진하거나 회전하는 자동차에 의한 사고가 빈번한 곳
② 교차로에서 하나 이상의 접근로가 편도 3차로 이상인 곳
③ 회전교차로의 교통량 수준이 처리용량을 초과하는 곳
④ 신호연동에 필요한 구간 중 회전교차로의 연동효과가 감소되는 곳

신호등으로 필요한 구간 중 신호교차로이면 연동효과가 감소되는 곳은 회전교차로의 설치가 필요한 지점 내에서 3가지 중 필요하지 않다.

[난이도 : 中]

33. 다음 안전표지에 대한 설명으로 맞는 것은?

① 자전거만 통행하도록 지시한다.
② 자전거 및 보행자 겸용 도로임을 지시한다.
③ 어린이보호구역 안에서 어린이 또는 유아의 보호를 지시한다.
④ 자전거횡단도임을 지시한다.

[난이도 : 下]

34. 다음 상황에서 가장 바람직한 운전방법 2가지는?

[도로상황]
• 편도 3차로 도로
• 경찰차 긴급출동 상황(경광등, 싸이렌 작동)

① 차의 등화가 녹색이므로 교차로에 그대로 진입한다.
② 긴급차가 우선 통행할 교차로이므로 교차로 진입 전에 정지하여야 한다.
③ 2차로에 있는 차가 긴급자동차 좌측으로 변경할 수 있으므로 미리 충분히 속도를 감속한다.
④ 긴급차보다 차의 신호가 우선이므로 그대로 진행한다.
⑤ 긴급차가 끝난 방향 통과할 수 있도록 가속하여 진입한다.

35. 다음 중 장애인 노인 임산부 등의 편의증진 보장에 관한 법률상 '장애인전용주차구역 주차 방해 행위'로 바르지 않은 2가지는?

① 장애인전용주차구역 내에 물건 등을 쌓아 주차를 방해하는 행위
② 장애인전용주차구역의 앞이나, 뒤, 양측면 등에 물건 등을 쌓거나 주차하는 행위
③ 장애인전용주차구역 주변에 주차하는 행위
④ 장애인전용주차구역 내 물건을 쌓거나 주차를 방해하는 행위
⑤ 장애인전용주차구역임을 표시한 구역선 또는 표시를 지우거나 훼손하여 장애인전용주차구역에 주차하는 행위

36. 전기자동차 또는 외부충전식 하이브리드자동차는 급속충전시설의 충전구역에서 얼마나 주차할 수 있는가?

① 1시간 ② 2시간
③ 3시간 ④ 4시간

장애인전용주차구역 주차표지가 있는 차량에 한하여 주차가 가능하며, 장애인이 탑승하지 않은 차량은 주차가 불가능하다.

[난이도 : 中]

37. 운전자가 좌회전 시 정확하게 진행할 수 있도록 교차로 내에 백색점선으로 한 노면표시는 무엇인가?

① 유도선   ② 연장선
③ 지시선   ④ 규제선

[난이도 : 中]

38. 다음 상황에서 가장 안전한 운전방법 2가지는?

[도로상황]
• 1차로 전방 공사 중인 도로
• 좌측에 가벽이 설치되어 있음

① '2차로 없어짐' 표지에 따라 1차로로 계속 주행한다.
② 공사구역을 피하기 위해 급정지한다.
③ 전방 차로 줄어듦에 미리 2차로로 진로를 변경한다.
④ 속도를 줄이지 않기 위해 공사구간 비상점멸등을 켠다.
⑤ 1차로로 주행하다 공사구간 직전에 2차로로 끼어든다.

[난이도 : 中]

39. 윳지르기할 때의 운전방법으로 옳은 2가지는?

① 앞지르기를 시작할 때에는 좌측 공간을 확보한 후에 한다.
② 고속도로에서 앞지르기할 때에는 그 도로의 제한속도 내에 한다.
③ 안전이 확인된 경우에는 우측으로 앞지르기할 수 있다.
④ 앞차의 좌측으로 통과한 후 충분한 거리가 있기 전에 진입한다.
⑤ 다른 차를 앞지르고자 하는 때에는 앞차와 반대 방향의 교통과 앞차와 뒤차의 교통에도 주의를 기울여야 하며, 앞차의 속도, 진로와 그 밖의 도로상황에 따라 방향지시기, 등화 또는 경음기를 사용하는 등 안전한 속도와 방법으로 앞지르기하여야 한다.

[난이도 : 中]

40. 다음 영상에서 예측되는 가장 위험한 상황은?

※ 동영상 시청 : 스마트폰으로 옆 QR 코드를 검색하면 동영상 문제를 볼 수 있습니다. (카페에 동영상 문제 10번)

① 우측 정차 중인 자동차 사이로 보행자가 도로를 횡단하려는 상황
② 반대편 노란색 승용차가 신호위반을 하는 상황
③ 우측도로에서 우회전하는 검은색 승용차가 2차로로 진입하는 상황
④ 반대방향 하얀색 승용차가 화물차를 앞지르기하는 상황

우회전하는 자동차가 직진하는 차의 속도를 느림으로 추정하는 경우가 많다. 따라서 우회전하는 경우 직진이 우선이라는 점을 염두에 두고 교차로에 다음 거의 진입하는 자동차에 주의하여야 한다.

정답
31 ④ 32 ④ 33 ② 34 ②,③ 35 ③,⑤ 36 ① 37 ① 38 ③,④ 39 ①,② 40 ③

Round 11 실전출제문제

| 도로교통공단 운전면허학과시험 문제은행 |

01 [난이도 : 中]
일시정지하여야 할 장소로 맞는 것은?

① 도로의 구부러진 부근
② 가파른 비탈길의 내리막
③ 비탈길의 고갯마루 부근
④ 교통정리가 없는 교차로

○ 1~3은 서행해야 할 장소에 해당한다.

02 [난이도 : 中]
도로를 주행할 때 안전 운전 방법으로 맞는 것은?

① 주차를 위해서는 도로로 안전지대에 주차를 하는 것이 안전하다.
② 황색 신호가 켜지면 신호를 준수하기 위하여 교차로 내에 정차한다.
③ 앞 차량이 급제동을 대비하여 주행할 수 있는 거리를 확보한다.
④ 브레이크 잔압 앞 차량의 좌측으로 통행한다.

03 [난이도 : 中]
다음 안전표지가 설치된 교차로의 설명 및 통행방법으로 올바른 것은?

① 교차로 중심에는 회전차 턱(Truck Apron)이 있다.
② 이 안전표지가 설치된 교차로는 교통 서클(Traffic circle)이라고 한다.
③ 교차로 진입 시는 방향지시등을 작동하고 진출 시는 작동하지 않는다.
④ 교차로 안에 진입하려는 차가 회전방향으로 회전하는 차보다 우선이다.

04 [난이도 : 中]
다음 상황에서 가장 안전한 운전방법 2가지는?

[도로상황]
■ 한적한 시골길
■ 노인보호구역

① 자전거의 좌측으로 주행하여 좌회전하지 못하도록 위협한다.
② 중앙선을 넘어 자전거를 앞지르기한다.
③ 자전거가 안전하게 도로를 벗어날 때까지 서행하며 기다린다.
④ 자전거가 좌회전할 수 있기 때문에 안전거리를 유지한다.
⑤ 자전거 통행을 제지하기 위해 경음기를 사용한다.

05 [난이도 : 中]
가변형 속도제한 구간에 대한 설명으로 옳지 않은 것은?

① 상황에 따라 규제 속도를 변화시키는 능동적인 시스템이다.
② 가변 속도 숫자를 비례한 표현할 수 있는 전광표지판을 사용한다.
③ 가변형 속도제한 표지로 정한 최고속도와 이에 따라야 한다.
④ 가변형 속도제한 표지로 정한 최고속도와 안전표지 최고속도가 다를 때에는 안전표지 최고속도를 따라야 한다.

06 [난이도 : 中]
도로교통법상 반드시 일시정지하여야 할 장소로 맞는 것은?

① 교통정리가 행하여지고 있지 아니하고 좌우를 확인할 수 없는 교차로
② 녹색등이 켜져 있는 교차로
③ 교통이 빈번한 다리 위 터널 내
④ 도로의 구부러진 부근 또는 비탈길의 고갯마루 부근

07 [난이도 : 中]
도로교통법상 ( )의 운전자는 철길 건널목 통과하려는 경우 건널목 앞에서 ( )하여 안전한지 확인한 후에 통과하여야 한다. ( ) 안에 맞는 것은?

① 모든 차, 서행
② 모든 자동차등 또는 건설기계, 서행
③ 모든 차 또는 모든 전차, 일시정지
④ 모든 차 또는 노면전차, 일시정지

08 [난이도 : 中]
다음과 같은 상황에서 가장 안전한 운전방법 2가지는?

[도로상황]
■ 어린이 보호구역

① 진행방향에 차량이 없으므로 도로 우측에 정차할 수 있다.
② 어린이 보호구역이라도 어린이가 없을 경우에는 최고 제한속도를 준수하지 않아도 된다.
③ 안전표지가 표시하는 최고 제한속도를 준수하며 진행한다.
④ 어린이가 갑자기 나올 수 있으므로 주위를 잘 살피며 진행한다.
⑤ 어린이 보호구역으로 지정된 구간은 최대한 수도를 내어 신속히 통과한다.

09 [난이도 : 中]
도로교통법상 규정한 일시정지를 해야 하는 장소는?

① 터널 안 및 다리 위
② 신호등이 없는 교통이 빈번한 교차로
③ 가파른 비탈길의 내리막
④ 도로가 구부러진 부근

10 [난이도 : 上]
도로교통법상 자동차등의 속도와 관련하여 옳지 않은 것은?

① 자동차등의 속도가 높아질수록 교통사고의 위험성이 커짐에 따라 차량의 과속을 억제하려는 것이다.
② 자동차전용도로 및 고속도로에서 도로의 효율성을 제고하기 위해 최저속도를 제한하고 있다.
③ 경찰청장 또는 시·도경찰청장은 교통의 안전과 원활한 소통을 위해 별도로 속도를 제한할 수 있다.
④ 고속도로는 경찰청장, 고속도로를 제외한 도로는 시·도경찰청장이 속도 규제권자이다.

○ 고속도로는 경찰청장, 고속도로를 제외한 도로는 시·도경찰청장이 속도 규제권자이다.

○ 교차로를 통행하고 있지 아니하고 좌우를 확인할 수 없거나 교통이 빈번한 교차로에서는 일시정지하여야 한다.

정답
01 ④ 02 ③,④ 03 ① 04 ③,④ 05 ④ 06 ① 07 ④ 08 ③,④ 09 ② 10 ④

11. 다음 중 고속도로 나들목에서 가장 안전한 운전 방법은?

① 나들목에서는 차량이 정체되므로 사고 예방을 위해서 뒤차가 접근하지 못하도록 급제동한다.
② 나들목에서는 속도에 대한 감각이 둔해지므로 일시정지한 후 출발한다.
③ 진출하고자 하는 나들목을 지나친 경우 다음 나들목을 이용한다.
④ 급가속하여 나들목으로 빠져나간다.

[난이도 : 下]

12. 앞차의 운전자가 왼팔을 수평으로 펴서 차체의 좌측 밖으로 내밀었을 때 취해야 할 조치로 가장 올바른 것은?

① 앞차가 우회전할 것이 예상되므로 서행한다.
② 앞차가 횡단할 것이 예상되므로 상위 차로로 진로변경한다.
③ 앞차가 유턴할 것이 예상되므로 앞지르기한다.
④ 앞차의 차로 변경이 예상되므로 서행한다.

[난이도 : 下]

13. 다음 안전표지에 대한 설명으로 맞는 것은?

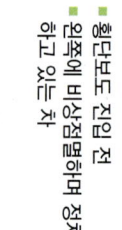

① 자전거전용도로 표지이다.
② 자전거우선도로 표지이다.
③ 자전거 및 보행자 겸용도로 표지이다.
④ 자전거 및 보행자 통행구분 표지이다.

자전거 및 보행자 겸용도로에서 자전거와 보행자를 구분하여 통행하도록 지시하는 것

[난이도 : 中]

14. 다음 상황에서 가장 안전한 운전방법 2가지는?

■ 도로상황
■ 횡단보도 진입 전
■ 왼쪽에 비상점멸하고 정차하고 있는 차

① 안전한 소통을 위해 앞차를 따라 그대로 통행한다.
② 자전거의 횡단보도 진입속도보다 빠르므로 자전거보다 먼저 통행한다.
③ 횡단보도 직전 정지선에서 정지한다.
④ 보행자가 횡단을 완료했으므로 신속히 통행한다.
⑤ 정차한 자동차의 갑작스러운 출발을 대비하여 감속한다.

[난이도 : 中]

15. 다음 상황에서 가장 안전한 운전방법 2가지는?

■ 도로상황
■ 노인 보호구역

① 경음기를 계속 울리며 빠르게 주행한다.
② 미끄럼 주의가 필요하므로 안전하게 주의한다.
③ 보행하는 노인이 보이지 않더라도 서행으로 주행한다.
④ 가급적 앞차의 주행궤적을 따라 주행한다.
⑤ 전방에 횡단보도가 있으므로 신호를 늦게 맞춰 보호구역을 벗어난다.

서행(徐行) : 운전자가 차를 즉시 정지시킬 수 있는 정도의 느린 속도로 진행하는 것

[정답]
11 ③ 12 ④ 13 ④ 14 ③,⑤ 15 ②,③ 16 ① 17 ① 18 ②,④ 19 ②,④ 20 ①,⑤

16. 운전자가 우회전할 때 사용하는 수신호는?

① 왼팔을 좌측 밖으로 내어 팔꿈치를 굽혀 수직으로 올린다.
② 왼팔은 수평으로 펴서 차체의 좌측 밖으로 내민다.
③ 오른팔을 차체의 우측 밖으로 수평으로 펴서 손을 앞뒤로 흔든다.
④ 왼팔을 차체 밖으로 내어 45°밑으로 편다.

[난이도 : 上]

17. 신호기의 신호에 따라 교차로에 진입하려는데, 경찰공무원이 정지하라는 수신호를 보냈다. 다음 중 가장 안전한 운전 방법은?

① 정지선 직전에 일시정지한다.
② 일시정지하여 환경에 진행한다.
③ 신호기의 신호에 따라 진행한다.
④ 교차로에 서서히 진입한다.

교통안전시설이 표시하는 신호와 교통정리를 위한 경찰공무원 등의 신호가 다른 경우에는 경찰공무원 등의 신호에 따라야 한다.

[난이도 : 下]

18. 다음 상황에서 가장 안전한 운전방법 2가지로 맞는 것은?

■ 도로상황
■ 편도 1차로
■ (실내후사경에서 후행하는 차

① 자전거와 위치에 주의를 피하기 위해 좌측으로 통행한다.
② 뒤 따르는 자동차에 이끌려 좌측으로 진로변경한다.
③ 보행자가 차도로 진입을 대비하여 감속 서행한다.
④ 보행자와 자전거에 주의하면서 그대로 진행한다.
⑤ 보행자와 자전거를 보호하기 위해 일시정지한다.

자전거가 보행자를 앞지르기 위해 차도쪽으로 진입할 우려가 있고, 보행자 또한 자전거를 피해가기 위해 차도쪽으로 진입할 우려가 있으므로 충분히 감속한다.

[난이도 : 中]

19. 다음 중 도로교통법상 긴급자동차로 볼 수 있는 것 2가지는?

① 고장 수리를 위해 자동차 정비 공장으로 가고 있는 소방차
② 생명이 위독한 환자를 수송 중인 구급차
③ 퇴원하는 환자를 싣고 가는 구급차
④ 시・도 경찰청장으로부터 지정을 받고 긴급한 우편물의 운송에 사용되는 자동차

응급환자를 후송하는 구급차와 시・도경찰청장으로부터 지정을 받고 긴급한 우편물의 운송에 사용되는 긴급자동차로 볼 수 있다.

[난이도 : 中]

20. 다음과 같은 상황에서 가장 안전한 운전방법 2가지는?

■ 도로상황
■ 어린이 보호구역 주행 중

① 시속 30 킬로미터 이내로 서행한다.
② 전방에 진행하는 앞차가 있으므로 빠르게 주행한다.
③ 주차는 할 수 없으나 정차는 할 수 있다.
④ 횡단보도를 통행할 때에는 어린이가 없어도 일시정지한다.
⑤ 무단횡단 방지 울타리가 설치되어 있다 하더라도 갑자기 나타날 수 있는 어린이에 주의하며 운전한다.

・어린이 보호구역에서는 시속 30킬로미터 이내로 서행하여야 하며,
・유치원 초등학교 또는 특수학교의 주변도로를 지정
・주변보도를 통행할 때에는 어린이가 유무와 상관없이 정지하며 사용하는 자동차
・어린이 주변도로의 통행속도를 시속 30킬로미터 이내로 제한

21 중앙선이 황색 점선과 황색 실선의 복선으로 설치된 때의 앞지르기에 대한 설명으로 맞는 것은?

① 황색 실선과 황색 점선 어느 쪽에서도 중앙선을 넘어 앞지르기할 수 없다.
② 황색 점선이 있는 측에서는 중앙선을 넘어 앞지르기할 수 있다.
③ 안전이 확인되면 황색 실선과 황색 점선 상관없이 앞지르기할 수 있다.
④ 황색 실선이 있는 측에서는 중앙선을 넘어 앞지르기할 수 있다.

22 운전 중 철길건널목에서 가장 바람직한 통행방법은?

① 기차가 오지 않으면 그냥 통과한다.
② 일시정지 하여 안전을 확인하고 통과한다.
③ 제한속도 이상으로 통과한다.
④ 차단기가 내려지려고 하는 경우는 빨리 통과한다.

[난이도 : 下]

23 도로교통법상 다음의 안전표지에 따를 교차로 통행방법으로 맞는 것은?

① 우회전을 하려는 경우 미리 도로의 중앙선을 따라 서행한다.
② 좌회전을 하려는 경우 미리 도로의 중앙선을 따라 서행한다.
③ 가장 오른쪽 차로에서 직진하려는 차보다 우회전하려는 차가 우선이다.
④ 가장 오른쪽 차로에서 우회전하려는 차보다 직진하려는 차가 우선이다.

[난이도 : 中]

24 다음 상황에서 가장 안전한 운전방법 2가지는?

■ 차량 신호등은 황색에서 적색으로 바뀌려는 순간

[도로상황]

① 차량신호가 적색으로 바뀌기 전에 신속히 통과한다.
② 횡단보도 직전 정지선에 정지한다.
③ 자전거를 피해 빠르게 횡단보도를 통과한다.
④ 안전지대를 이용하여 가능한 한 횡단보도로부터 떨어져 진행한다.
⑤ 트럭 뒤 이륜차가 보이지 않으므로 천천히 신호를 진행한다.

25 편도 2차로 고속도로에서 승용자동차가 2차로로 주행 중이다. 앞지르기할 수 있는 차로로 맞는 것은?

① 1차로
② 2차로
③ 3차로
④ 1, 2, 3차로 모두

26 고속도로 주행 중 차량의 적재물이 주행차로에 떨어졌을 때 운전자의 조치요령으로 가장 바르지 않은 것은?

① 후방 차량의 주행을 확인하면서 안전한 장소에 정차한다.
② 고속도로 관리청이나 관계 기관에 신고한다.
③ 안전한 곳에 정차 후 화물적재 상태를 확인한다.
④ 화물 적재물을 떨어뜨린 차량의 운전자에게 보복운전을 한다.

27 다음과 같은 상황에서 운전자가 준수하여야 할 행동 또는 과태료 부과 대상이 아닌 경우는?

[도로상황]
■ 도로 좌측은 보도
■ 모범운전자가 지시 중

① 승용차는 모든 구간 시속 30 킬로미터 이내로 감속한다.
② 시내버스는 이륜차를 피해 보도로 통행하였다.
③ 개인형 이동장치 운전자가 모범운전자 지시에 따르지 아니하였다.
④ 승용차 운전자가 어린이 모범운전자 지시에 따르지 아니하였다.
⑤ 보호구역 이외에는 가운데 보호자를 태우고 보도로 통행하였다.

[난이도 : 中]

28 다음 중 대비해야 할 가장 위험한 상황 2가지는?

[도로상황]
■ 이면도로
■ 대형버스 주차중
■ 거주자우선주차구역
■ 주차중
■ 자전거 운전자가 도로를 횡단 중

① 주차중인 버스가 출발할 수 있으므로 주의하며 통과한다.
② 인도에 주차중인 자동차에서 보행자가 나타날 수 있다.
③ 좌측에 있는 도로를 통해 자전거에서 보행자로 나타날 수 있다.
④ 대형버스 옆을 통과하는 경우에도 대비하는 자전거가 나타날 수 있다.
⑤ 몇몇 자전거들이 도로를 횡단할 이후에도 대비하는 자전거가 나타날 수 있다.

29 도로교통법상 긴급한 용도로 운행되고 있는 구급차 운전자가 할 수 있는 2가지는?

① 교통사고를 일으킨 때 사상자 구호 조치 없이 계속 운행할 수 있다.
② 횡단하는 보행자의 통행을 방해하면서 계속 운행할 수 있다.
③ 도로의 중앙이나 좌측으로 통행할 수 있다.
④ 정체된 도로에서 끼어들기를 할 수 있다.
⑤ 구조자리에서도 사고 시 사상자 구호 조치 및 경찰공무원의 통행을 방해해야 한다.

[난이도 : 上]

30 다음과 같은 상황에서 교통안전표지에 대한 설명으로 맞는 것 2가지는?

[도로상황]
■ 어린이 보호구역

① 노면에 표시된 30은 도로의 최고 제한속도가 시속 30 킬로미터임을 의미한다.
② 횡단보도는 백색실선으로만 표시해야 하므로 횡단보도 표시는 잘못된 시설이다.
③ 지그재그 형태의 백색선은 차량신호에 부착된 지시표지는 횡단보도가 있다는 의미이다.
④ 차량신호등이 없는 횡단보도로 아이들이 어린이 보호구역에만 쓰인다.
⑤ 적색 아스팔트는 어린이 보호구역에만 설치된 노면표시로 어린이 보호구역임을 표시한다.

첫답

21 ② 22 ② 23 ② 24 ②,⑤ 25 ① 26 ④ 27 ①,② 28 ②,⑤ 29 ③,④ 30 ①,④

31. 다음 안전표지에 대한 설명으로 맞는 것은?

[난이도: 下]

① 자전거도로에 2대 이상 자전거의 나란히 통행을 허용한다.
② 자전거의 횡단도로임을 지시한다.
③ 자전거만 통행하도록 지시한다.
④ 자전거 주차장이 있음을 알린다.

32. 도로교통법상 자동차등의 속도와 관련하여 옳지 않은 것은?

[난이도: 上]

① 일반도로, 자동차전용도로, 고속도로와 중 도로 별 법정속도가 다르다.
② 일반도로에는 최저속도 제한이 없다.
③ 이상기후 시에는 감속운행을 하여야 한다.
④ 가변형 속도제한표지로 정한 최고속도와 그 밖의 안전표지로 정한 최고속도가 다를 경우 그 밖의 안전표지에 따라야 한다.

→ 가변형 속도제한표지를 따라야 한다.

33. 수막현상에 대한 설명으로 가장 적절한 것은?

[난이도: 中]

① 수막현상을 줄이기 위해 기본 타이어보다 폭이 넓은 타이어로 교체한다.
② 빗길보다는 눈길에서 수막현상이 더 발생하므로 감속운행을 해야 한다.
③ 트레드가 마모된 타이어가 새 타이어보다 접지력이 좋아 수막현상이 가능성이 줄어든다.
④ 타이어의 공기압이 낮아질수록 고속주행 시 수막현상이 증가된다.

34. 다음 중 가장 안전한 운전방법은?

[도로상황]
- 경찰차 차량 저속주행
- 이륜차 고영향 주행
- 전방 300m 앞에 진 출입로가 존재함

[난이도: 上]

① 경찰차 차량 우측으로 앞지르기한다.
② 경찰과 같은 차로에서 나란히 주행한다.
③ 고영향이므로 집중할 수 있도록 차로변경 확실히 한다.
④ 힘차량이 진로변경 할 수 있으므로 즉시 차로변경을 한다.
⑤ 차로변경이 가능한 구간까지 주행하여 안전거리를 확보한다.

35. 다음과 같은 상황에서 가장 안전한 운전방법 2가지는?

[도로상황]
- 어린이 보호구역
- 좌로 굽은 오르막 도로
- 왕복 2차로 도로

[난이도: 中]

① 속락현색선의 경우 도로가 물로 추의 내릴 경우에 설치되어 있으며 이용해서 진방 상황을 확인한 때 진행하는 것이 안전한다.
② 오르막 도로이므로 제한속도보다 조금 더 빠르게 진행하는 것이 좋다.
③ 우측 경가자전거리에 형색실선이 표시되어 있으므로 주측으로 진로로 경차는 가능한다.
④ 신호기가 없는 횡단보도를 불과하는 경우 반드시 일시정지 후 진행한다.
⑤ 좌로 굽은 도로에서는 중앙선 바깥쪽으로 붙어 진행하는 것이 안전한다.

36. 다음 안전표지에 대한 설명으로 맞는 것은?

[난이도: 上]

① 차가 회전 진행할 것을 지시한다.
② 차가 좌측면으로 통행할 것을 지시한다.
③ 차가 우측면으로 통행할 것을 지시한다.
④ 차가 유턴할 것을 지시한다.

37. 차로를 왼쪽으로 바꾸고자 할 때의 방법으로 맞는 것은?

[난이도: 中]

① 그 행위를 하고자 하는 지점에 이르기 전 30미터(고속도로에서는 100미터) 이상의 지점에 이르렀을 때 좌측 방향지시기를 조작한다.
② 그 행위를 하고자 하는 지점에 이르기 전 10미터(고속도로에서는 100미터) 이상의 지점에 이르렀을 때 좌측 방향지시기를 조작한다.
③ 그 행위를 하고자 하는 지점에 이르기 전 20미터(고속도로에서는 80미터) 이상의 지점에 이르렀을 때 좌측 방향지시기를 조작한다.
④ 그 행위를 하고자 하는 지점에 이르렀을 때 좌측 방향지시기를 조작한다.

38. 다음 상황에서 가장 안전한 운전방법 2가지는?

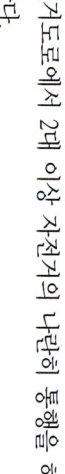

[도로상황]
- 좌로 굽은 언덕길
- 전방을 향해 이륜차 운전중
- 도로로 진입하려는 농기계

[난이도: 下]

① 좌측 흙더미를 통과하여 1차로로 주행을 확인한다.
② 전방의 승용차를 1차로로 진로 방향을 못하도록 상항등을 미리 켜서 경고한다.
③ 농기계가 도로로 진입할 수 있어 1차로로 신속히 진로변경 한다.
④ 오르막차로이기 때문에 속도를 높여 운전한다.
⑤ 전방의 이륜자동차가 1차로로 진로 방향할 수 있어 안전거리를 유지한다.

39. 도로교통법상 브레이크 용도로 운행하고 있는 소방차 운전자가 긴급자동차에 대한 특례를 적용받을 수 없는 것은?

[난이도: 下]

① 좌석안전띠 미착용
② 음주 운전
③ 중앙선 침범
④ 신호 위반

40. 다음 영상에서 나타난 가장 위험한 상황은?

※ 동영상 시청 : 스마트폰으로 옆 QR 코드로 검색하면 동영상 문제를 풀 수 있습니다. (카페의 동영상 문제 11번)

[난이도: 中]

① 안전지대에 진입한 자동차의 감속으로 인한 후방 차량 추돌
② 내 차의 오른쪽에 주정차한 자동차와의 충돌
③ 안전지대에 정차한 자동차의 후진으로 인한 교통사고
④ 진로변경 금지장소에서 진로변경으로 인한 접촉사고

정답
31 ① 32 ④ 33 ④ 34 ④,⑤ 35 ①,④ 36 ③ 37 ① 38 ①,⑤ 39 ② 40 ①

Round 12 실전출제문제

| 도로교통단 운전면허학과시험 문제유형 |

01 [3점] [난이도: 下]
도로교통법상 임시운전증명서에 대한 설명으로 옳지 않은 것은? (제네바협약 또는 비엔나협약 가입국으로 한정)

① 임시운전증명서 인정 국가에서 체류기간에 별도의 번역공증 없이 운전이 가능하다.
② 임시운전증명서 인정 국가에서는 한국운전면허증, 국제운전면허증, 여권을 지참해야 한다.
③ 임시운전증명서를 분실한 경우 국가에서는 한국운전면허증, 국제운전면허증, 여권을 지참해야 한다.
④ 임시운전증명서 뒤쪽에 영문으로 운전면허의 내용을 표기한 것이다.

02 [2점] [난이도: 中]
도로에서 2명 이상이 공동으로 2대 이상의 자동차등을 정당한 사유 없이 앞뒤로 또는 좌우로 줄지어 통행하면서 다른 사람에게 위해(危害)를 끼치거나 교통상의 위험을 발생하게 하는 행위를 무엇이라고 하나?

① 공동 위험 행위
② 난폭 운전 행위
③ 끼어들기 행위
④ 집시위반 행위

03 [2점] [난이도: 下]
다음 안전표지에 대한 설명으로 맞는 것은?

① 회전형 교차로표지
② 유턴 및 좌회전 차량 주의표지
③ 비신호 교차로표지
④ 좌로 굽은 도로

도로상황
- 차로축소형 회전교차로

04 [3점] [난이도: 上]
다음 사진과 같은 "차로축소형 회전교차로"에서 우회전 통행방법에 대한 설명으로 옳은 것은 2가지는?

① 회전교차로 진입 전 안전하게 우회전 진행방향으로 빠져나간다.
② 회전교차로 내로 진입하지 않고 미리 도로의 우측 가장자리 차로를 이용하여서 진행하면서 우회전한다.
③ 회전교차로 진입 후 바로 우회전 할 경우 통행방법위반이다.
④ 회전교차로 진입 후 있는 횡단보도는 보행자 판단없이 일시 정지해야 한다.
⑤ 회전교차로 진입 후 시계방향으로 크게 회전하여 우회전해야 한다.

05 [2점]
일반적인 무보수(MF : Maintenance Free)배터리 수명이 다한 경우, 점검창에 나타나는 색깔은?

① 황색
② 백색
③ 검은색
④ 녹색

06 [3점] [난이도: 中]
다음 상황에서 운전자의 가장 바람직한 운전방법 2가지는?

도로상황
- 편도 2차로 도로
- 우측 사이드미러로 2차로에 후방
- 동 중인 긴급자동차 발견
- 차로 통행량이 많아 정체 상황

① 진출 않도는 2차로만 가능하므로 차로에서 진행 중인 경우는 후방의 긴급자동차를 블록 주의할 필요 없다.
② 2차로로 빠르게 차로변경하여 비상등을 커고 긴급자동차의 진로를 피해야 한다.
③ 긴급자동차가 앞에 진행하는 경우라면 도로 우측으로 피양하여 진로를 양보한다.
④ 긴급자동차의 진로를 피양하여 피양한 후 긴급자동차가 더 빨리 진행할 수 있도록 도로 좌측으로 피양하여 진로를 양보한다.
⑤ 긴급자동차의 이탈 진행하면 보인다면 도로 좌측방향을 양보하여 바싹 뒤따른다.

07 [2점] [난이도: 上]
다음 중 자동차를 매매한 경우 이전등록 담당기관은?

① 도로교통공단
② 시·군·구청
③ 한국교통안전공단
④ 시·도경찰청

08 [2점]
도로교통법상 개인형 이동장치에 대한 규정과 안전한 운전방법으로 틀린 것은?

① 운전자는 반드시 도로를 통행할 때에는 진조등과 미등을 켜야 한다.
② 개인형 이동장치 중 전동킥보드의 승차정원은 1인이므로 탑승하면 안된다.
③ 개인형 이동장치는 전동킥보드, 전동이륜평행차, 전기자전거, 전동휠, 전동스쿠터 등 개인의 이동하기에 적합한 이동장치를 포함하고 있다.
④ 전동기의 동력만으로 움직일 수 있는 자전거의 경우 승차정원은 2인이다.

09 [3점] [난이도: 中]
다음 중 긴급자동차에 해당하는 것은 2가지는?

① 경찰용 긴급자동차에 의하여 유도되고 있는 자동차
② 수사기관의 자동차이지만 범죄수사와 관련 없는 자동차로 사용되는 기관의 자동차
③ 사고차량을 연인차를 위해 출동하는 구난차
④ 생명이 위급한 환자 또는 부상자나 수혈을 위한 혈액을 운송 중인 자동차

10 [2점] [난이도: 下]
다음 안전표지가 설치되는 장소로 가장 알맞은 곳은?

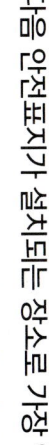

① 도로가 차로 굽어 발생할 수 있는 도로
② 눈·비 등의 원인으로 자동차등이 미끄러지기 쉬운 도로
③ 도로가 이중으로 굽어 자동차등이 미끄러지기 쉬운 도로
④ 내리막경사가 심하여 속도를 줄여야 하는 도로

정답

01 ② 02 ① 03 ① 04 ②,③ 05 ② 06 ②,④ 07 ② 08 ③ 09 ①,④ 10 ②

01 임시운전증명서 뒤쪽에 영문으로 운전면허의 내용을 표기한 것이다.
02 공동 위험 행위
03 회전형 교차로표지
05 무보수(MF : Maintenance Free) 배터리 수명이 다한 경우 점검창 색상은 백색(정색)
제조사에 따라 점검창의 색깔을 달리 사용하고 있으며, 일반적인 무보수(MF : Maintenance Free) 배터리는 정상인 경우 녹색(청색), 전해액이 부족한 경우 검은색을 충전 및 교체, 백색(정색)은 배터리 수명이 다한 경우를 말한다.

10 도로 결빙 등에 의해 자동차등이 미끄러운 도로에 설치한다.

11. 도로교통법상 차의 운전자가 그 차의 바퀴를 일시적으로 안전히 정지시키는 것은?

① 서행 ② 정차
③ 주차 ④ 일시정지

12. 보복운전으로 구속되었다. 운전면허 행정처분은?

① 면허 취소 ② 면허 정지 100일
③ 면허 정지 60일 ④ 할 수 없다.

13. 다음 안전표지에 대한 설명으로 맞는 것은?

① 차의 우회전할 것을 지시하는 표지이다.
② 차의 직진을 금지하게 하는 주의표지이다.
③ 전방 우로 굽은 도로에 대한 주의표지이다.
④ 차의 우회전을 금지하는 주의표지이다.

14. 다음 상황에서 가장 안전한 운전방법 2가지는?

[난이도 : 中]

도로상황
- 어린이보호구역의 'ㅏ'자형 교차로
- 교통정리가 이루어지지 않는 교차로
- 좌우가 확인되지 않는 교차로
- 통행하려는 보행자가 없는 횡단보도

① 우회전하려는 경우 서행으로 횡단보도를 통행한다.
② 우회전하려는 경우 신호에 따라 정지선에서 일시정지한다.
③ 직진하려는 경우 다른 차보다 우선이므로 서행하며 진입한다.
④ 직진 및 우회전하려는 경우 모두 일시정지한 후 진입한다.
⑤ 우회전하려는 경우 미리 도로의 우측 가장자리로 일시정지한다.

15. 다음 상황에서 가장 안전한 운전방법 2가지는?

도로상황
- 전방 차량신호는 적색신호
- 좌측 어린이 보호구역 해제 표지
- 1차로 유턴 및 좌회전 차로
- 3차로 직진 및 우회전 차로

① 전방 차량신호등이 적색등화이므로 정지한다.
② 우회전하려는 경우 황색화살표 신호에 따라 서행한다.
③ 직진하려는 경우 보행자가 있어도 현재 진행하는 도로에서는 특별히 어린이의 안전에 주의할 필요는 없다.
④ 좌회전하려는 경우 다른 차로 진행하는 차량에 주의해야 한다.
⑤ 우회전하려는 경우 미리 일시정지한 후 진입한다.

**보기에 상황을 오른쪽으로 확인이 어려운 장소로서 일시정지하여야 할 장소이며, 이 때는 직진 및 우회전 하려는 경우 모두 일시정지하여야 한다.

16. 교통사고를 일으킬 가능성이 가장 높은 운전자는?

① 운전에만 집중하는 운전자
② 급출발, 급제동, 급차로 변경을 반복하는 운전자
③ 자전거나 보행자에게 안전거리를 확보하는 운전자
④ 조급한 마음을 버리고 인내하는 마음을 갖춘 운전자

17. 다음 중 도로교통법상 난폭운전에 해당하지 않는 운전자는?

① 급제동을 반복하여 교통상의 위험을 발생하게 하는 운전자
② 계속된 안전거리 미확보로 다른 사람에게 위협을 주는 운전자
③ 고속도로에서 지속적으로 앞지르기 방법 위반을 하여 교통상의 위험을 발생하게 하는 운전자
④ 심야 고속도로 갓길에 미등을 끄고 주차하여 다른 사람에게 위협을 주는 운전자

18. 다음 상황에서 12시 방향으로 진출하려는 경우 가장 안전한 운전방법 2가지는?

[난이도 : 下]

도로상황
- 회전교차로 안쪽에 회전 중
- 우측 교차로에서 진입하려는 상황

① 회전교차로에 진입하려는 승용자동차에 양보하기 위해 정차한다.
② 좌측 방향지시기를 작동하며 화물자동차 앞으로 진입한다.
③ 우측 방향지시기를 작동하며 12시 방향으로 통행한다.
④ 진출 시기를 놓친 경우 한 바퀴 돌아 다시 진출한다.
⑤ 12시 방향으로 직진하려는 경우이므로 방향지시기를 작동하지 아니한다.

※ 승용자동차나 화물자동차가 양보없이 무리하게 진입하려는 경우 12시 방향 진출을 삼가고 다시 반시계 방향으로 360도 회전하여 12시로 진출한다.

19. 자동차 등록의 종류가 아닌 것 2가지는?

① 경정등록 ② 권리등록
③ 설정등록 ④ 말소등록

※ 자동차등록은 신규, 변경, 이전, 말소, 압류, 경정, 예고등록이 있고, 특허등록은 권리등록, 설정등록 등이 있다.

20. 다음 상황에서 가장 안전한 운전방법 2가지는?

도로상황
- 황복 2차로 중앙선이 있는 도로
- 황단보도 신호기 없음
- 전방 도로변사경에 좌회전 대기 차량이 보임

① 좌회전하려는 경우 방향지시등을 켜고 맞은편 차량이 한 후 안전하게 통과한 후 안전하게 진입한다.
② 좌우측 확인이 된다는 교차로이므로 일시정지한 후 안전하게 교차로에 진입한다.
③ 좌회전하고자 하는 경우 맞은편에서 주행하는 차량 사이에서 수도를 높여 좌회전한다.
④ 도로변사경에 보이는 좌회전 차량보다 먼저 좌회전 대기 차량보다 먼저 재빨리 진입한다.
⑤ 뒤따르는 차량이 있는 경우 상황 등의 조작하지 않고서 무리하더라도 좌회전을 시도한다.

정답
11 ④　12 ①　13 ③　14 ②,④　15 ①,③　16 ②　17 ④　18 ③,④　19 ②,③　20 ①,②

21. 수소가스 누출을 확인할 수 있는 방법이 아닌 것은?

① 가연성 가스검지기 활용 측정
② 비눗물을 통한 확인
③ 가스 냄새를 맡아 확인
④ 수소검지기로 확인

수소차량은 연료전지스택에서 수소와 산소의 반응에서 정기를 발생시키며, 수소는 무색, 무취, 무독한 특징을 가지고 있어 냄새를 통한 감지가 어렵다.

22. 다음 중 수소차량에서 누출을 확인하지 않아도 되는 곳은?

① 밸브와 가스배관 연결부
② 조정기
③ 가스 호스와 배관 연결부
④ 연료전지 인버터

수소차량은 엄료전지스택의 수소와 산소의 반응에서 전기를 발생시키는 것이다. 수소연료전지는 인버터, 연료전지스택, 구동모터, 감속기로 구성되어 있다. 전기를 통해 구동력을 얻음으로 수소가 흐르는 부분에 대한 누출 확인이 필요하며 전기장치는 누출과 무관하다.

23. 다음 규제표지가 설치된 지역에서 운행이 허가되는 차량은?

① 화물자동차
② 경운기
③ 트랙터
④ 손수레

경운기·트랙터 및 손수레의 통행을 규제하는 표지이다.

24. 다음 중 가장 안전한 운전행방은? [난이도: 下]

도로상황
- 자전거 우측도로 진입 중

① 자전거의 통행을 방해하지 않고 우측 길가에 정차한다.
② 전방에 횡단보도가 있어 보행자 통행에 사행하며 시속 50km로 주행한다.
③ 앞지르기 시 과속이 허용되므로 시속 50km로 주행한다.
④ 지로변 주차한 차량대비 자전거와의 안전거리를 확보하며 주행한다.
⑤ 경음기를 사용하여 자전거의 전기장치의 자리로 주행을 재촉한다.

자전거와 공유하는 도로에서는 자전거가 도로 우측으로 통행하여 자전거의 통행을 우선한다.

25. 다음 상황에서 법령을 위반한 운전방법 2가지는? [난이도: 上]

도로상황
- A - 촬영차, B - 소방차
- 뒤 차 A의 앞 유리를 통해
  소방차 B를 촬영
- 방향을 떼고 지며 노멀 접속
- 전방 300 미터에 사거리 교차로
  및 신호등

① B 운전자 - 시속 100 킬로미터로 주행한다.
② A 운전자 - 시속 70 킬로미터로 주행한다.
③ B 운전자 - 시호등에 앞지르기를 한다.
④ A 운전자 - 교차로에 앞지르기를 한다.
⑤ B 운전자 - 앞차와 안전거리를 확보한다.

자전거와 공유하는 도로에서는 자전거가 도로 우측으로 통행하여 자전거의 통행을 우선한다.

26. 도로교통법상, 고령자 면허 경신 및 적성검사의 주기가 3년인 사람의 연령으로 맞는 것은? [난이도: 中]

① 만 65세 이상
② 만 70세 이상
③ 만 75세 이상
④ 만 80세 이상

27. 운전자가 지켜야 할 올바른 자세로 가장 맞는 것은? [난이도: 下]

① 소통과 안전을 생각하는 자세
② 사람보다는 자동차를 우선하는 자세
③ 수도를 낮추는 자동차는 내 차를 먼저 생각하는 자세
④ 교통사고는 준비한 운전자보다 운이 따라야 한다는 자세

자동차보다 사람이 우선, 나 보다는 다른 차를 우선, 사고경험보다는 준비운전이 좌우한다. 교통사고는 운보다는 준비된 운전에서 좌우된다.

28. 교차로를 통과하려 할때 주의해야 할 가장 안전한 운전방법은? [난이도: 下]

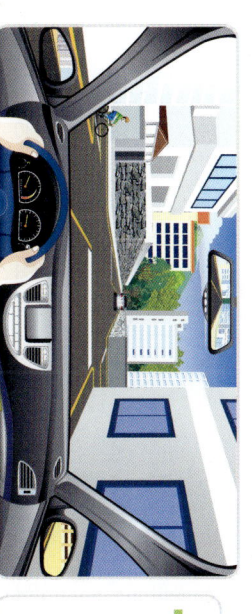

도로상황
- 시속 30킬로미터로 주행 중

① 앞서가는 자동차가 정지할 수 있으므로 바싹 뒤따른다.
② 인속 도로에서 자전거가 달려오고 있으므로 수도를 줄이며 대응한다.
③ 수도를 높여 교차로에 먼저 진입해야 자전거가 정지한다.
④ 오른쪽 도로의 만나 없는 도로에서는 자전거가 오는 차량도 안전할 것이어야 한다.
⑤ 자전거와의 도로의 사고를 예방하기 위해 비상등을 키고 진입한다.

자전거는 보행자 보다 속도가 빠르기 때문에 보이지 않는 곳에서 갑작스럽게 출현할 수 있다. 항상 보이지 않는 곳의 위험을 대비하는 운전자세가 필요하다.

29. 어린이통학버스의 특별 보호에 관한 설명으로 맞는 2가지는? [난이도: 中]

① 어린이 통학버스를 앞지르기하고자 할 때는 다른 차의 앞지르기 방법과 같다.
② 어린이들이 승하차 시, 중앙선이 없는 도로에서는 자전거의 반대편에서 오는 차량도 일시정지하여 안전을 확인한 후, 사행하여야 한다.
③ 어린이들이 승하차 시, 편도 1차로 도로에서는 반대편에서 오는 차량도 일시정지하여 안전을 확인한 후, 사행하여야 한다.
④ 어린이들이 승하차 시, 편도 2차로 도로에서는 반대편에서 오는 차량도 일시정지하여 안전을 확인한 후, 사행하여야 한다.
⑤ 어린이가 수하한 후, 이로인 자전거를 그 차량의 바로 앞 자동차는 일시정지하여 안전을 확인한 후, 사행하여야 한다.

30. 다음 상황에서 가장 안전한 운전 방법 2가지는? [난이도: 中]

도로상황
- 좌측에 시 있는 보행자에게 경음기를 울리고 빠르게 지난간다.
- 위협 상황을 예측할 필요 없이 그대로 진행한다.
- 전방 우측 도로에 차량이 진입할 경우를 대비하여 사행한다.
- 신호가 없는 횡단보도이므로 수도를 높여 신속하게 지난간다.
- 황단보도 앞 정지선에 일시정지한다.

정답을 보이지 않는 곳에서 경음기를 울리면 보행자에게 앞 정지선이나 횡단보도에서 일시정지한다. 신호기가 없는 교차로에서도 감자기 나오는 오토바이나 차량이 있을 수 있으므로 주의해야 한다.

정답
21 ③   22 ④   23 ①   24 ②,④   25 ②,④   26 ③   27 ①   28 ②,④   29 ③,④   30 ③,⑤

31. 도로교통법상 운전면허증 제1종 대형면허의 정기적성검사기간의 연기를 받은 사람은 그 사유가 없어진 날부터 몇 개월 이내에 운전적성검사를 받아야 하는가?

① 1개월 ② 3개월
③ 6개월 ④ 12개월

[난이도 : 中]

32. 혈중알코올농도 0.03% 이상 상태의 운전자 김씨 신호대기 중인 상황에서 뒤차(운전자)가 추돌한 경우는?

① 음주운전자 중간 위반행위이기 때문에 김씨 사고와 가해자도 처벌된다.
② 사고의 가해자는 뒤차이지만, 김씨 음주운전도 처벌된다.
③ 음주 운전면허 취소에 대한 행정처분을 받게 된다.
④ 음주 교통사고이므로 운전면허 취소의 행정처분 대상이 된다.

33. 다음 규제표지에 대한 설명으로 맞는 것은?

① 최저속도 제한표지
② 최고속도 제한표지
③ 차간 거리 확보표지
④ 안전속도 유지표지

[난이도 : 下]

34. 다음 상황에서 가장 안전한 운전방법은?

[도로상황]
- 편도 1차로
- 불법주차된 차들
- 보도와 차도가 분리되지 않은 도로

35. 다음 상황에서 가장 안전한 운전방법 2가지는?

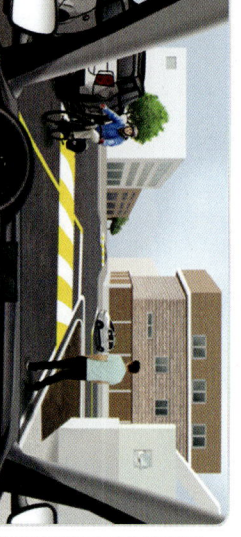

[도로상황]
- 어린이 보호구역
- 신호기 없는 횡단보도
- 우측 골목으로 이어지는 안전한 상황임
- 고압탱크 재고 주차중인 소방차
- 좌측 갓길 오르막 편도 1차로

① 우측 골목에서 나타나는 차량이 있을 수 있으므로 주의를 기울여 통과한다.
② 전방 우측에 주차되어 있으므로 소방차를 인하여 차로를 이탈보다 안전 확보가 우선이므로 서행 상황을 잘 살핀다.
③ 어린이 보호구역 내에서는 횡단보도에 보행자가 있을 경우에만 일시정지 후 진행한다.
④ 유효한 것을 하는 경우 골목길에서 나오는 차량이나 보행자에 브레이크를 잘 살펴야 한다.
⑤ 어린이 보호구역은 모든 차량의 최고 제한속도가 시속 30킬로미터 이내로 주행하면 된다.

36. 도로교통법상 긴급자동차가 긴급 용도 외에도 경광등을 사용할 수 있는 경우가 아닌 것은?

① 소방차가 화재 예방 및 구조·구급 활동을 위하여 순찰을 하는 경우
② 소방차가 정비를 위하여 긴급히 이동하는 경우
③ 민방위업무용 자동차가 그 본래의 용도와 관련된 훈련에 참여하는 경우
④ 경찰용 자동차가 범죄 예방 및 단속을 위하여 순찰을 하는 경우

[난이도 : 下]

37. 도로교통법상 '보호구역의 지정절차 및 기준'등에 관하여 필요한 사항을 정하는 공동부령 기관으로 맞는 것은?

① 어린이 보호구역은 행정안전부, 보건복지부, 국토교통부의 공동부령으로 정한다.
② 노인 보호구역은 행정안전부, 국토교통부, 보건복지부의 공동부령으로 정한다.
③ 장애인 보호구역은 행정안전부, 보건복지부, 국토교통부의 공동부령으로 정한다.
④ 교통약자 보호구역은 행정안전부, 환경부, 국토교통부의 공동부령으로 정한다.

※ 어린이 보호구역 : 교육부, 행정안전부, 국토교통부의 공동부령
노인 보호구역 또는 장애인 보호구역 : 행정안전부, 보건복지부 및 국토교통부의 공동부령

38. 다음 상황에서 전동킥보드 운전자가 좌회전하려는 경우 안전한 방법 2가지는?

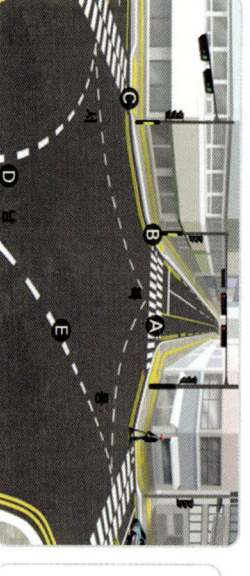

[도로상황]
- 동쪽에서 서쪽 신호등 : 직진 및 좌회전 신호
- 동쪽에서 서쪽 A 횡단보도 보행자 신호등 녹색

① A횡단보도로 전동킥보드를 운전하여 진입한 후 B지점에서 D방향의 녹색등화를 기다린다.
② A횡단보도로 전동킥보드를 끌고 진입한 후 B지점에서 D방향으로 직진한다.
③ 전동킥보드를 운전하여 E방향으로 주행하기 위해 교차로를 중앙으로 좌회전한다.
④ 전동킥보드를 운전하여 B지점으로 직진한 후 D방향으로 녹색등화를 기다린다.
⑤ 전동킥보드를 운전하여 C지점으로 직진한 후 즉시 B지점으로 녹색등화를 기다려 직진한다.

[난이도 : 中]

39. 다음 중 연습운전면허 취소사유로 맞는 것 2가지는?

① 단속하는 경찰공무원 및 시·군·구 공무원을 폭행한 때
② 도로에서 자동차의 운행으로 인한 물적 피해만 발생한 교통사고를 일으킨 때
③ 다른 사람에게 연습운전면허증을 대여하여 운전하게 한 때
④ 난폭운전으로 2회 형사입건된 때

[난이도 : 中]

40. 다음 영상에서 운전자가 해야 할 조치로 맞는 것은?

※ 동영상 사용 : 스마트폰으로 위 QR 코드를 검색하면 동영상 문제를 볼 수 있습니다. (카페에 동영상 문제 12번)

① 앞쪽 자동차 운전자에게 상향등을 작동하여 대응한다.
② 비상점멸등을 작동하며 갓길에 정차한 후 시비를 피한다.
③ 경음기와 방향지시기를 작동하여 뒤차에 차로변경을 알리고 금제동한다.
④ 고속도로 밖으로 진출하여 안전한 장소에 도피한 후 경찰관서에 신고한다.

정답

31 ② 32 ② 33 ① 34 ①,③ 35 ②,④ 36 ② 37 ③ 38 ②,④ 39 ①,③ 40 ④

Final Round 최종점검 450문제

I 도로교통공단 운전면허학과시험 문제은행 I

2절 001 안개 낀 도로에서 자동차를 운행할 때 가장 안전한 운전 방법은? [난이도 : 下]

① 커브 길이나 교차로 등에서는 경음기를 울려서 다른 차를 비키도록 하고 빨리 운행한다.
② 안개가 낀 도로에서는 시야확보를 위해 전조등을 상향으로 한다.
③ 안개가 낀 도로에서는 안개등만 켜는 것이 안전운전에 도움이 된다.
④ 어느 정도 시야가 확보되는 경우엔 가드레일, 중앙선, 차선 등 자동차의 위치를 파악할 수 있는 지형지물을 이용하여 서행한다.

2절 002 도로에서 브레이크 페달을 밟지 않고 주행 중에 정차하려 할 때 가장 안전한 방법은? [난이도 : 下]

① 브레이크 페달을 힘껏 밟는다.
② 풋 브레이크와 주차브레이크를 동시에 작동하여 신속히 차량을 정지시킨다.
③ 자가 완전히 정차할 때까지 엔진브레이크로만 감속한다.
④ 엔진브레이크로 감속한 후 풋 브레이크를 가볍게 밟아 반 나누어 밟는다.

2절 003 폭우가 내려 도로의 주행 중 정차하려고 할 때 가장 안전한 제동 방법은? [난이도 : 下]

① 모든 도로의 지하차도는 배수시설이 잘 되어 있어 위험요소는 발생하지 않는다.
② 재난방송, 안내판 등 재난 정보를 청취하면서 위험요소에 대응한다.
③ 도로를 통행 중 일시 정지는 앞지르기를 부과한다.
④ 신속히 지나가기 위해 지하차도 안에서는 제한속도보다 빠르게 주행한다.

2절 004 도로교통법상 어린이통학버스를 특별보호해야 하는 운전자 의무를 맞게 설명한 것은? [난이도 : 中]

① 적색 점멸장치를 작동 중인 어린이통학버스가 정차한 차로의 바로 옆 차로로 통행하는 경우 일시 정지하여야 한다.
② 적색 점멸장치를 작동 중인 어린이통학버스가 정차한 차로의 바로 옆 차로로 통행하는 경우 서행하여야 한다.
③ 중앙선이 설치되지 아니한 도로인 경우 반대방향에서 진행하는 차의 운전자는 어린이통학버스에 이르기 전에 일시 정지하여 안전을 확인한 후 서행하여야 한다.
④ 편도 1차로인 도로에서 적색 점멸장치를 작동 중인 어린이통학버스가 정차한 경우 이 차를 앞지르기할 수 있다.

2절 005 안개 낀 도로를 주행할 때 안전한 운전 방법으로 바르지 않은 것은? [난이도 : 下]

① 커브길이나 언덕길 등에서는 경음기를 사용한다.
② 절방 시야확보가 70m 이내인 경우 규정속도의 절반 이하로 감속 운행한다.
③ 평소보다 전방시야확보가 어려우므로 안개등과 상향등을 함께 켜서 충분한 시야를 확보한다.
④ 차의 고장이나 가벼운 접촉사고일지라도 도로의 가장자리로 신속히 대피한다.

2절 006 내리막길 주행 중 브레이크가 제동되지 않을 때 가장 적절한 조치 방법은? [난이도 : 中]

① 즉시 시동을 끈다.
② 저단 기어로 변속한 후 차에서 뛰어내린다.
③ 핸들을 지그재그로 조작하며 속도를 줄인다.
④ 저단 기어로 변속하여 감속한 후 주차브레이크를 이용하여 정지한다.

2절 007 다음 중 유해한 배기가스를 가장 많이 배출하는 자동차는? [난이도 : 下]

① 전기자동차
② 수소자동차
③ LPG자동차
④ 노후된 디젤자동차

2절 008 터널 안 주행 중 자동차 사고로 인한 화재 목격 시 가장 바람직한 대응 방법은? [난이도 : 下]

① 차량 통행이 가능하더라도 차를 세우는 것이 안전하다.
② 차량 통행이 불가능할 경우 차를 세운 후 자동차 안에서 화재 진압을 기다린다.
③ 차량 통행이 불가능할 경우 차를 세운 후 자동차 열쇠를 꺼내 대피한다.
④ 연기가 많이 발생하더라도 차에서 내려 대피하지 말고 유독 표지등 따라 이동한다.

2절 009 커브길을 주행 중일 때의 설명으로 올바른 것은? [난이도 : 上]

① 차량의 진입 이전의 속도 그대로 정속주행하여 통과한다.
② 커브길 진입 이전에 속도를 줄여 노면에 튀어나온 돌 등을 신경 써서 주행한다.
③ 커브길에서 후륜구동 차량은 언더스티어(understeer) 현상이 발생할 수 있다.
④ 커브길에서 오버스티어(oversteer) 현상을 줄이기 위해 조항하는 방향의 반대로 핸들을 급히 돌린다.

2절 010 곳 브레이크를 과다 사용으로 인한 마찰열 때문에 브레이크 액에 기포가 생겨 제동이 되지 않는 현상을 무엇이라 하는가? [난이도 : 下]

① 스탠딩웨이브(Standing wave)
② 베이퍼록(Vapor lock)
③ 로드홀딩(Road holding)
④ 언더스티어링(Under steering)

011 집중호우로 차수로 침수 시 대처 방법으로 가장 올바르지 않은 것은? [난이도 : 下]

① 크랙기 밀려오는 반대쪽 문을 열고 탈출을 시도한다.
② 이스팔트 도로 침수 시 모든 적정을 않고 문의 탑승하지 않는 현상이다.
③ 차량 창문을 열 수 있다면 당황하지 말고, 119신고 후 차량 내 외부 수위차가 비슷해지는 시점에(30cm 이하) 신속하게 문을 열어 탈출한다.
④ 탈출하였다면 최대한 차지대 높은 곳으로 이대피하도록 한다.

2절 012 겨울철 블랙 아이스(black ice)에 대해 바르게 설명하지 못한 것은? [난이도 : 下]

① 도로 표면에 코팅한 것처럼 얇은 얼음막이 생기는 현상이다.
② 아스팔트 표면의 눈과 습기가 공기 중의 오염물질과 뒤섞여 스며든 뒤 검게 얼어붙는 현상을 말한다.
③ 추운 겨울에 다리 위, 터널 출입구, 그늘진 도로, 산모퉁이 음지 등 온도가 낮은 곳에서 주로 발생한다.
④ 햇볕이 잘 드는 도로에 눈이 녹아 스며들어 햇빛에 반사되어 반짝이는 현상이다.

2절 013 다음 중 겨울철 도로 결빙 상황과 관련한 설명으로 잘못된 것은? [난이도 : 上]

① 아스팔트보다 콘크리트로 포장된 도로가 결빙이 더 많이 발생한다.
② 콘크리트보다 아스팔트로 포장된 도로가 결빙이 더 늦게 녹는다.
③ 아스팔트 포장도로의 마찰계수는 건조한 노면일 때 1.6으로 커진다.
④ 동일한 조건의 결빙상태에서 아스팔트 포장도로의 노면 마찰계수가 콘크리트 포장된 도로의 노면 마찰계수보다 더 크다.

【블랙 아이스(black ice) : 도로 위에 눈이 녹은 후 은은하게 얼어붙어 보이는 방법이 되는 현상이다.】

[정답] 001 ④ 002 ④ 003 ② 004 ① 005 ③ 006 ④ 007 ④ 008 ④ 009 ④ 010 ② 011 ④ 012 ④ 013 ③

014 다음 중 지진발생 시 운전자의 조치로 가장 바람직하지 못한 것은? [난이도: 下]

① 운전 중인 차의 속도를 높여 신속히 그 지역을 통과한다.
② 차를 이용해 이동이 불가능할 경우 차량는 가장자리에 주차한 후 대피한다.
③ 주차된 차는 이동될 경우를 대비하여 자동차 열쇠는 꽂아두는 채 대피한다.
④ 라디오를 켜서 재난방송에 집중한다.

015 다음 중 교통사고 발생 시 가장 적절한 행동은? [난이도: 下]

① 비상등을 켜고 트렁크를 열어 비상상황임을 알릴 필요가 없다.
② 사고지점 도로 내에서 사고 상황에 대한 사진을 촬영한다.
③ 사고 지점에서 이동할 필요 없이 자량을 그대로 둔다.
④ 주변 가로등, 교통신호등에 부착된 기초번호판을 보고 사고 발생지역을 보다 구체적으로 119,112에 신고한다.

016 야간에 마주 오는 차의 전조등 불빛으로 인한 눈부심을 피하는 방법으로 옳은 것은? [난이도: 中]

① 전조등 불빛을 정면으로 보지 말고 자기 차로의 바로 아래쪽을 본다.
② 전조등 불빛을 정면으로 보지 말고 도로 우측의 가장자리 쪽을 본다.
③ 눈을 가늘게 뜨고 자동차 바로 아래쪽을 본다.
④ 눈을 크게 뜨고 좌측의 아래쪽을 본다.

017 도로교통법상 고속도로에서 자동차 고장 시 적절한 조치요령은? [난이도: 上]

① 신속히 비상점멸등을 작동하고 차를 도로 위에 멈춘 후 보험회사에 알린다.
② 트렁크를 열어 놓고 고장 난 곳을 주변에 알리면서 스스로 조치한다.
③ 이동이 불가능한 경우 고장자동차의 앞쪽 500미터 지점에 안전삼각대를 설치한다.
④ 이동이 가능한 경우 신속히 다른 차의 교통에 방해가 되지 않도록 갓길로 이동시킨다.

018 도로교통법상 밤에 고속도로 등에서 자동차를 운행할 수 없을 경우, 운전자가 조치해야 할 사항으로 적절치 않은 것은? [난이도: 上]

① 사방 500미터에서 식별할 수 있는 적색의 섬광신호·전기제등 또는 불꽃신호를 설치해야 한다.
② 표지를 설치할 경우 후방에서 접근하는 자동차의 운전자가 확인할 수 있는 위치에 설치하여야 한다.
③ 고장자동차의 표지를 설치하는 경우 그 자동차의 후방에서 접근하는 자동차의 운전자가 확인할 수 있는 위치에 설치하여야 한다.
④ 안전삼각대에는 고장자동차 있는 곳으로부터 후방에 반드시 설치해야 한다.

019 도로교통법상 비사업용 자동차 운행할 운전자가 전조등, 차폭등, 미등, 번호등을 모두 켜야 하는 경우로 맞는 것은? [난이도: 中]

① 밤에 도로에서 자동차를 정차하는 경우
② 안개가 가득 낀 도로에서 자동차를 정차하는 경우
③ 주차위반으로 도로에서 견인되는 자동차의 경우
④ 터널 안 도로에서 자동차를 운행하는 경우

020 차의 표지(안전삼각대)와 함께 추가로 ( )에서 식별할 수 있는 불꽃 신호 등을 설치해야 한다. ( )에 맞는 것은?

① 사방 200미터 지점   ② 사방 300미터 지점
③ 사방 400미터 지점   ④ 사방 500미터 지점

021 주행 중 타이어 펑크 예방방법 및 조치요령으로 바르지 않은 것은? [난이도: 中]

① 도로와 접지되는 타이어의 바닥면에 나사못 등이 박혀있는지 수시로 점검한다.
② 정기적으로 타이어의 적정 공기압을 유지하고 마모한계를 넘어서지 않도록 한다.
③ 핸들이 한쪽으로 쏠리는 경우 주행하는 기어상태로 엔진브레이크를 이용하여 정차한다.
④ 핸들을 잡고 이탈하지 않도록 하며 속도를 서서히 줄이면서 안전한 곳에 정차한다.

022 차량의 금제동으로 인해 추돌을 위험이 있는 경우, 그 대처 방법으로 가장 잘못된 것은? [난이도: 上]

① 충돌직전까지 포기하지 말고, 브레이크 페달을 힘껏 밟아 감속한다.
② 핸들을 조심조심하여 앞 차량의 뒤쪽을 추돌하는 것보다 위험을 감수한다.
③ 앞 차량의 추돌을 피하기 위해 급제동시 잘 피해야 한다.
④ 의지일 경우에는 엔진브레이크로 감속한 후 급제동한다.

023 다음 중 고속도로 공사구간에 관한 설명으로 틀린 것은? [난이도: 下]

① 차로를 차단하는 공사의 경우 정차되어 있는 주의해야 한다.
② 화재로 인하여 타고 있는 연기 주간기 터널 안에 차량이 있을 경우에는 급정차 하므로 대피해야 한다.
③ 이동공사, 고정공사 등 다양한 유형이 공사차로 진행된다.
④ 제한속도는 시속 80킬로미터로만 제한되어 있다.

024 다음 중 화재가 발생했을 때 운전자의 행동으로 가장 옳은 것은? [난이도: 下]

① 도난 방지를 위해 문을 잠그고 대피한다.
② 화재 진압을 위해 개인이 큰 불을 끄려고 한다.
③ 차량 엔진 시동을 끄고 차량 이동을 위해 엔진시동 장치한다.
④ 유턴체에서 출구 반대방향으로 되돌아간다.

025 다음 중 타이어 통과할 때 운전자의 안전수칙으로 잘못된 것은? [난이도: 中]

① 타이어 진입 전, 연료잔량 내연기관 연료 탱크 용량 등을 점검한다.
② 타이어 안 차선이 백색실선일 경우, 차로를 변경하여 타이어 통과한다.
③ 앞차와의 안전거리를 유지하면서 금차로 대비한다.
④ 타이어 안 주정차 금지 장소에서 정차, 주차를 할 수 없다.

026 자동차(긴급자동차 제외) 오른 장내외 전기자동차의 가시광선 투과율 기준으로 맞는 것은?

① 40퍼센트   ② 50퍼센트
③ 60퍼센트   ④ 70퍼센트

027 비사업용 및 대여사업용 전기자동차와 수소 연료전지자동차(하이브리드자동차 제외) 전용번호판 색상으로 맞는 것은?

① 황색 바탕에 검정색 문자
② 파란색 바탕에 검정색 문자
③ 감청색 바탕에 흰색 문자
④ 보호빛 흰색 바탕에 보닷빛 검정색 문자

---

014 ① 015 ④ 016 ② 017 ④ 018 ④ 019 ④ 020 ④ 021 ③ 022 ① 023 ④ 024 ③ 025 ① 026 ② 027 ②

028
다음은 자동차 주행 중 긴급 상황에서 제동과 관련한 설명이다. 맞는 것은?

① 수막현상이 발생할 때는 브레이크의 제동력이 평소보다 높아진다.
② 비상 시 충격 흡수 방호벽을 활용하는 것은 대형 사고를 예방하는 방법 중 하나이다.
③ 노면에 습기가 있을 때 급브레이크를 밟으면 항상 직진 방향으로 미끄러진다.
④ ABS를 장착한 차량은 제동 거리가 절반 이상 줄어든다.

029
다음 중 도로교통법상 대각선 횡단보도의 보행 신호가 녹색등화일 때 차마의 통행방법으로 옳은 것은?

① 직진하려는 때에는 정지선의 직전에 정지하여야 한다.
② 보행자가 없는 경우 서행으로 진행할 수 있다.
③ 보행자가 횡단하지 않는 방향으로는 진행할 수 있다.
④ 보행자가 없는 경우 신호에 관계없이 우회전할 수 있다.

[난이도 : 上]

030
도로교통법상 차량신호등 대각선 횡단보도의 녹색등화일 때

① 좌회전하려는 때에도 정지선의 직전에 정지하여야 한다.
② 횡단보도를 건너려는 보행자가 있어도 주의하며 서행하여야 한다.
③ 차마는 좌우회전할 수 없으나 직진은 할 수 있다.
④ 13세 미만의 자녀에게 좌회전안전모를 씌우지 않아도 과태료는 3만 원이다.

[난이도 : 上]

031
교통사고 시 머리와 목 부상을 최소화하기 위해 출발 전에 조절해야 하는 것은?

① 좌석의 전후 조절
② 등받이 각도 조절
③ 머리받침대 높이 조절
④ 좌석의 높낮이 조절

[난이도 : 上]

032
터널에서 안전운전과 관련된 내용으로 맞는 것은?

① 앞차와의 안전거리를 유지하며 고정물체를 주시하며 운전한다.
② 터널 안에서는 앞차와의 거리감이 저하된다.
③ 터널 진입 시 명순응 현상을 주의해야 한다.
④ 터널 출구에서는 암순응이 발생한다.

[난이도 : 上]

033
다음 중 자동차 배기가스 재순환장치(Exhaust Gas Recirculation, EGR)가 주로 억제하는 물질은?

① 질소산화물(NOx)
② 탄화수소(HC)
③ 일산화탄소(CO)
④ 이산화탄소(CO₂)

배기가스 재순환장치 Exhaust Gas Recirculation, EGR는 불활성인 배기가스의 일부를 흡입 계통으로 재순환시키고, 엔진에 흡입되는 가스에 섞여서 연소 시의 최고 온도를 내려 유해한 오염물질인 NOx(질소산화물)를 주로 억제하는 장치이다.

034
다음은 진로 변경할 때 켜야 하는 신호에 대한 설명이다. 가장 알맞은 것은?

① 신호를 하지 않고 진로를 변경해도 다른 교통에 방해되지 않았다면 교통법규 위반으로 볼 수 없다.
② 진로 변경이 끝난 후 상당 기간 신호를 계속하여야 한다.
③ 진로 변경이 끝나면 바로 신호를 중지하여야 한다.
④ 고속도로에서 진로 변경하고자 할 때에는 30미터 지점부터 진로변경이 완료될 때까지 신호를 한다.

035
앞지르기를 할 수 있는 경우로 맞는 것은?

① 앞차가 다른 차를 앞지르고 있을 경우
② 앞차가 위험 방지를 위하여 정지 또는 서행하고 있는 경우
③ 운전자의 운전 능력에 따라 차로 제한 속도까지 가능하다.
④ 앞차의 좌측에 다른 차가 앞차와 나란히 진행하고 있는 경우

[난이도 : 中]

036
다음은 다른 차를 앞지르기하려는 자동차의 속도에 대한 설명이다. 맞는 것은?

① 다른 차를 앞지르기하는 경우에는 속도의 제한이 없다.
② 해당 도로의 법정 최고 속도의 100분의 50을 더한 속도까지 가능하다.
③ 운전자의 운전 능력에 따라 제한 없이 가능하다.
④ 해당 도로의 최고 속도 이내에서만 앞지르기가 가능하다.

[난이도 : 上]

037
고속도로에서 사고예방을 위해 정차 및 주차를 금지하고 있다. 이에 대한 설명으로 바르지 않은 것은?

① 소방차가 생활안전활동을 수행하기 위하여 정차 또는 주차할 수 있다.
② 경찰공무원의 지시에 따르거나 위험을 방지하기 위하여 정차 또는 주차할 수 있다.
③ 정차 및 주차할 수 있는 장소로 지정된 곳에 정차 또는 주차할 수 있다.
④ 터널 안 비상주차대는 소방차와 경찰용 긴급자동차만 정차 또는 주차할 수 있다.

[난이도 : 上]

038
다음 중 교통법규를 준수하고 있는 보행자는?

① 횡단보도가 없는 도로를 가장 짧은 거리로 횡단하고 있다.
② 통행차량이 없어 횡단보도로 통행하지 않고 도로를 가로질러 횡단하고 있다.
③ 정차하고 있는 화물차 바로 뒤쪽으로 도로를 횡단하고 있다.
④ 보도에서 좌측으로 통행하고 있다.

[난이도 : 下]

039
다음 중 교통약자의 이동편의 증진법상 교통약자에 해당되지 않는 사람은?

① 어린이
② 노인
③ 청소년
④ 임산부

[난이도 : 上]

040
교통사고 발생 시 부상자의 의식 상태를 확인하는 방법으로 가장 먼저 해야 할 것은?

① 부상자의 맥박 유무를 확인한다.
② 말을 걸어보거나 어깨를 가볍게 흔들어 본다.
③ 어느 부위에 출혈이 심한지 살펴본다.
④ 입안에 이물질이 있는지 확인한다.

[난이도 : 上]

041
교통사고로 심각한 척추 골절 부상이 예상되는 경우에 가장 적절한 조치방법은?

① 의식이 있는지 확인하고 즉시 심폐소생술을 실시한다.
② 부상자를 부축하여 안전한 곳으로 이동하고 119에 신고한다.
③ 상기도 폐색이 발생될 수 있으므로 하임리히법을 시행한다.
④ 긴급한 경우가 아니면 이송을 해서는 안 되며, 부득이한 경우에는 이송을 해야 할 경우 환자를 반듯이 눕혀 이송한다.

[난이도 : 上]

042
누산 점수 초과로 인한 운전면허 취소 기준으로 옳은 것은?

① 1년간 100점 이상
② 2년간 191점 이상
③ 3년간 271점 이상
④ 5년간 301점 이상

[난이도 : 上]

[정답]
028 ② 029 ① 030 ② 031 ③ 032 ② 033 ① 034 ④ 035 ④ 036 ④ 037 ④ 038 ① 039 ③ 040 ② 041 ④ 042 ③

정답

043 ② 044 ② 045 ④ 046 ④ 047 ① 048 ③ 049 ④ 050 ④ 051 ② 052 ② 053 ③ 054 ① 055 ② 056 ② 057 ①

---

043 2점

운전면허 취소 사유에 해당하는 것은?

① 정기 적성검사 기간 만료 다음 날부터 적성검사를 받지 아니하고 6개월을 초과한 경우
② 운전면허 행정처분 기간 중 운전한 경우
③ 자동차 등록 후 자동차 등록번호판을 부착하지 않고 운전한 경우
④ 제2종 보통면허를 갱신하지 않고 2년을 초과한 경우

---

044 2점

범칙금 납부 통고서를 받은 사람이 1차 납부 기간 경과 시 20일 이내 납부해야 할 금액으로 맞는 것은?

① 통고 받은 범칙금에 100분의 10을 더한 금액
② 통고 받은 범칙금에 100분의 20을 더한 금액
③ 통고 받은 범칙금에 100분의 30을 더한 금액
④ 통고 받은 범칙금에 100분의 40을 더한 금액

[난이도 : 上]

---

045 2점

교통사고 결과에 따른 벌점 기준으로 맞는 것은?

① 행정 처분을 받을 운전자 본인의 인적 피해에 대해서도 인적 피해 교통사고 구분에 따라 벌점을 부과한다.
② 자동차 등 대 사람 교통사고의 경우 쌍방 과실인 때에는 벌점을 부과하지 않는다.
③ 자동차 등 대 자동차 교통사고의 경우 그 사고 원인 중 중한 위반 행위를 한 운전자만 벌점을 부과한다.
④ 교통사고 발생 원인이 불가항력이거나 피해자의 명백한 과실인 때에는 벌점을 부과하지 않는다.

---

046 2점

주차 위반에 대한 조치로 알맞은 것은?

① 승용차의 소유자는 3만 원의 과태료를 내야 한다.
② 승합차의 소유자는 7만 원의 과태료를 내야 한다.
③ 기간 내에 과태료를 내지 않아도 불이익은 없다.
④ 즉결 심판을 받지 아니한 때 10분의 2에 해당하는 금액을 가산한다.

---

047 2점

다음 중 교통사고를 일으킨 운전자가 종합보험이나 공제조합에 가입되어 있어 교통사고처리특례법의 특례가 적용되는 경우로 맞는 것은?

① 안전운전 의무위반으로 자동차를 손괴하고 경상의 교통사고를 낸 경우
② 교통사고로 사람을 사망에 이르게 한 경우
③ 교통사고를 야기한 후 부상자 구호를 하지 않은 채 도주한 경우
④ 신호 위반으로 경상의 교통사고를 일으킨 경우

---

048 2점

도로교통법상 설치되는 차로의 너비는 ( )미터 이상으로 하여야 한다. 이 경우 좌회전전용 차로의 설치 등 부득이하다고 인정되는 때에는 ( )센티미터 이상으로 할 수 있다. ( )안에 기준으로 각각 맞는 것은?

① 5, 300
② 4, 285
③ 3, 275
④ 2, 265

---

049 2점

자동차 운전자가 난폭운전으로 형사입건되었다. 운전면허 행정처분은?

① 면허 취소
② 면허 정지 100일
③ 면허 정지 60일
④ 면허 정지 40일

---

050 2점

다음은 도로교통법상 노인보호구역에 대한 설명이다. 옳지 않은 것은?

① 노인보호구역의 지정 및 관리권은 시장 등에게 있다.
② 노인의 보호를 위하여 일정 구간을 노인보호구역으로 지정할 수 있다.
③ 노인보호구역 내에서 차마의 통행을 제한할 수 있다.
④ 노인보호구역 내에서 차마의 통행을 금지할 수 없다.

[난이도 : 中]

---

051 2점

술에 취한 상태에서 자전거를 운전한 경우 도로교통법상 어떻게 되는가?

① 처벌하지 않는다.
② 범칙금 통고처분한다.
③ 범칙금 3만 원의 범칙금에 처한다.
④ 과태료 4만 원을 부과한다.

[난이도 : 上]

---

052 2점

정용차로 관련 내용으로 맞는 것은?

① 승용자동차의 경우 다인승 전용차로를 통행할 수 있다.
② 승합자동차의 경우 다인승 전용차로를 통행할 수 있다.
③ 승차정원 9인승 이상 승용자동차는 6인이 승차하면 고속도로 버스전용차로를 통행할 수 있다.
④ 승차정원 16인승 이상 승합자동차만 고속도로 외의 도로에 설치된 버스전용차로를 통행할 수 있다.

[난이도 : 上]

---

053 2점

75세 이상인 사람이 받아야 하는 교통안전교육에 대한 설명으로 옳은 것은?

① 75세 이상인 사람에 대한 교통안전교육은 도로교통공단에서 실시한다.
② 운전면허증 갱신일에 75세 이상인 사람은 갱신기간 이내에 교육을 받아야 한다.
③ 75세 이상인 사람은 운전면허를 처음 받으려는 경우 교육시간은 1시간이다.
④ 교육은 인지능력 자가진단 등의 방법으로 2시간 실시한다.

[난이도 : 上]

---

054 2점

도로교통법상 원동기장치자전거는 전기를 동력으로 하는 경우에는 최고정격출력 ( )이하의 이륜자동차이다. ( )에 기준으로 맞는 것은?

① 11킬로와트
② 9킬로와트
③ 5킬로와트
④ 0.59킬로와트

---

055 2점

도로교통법상 "어린이에게 개인형 이동장치를 운전하게 한 보호자의 과태료"와 "술에 취한 상태로 개인형 이동장치를 운전한 사람의 범칙금"을 합산한 것으로 맞는 것은?

① 10만 원
② 20만 원
③ 30만 원
④ 40만 원

---

056 2점

고속도로 버스전용차로를 이용할 수 있는 자동차의 기준으로 맞는 것은?

① 11인승 승합자동차는 승차 인원에 관계없이 통행이 가능하다.
② 9인승 승용자동차는 6인 이상 승차한 경우에 통행이 가능하다.
③ 15인승 이상 승합자동차만 통행이 가능하다.
④ 45인승 이상 승합 자동차만 통행이 가능하다.

---

057 2점

고속도로에서 자동차 운전자가 물적 피해가 발생한 교통사고를 일으킨 후 도주한 때 벌점은?

① 15점
② 20점
③ 30점
④ 40점

2절 058
다음 교통상황에서 서행하여야 하는 경우로 맞는 것은?
① 신호기의 신호가 황색 점멸 중인 교차로
② 신호기의 신호가 적색 점멸 중인 교차로
③ 교통정리를 하고 있지 아니하고 좌우를 확인할 수 없는 교차로
④ 교통정리를 하고 있지 아니하고 교통이 빈번한 교차로

2절 059
유료도로법상 통행료를 미납하고 고속도로를 통과한 차량에 대한 부과 통행료 부가기준으로 맞는 것은?
① 통행료의 5배의 해당하는 금액을 부과할 수 있다.
② 통행료의 10배의 해당하는 금액을 부과할 수 있다.
③ 통행료의 20배의 해당하는 금액을 부과할 수 있다.
④ 통행료의 30배의 해당하는 금액을 부과할 수 있다.

2절 060 [난이도: 上]
도로교통법상 전용차로 통행차 외에 전용차로로 통행할 수 있는 경우가 아닌 것은?
① 긴급자동차가 그 본래의 긴급한 용도로 운행되고 있는 경우
② 도로의 파손 등으로 전용차로가 아니면 통행할 수 없는 경우
③ 전용차로 통행차의 통행에 장해를 주지 아니하는 범위에서 택시가 승객을 태우기 위하여 일시 통행하는 경우
④ 택배차가 물건을 내리기 위해 일시 통행하는 경우

2절 061
고속도로 통행료 미납 시 강제징수의 법적 근거에 대한 벌칙금이 아닌 것은?
① 예고 안내 ② 가산금신고
③ 공매 ④ 번호판영치

2절 062 [난이도: 中]
고속도로전용도로에서 자동차의 최고 속도와 최저 속도는?
① 매시 110킬로미터, 매시 50킬로미터
② 매시 100킬로미터, 매시 40킬로미터
③ 매시 90킬로미터, 매시 30킬로미터
④ 매시 80킬로미터, 매시 20킬로미터

2절 063
도로교통법상 개인형 이동장치 운전자의 범규금만에 대한 범칙금 이 다른 것은?
① 운전면허를 받지 아니한 운전
② 경찰공무원의 호흡조사 측정에 불응한 경우
③ 술에 취한 상태에서 운전
④ 약물의 영향으로 정상적으로 운전하지 못할 우려가 있는 상태에서 운전

2절 064
다음 중 자전거의 통행방법에 대한 설명으로 틀린 것은?
① 보도 및 차도로 구분된 도로에서는 차도로 통행하여야 한다.
② 길가장자리의 차선을 이용하여 진로변경 경우 미리 방향지시등을 한다.
③ 술에 취한 상태에서 자전거를 운전해서는 아니 된다.
④ 교차로에서 좌회전하고자 할 때는 서행으로 도로의 우측 가장자리에 붙어서 좌회전해야 한다.

① ①, ③은 범칙금 10만 원, ②는 범칙금 4만 원

2절 065 [난이도: 上]
자동차 운전자가 중앙선 침범으로 피해자에게 중상 1명, 경상 1명의 교통사고를 일으킨 경우 벌점은?
① 30점 ② 40점 ③ 50점 ④ 60점

2절 066 [난이도: 上]
도로교통법상 용어의 정의에 대한 설명으로 맞는 것은?
① "자전거전용도로"란 자전거만이 다닐 수 있도록 설치된 도로를 말한다.
② "자전거도로"란 안전표지, 위험방지용 울타리나 그와 비슷한 인공구조물로 표시하여 자전거가 통행할 수 있도록 설치한 도로를 말한다.
③ "자동차등"이란 자동차와 우마를 말한다.
④ "자전거등"이란 자전거와 전기자전거를 말한다.

2절 067 [난이도: 上]
노인의 일반적인 신체적 특성에 대한 설명으로 적절하지 않은 것은?
① 행동이 느려진다.
② 시력은 저하되나 청력은 향상된다.
③ 반사 신경이 둔해진다.
④ 근력이 약해진다.

2절 068 [난이도: 中]
다음 중 개인형 이동장치 운전자의 의무를 설명한 것으로 맞는 것은?
① 개인형 이동장치는 운전면허를 받지 않아도 운전할 수 있다.
② 승차정원을 초과하여 동승자를 태우고 운전하여서는 아니 된다.
③ 운전자는 인명보호장구를 착용하고 운행하여야 한다.
④ 자전거도로가 따로 있는 곳에서는 그 자전거도로로 통행하여야 한다.

2절 069 [난이도: 上]
도로교통법상 개인형 이동장치 운전자 준수사항으로 맞는 것은?
① 어린이 보호자는 어린이가 개인형 이동장치를 운전하게 하여서는 아니된다.
② 어린이통학버스에 어린이를 태울 때에는 동승한 보호자를 지정해야 한다.
③ 좌석안전띠 착용 및 보호자 동승 확인 기록을 매 이린이통학버스 시설의 점검 기관에 제출해야 한다.
④ 자전거도로가 따로 있는 곳에서는 그 자전거도로로 통행하여야 한다.

2절 070 [난이도: 上]
다음 중 어린이통학버스 운영자의 성인 보호자가 없을 때 '보호자 동승표지'를 부착한 경우의 처벌로 맞는 것은?
① 20만원 이하의 벌금이나 구류
② 30만원 이하의 벌금이나 구류
③ 40만원 이하의 벌금이나 구류
④ 50만원 이하의 벌금이나 구류

2절 071 [난이도: 上]
전방에 자전거를 끌고 차도를 횡단하는 사람이 있을 때 가장 안전한 운전방법은?
① 횡단하는 자전거의 좌측으로 공간을 이용하여 신속하게 통행한다.
② 자전거의 진로 진행 상황을 예측하여 진로를 변경한다.
③ 자전거 횡단지점과 일정한 거리를 두고 전조등이나 경음기를 사용한다.
④ 자전거 운전자가 안전하게 횡단할 수 있도록 사람이 통행하는 것과 같이 정지하게 한다.

2절 072
일몰의 소비효율이 가장 높은 운전방법은?
① 최고속도로 주행한다. ② 최저속도로 주행한다.
③ 경제속도로 주행한다. ④ 안전속도로 주행한다.

정답

058 ① 059 ② 060 ④ 061 ③ 062 ④ 063 ② 064 ③ 065 ③ 066 ① 067 ② 068 ① 069 ② 070 ② 071 ③ 072 ③

058 ① 신호기에 교통성황에 따라 좌측신호등이 직진→직좌측하는 방법으로 좌회전해야 할 곳은 훅턴(hook-turn)을 의미한다.
고속도로 통행료를 부가기준 차세대의 엑스 가상자산을 담보로 추심(충)하여 미납통행료를 강제집수할 수 있으며, 미납통행료 차량에 대해 강제징수 후 공매를 진행할 수 있다.
자전거운전자가 교차로진입신호에 따라 교차로 좌회전할 때 좌회전 자전거는 신호에 따라 일반진행 방향으로 직진→직진-직진하는 방법으로 좌회전해야 한다.

073 [2답]
어린이 보호구역 내의 차로가 설치되지 않은 좁은 도로에서 자전거를 주행하여 보행자 옆을 지나갈 때 안전한 거리를 두지 않고 서행하지 않은 경우 범칙금액은?

① 10만원 ② 8만원 ③ 4만원 ④ 2만원

➤ 보행자 통행 또는 보호 불이행의 경우 자전거 등 범칙금액 4만원이다.

074 [2답]
친환경 경제운전 방법으로 가장 적절한 것은?

① 가능한 빨리 가속한다.
② 내리막길에서는 시동을 끄고 내려온다.
③ 타이어 공기압을 낮춘다.
④ 급가속을 피하도록 한다.

075 [2답] 난이도: 上
자동차 에어컨 사용 방법 및 점검에 관한 설명으로 가장 타당한 것은?

① 에어컨은 처음 켤 때 고단으로 시작하여 저단으로 전환한다.
② 에어컨 냉매는 6개월마다 교환한다.
③ 에어컨의 설정 온도는 실외 16도가 가장 적절하다.
④ 에어컨 사용 시 가능하면 외부 공기 유입 모드로 작동하면 효과적이다.

076 [2답]
다음 중 자동차 연비 향상 방법으로 가장 바람직한 것은?

① 주행할 때 항상 가속 페달을 밟고 주행한다.
② 엔진오일 교환 시 오일필터와 에어필터를 함께 교환해 준다.
③ 정지할 때에는 한 번에 강한 힘으로 브레이크를 밟아 제동한다.
④ 가속페달과 브레이크 페달을 자주 사용한다.

077 [2답] 난이도: 上
주행 중에 가속 페달에서 발을 떼거나 저단으로 기어를 변속하여 차량의 속도를 줄이는 운전 방법은?

① 기어 중립 ② 풋 브레이크
③ 주차 브레이크 ④ 엔진 브레이크

078 [2답]
환경친화적 자동차의 개발 및 보급 촉진에 관한 법률상 환경친화적 자동차 전용주차구역에 주차해서는 안 되는 자동차는?

① 전기자동차 ② 태양광자동차
③ 하이브리드자동차 ④ 수소전기자동차

➤ 태양광자동차는 법규상 친환경자동차에 해당되지 않는다.

079 [2답]
다음 중 수소자동차에 대한 설명으로 옳은 것은?

① 수소는 가연성가스이므로 모든 수소자동차 운전자는 고압가스 안전관리법령에 따라 운전자 특별교육을 이수하여야 한다.
② 수소자동차는 수소를 연소시키기 때문에 환경오염이 유발된다.
③ 수소자동차에는 수소를 직접 저장하기 방식 외에는 사용할 수 없다.
④ 수소자동차 운전자는 해당 차량이 안전운행에 지장이 없는지 점검하고 안전하게 운전하여야 한다.

080 [2답] 난이도: 中
도로교통법상 제2종 보통면허로 운전할 수 없는 차는?

① 구난자동차
② 승차정원 10인 미만의 승합자동차
③ 승용자동차
④ 적재중량 2.5톤의 화물자동차

081 [2답] 난이도: 上
시·도경찰청장이 발급한 국제운전면허증의 유효기간은 발급 받은 날부터 몇 년인가?

① 1년 ② 2년 ③ 3년 ④ 5년

082 [2답] 난이도: 上
비사업용 신규 승용자동차의 최초 검사유효기간은?

① 1년 ② 2년 ③ 4년 ④ 5년

➤ 비사업용 승용자동차의 최초 검사유효기간은 5년이다.

083 [2답]
자동주행차 운전자의 마음가짐으로 바르지 않은 것은?

① 자율주행자동차이므로 술에 취한 상태에서 운전해도 된다.
② 과로한 상태에서는 자율주행자동차를 운전하면 아니 된다.
③ 자율주행자동차라 하더라도 향정신성의약품을 복용하고 운전하면 아니 된다.
④ 자율주행자동차라 하더라도 자동차 운전 중에 휴대전화 사용이 가능하다.

084 [2답] 난이도: 中
다음 중 운전자의 올바른 운전행위로 가장 적절한 것은?

① 졸음운전은 교통사고 위험이 있어 갓길에 세우고 주무신다.
② 초보운전자는 고속도로에서 앞지르기 차로로 계속 주행한다.
③ 교통단속용 장비의 기능을 방해하는 장치를 장착하고 운전한다.
④ 교통안전 위험요소 발견 시 비상점멸등으로 주변에 알린다.

085 [2답] 난이도: 中
도로교통법 역사선, 안전표지나 그 밖에 비슷한 인공구조물로 경계를 표시하여 보행자(유모차와 행정안전부령으로 정하는 보행보조용 의자차를 포함한다)가 통행할 수 있도록 한 도로의 부분은?

① 보도 ② 길가장자리구역
③ 횡단보도 ④ 자전거횡단도

086 [2답]
도로교통법상 서행으로 운전하여야 하는 경우는?

① 가속적 앞차를 따라 집입할 때
② 교차로를 통과할 때
③ 교차로 신호등이 없는 교차로를 통과할 때
④ 녹색 회전화살표 등화가 켜져있을 때

087 [2답]
정체된 교차로에서 좌회전할 경우 가장 옳은 방법은?

① 가속적 앞차를 따라 집입한다.
② 녹색 신호에는 진입해도 무방하다.
③ 적색 신호라도 공간이 생기면 진입한다.
④ 녹색 화살표의 등화라도 공간이 없으면 진입하지 않는다.

088 [2답]
승차구매점(드라이브 스루 매장)을 이용하는 운전자의 자세로 가장 바른 것은?

① 승차구매점의 안내요원의 안전 관련 지시에 따른다.
② 승차구매점에서 설치한 안내표지판의 지시를 준수한다.
③ 승차구매점 대기열의 끼어들기 등으로 질서를 해치지 않는다.
④ 승차구매점 대기열을 따라 자연스럽게 움직인다.

➤ 승차구매점 대기열이라고 하여도 호행신호를 준행하여 정차하여서는 안 된다.

[정답]
073 ③ 074 ④ 075 ① 076 ② 077 ④ 078 ② 079 ④ 080 ① 081 ① 082 ③ 083 ① 084 ④ 085 ① 086 ③ 087 ④ 088 ③

089 [난이도: 中]
보행자 우선도로에 대한 설명으로 가장 바람직하지 않은 것은?
① 보행자는 우선도로에서 보행자의 도로의 우측 가장자리로만 통행할 수 있다.
② 운전자에게는 사람, 일시정지 등 자동차 보호 의무가 부여된다.
③ 보행자 보호 의무를 위반하였을 경우 승용자동차 기준 4만원의 범칙금과 10점의 벌점 처분을 받을 수 있다.
④ 경찰서장은 보행자 보호를 위해 필요할 경우 차량 통행속도를 20km/h 이내로 제한할 수 있다.

090 [난이도: 中]
일반도로가 없는 교차로에서 좌회전하는 방법 중 옳은 것은?
① 일반도로에서는 좌회전하려는 교차로 직전에서 크고 좌회전 한다.
② 미리 도로의 중앙선을 따라 서행하면서 교차로의 중심 바깥쪽으로 좌회전 한다.
③ 시·도경찰청장이 지정하더라도 교차로의 중심 바깥쪽을 이용하여 좌회전 할 수 있다.
④ 반드시 서행하여야 하고, 일시정지는 상황에 따라 운전자가 판단하여 실시한다.

091 [난이도: 上]
도로교통법상 차간거리에 따른 영향으로 통행량이 많은 쪽으로 차로의 수가 확대될 수 있도록 신호기에 의하여 진행방향별 지시하는 차로는?
① 가변차로   ② 버스전용차로
③ 가속차로   ④ 앞지르기 차로

092 [난이도: 上]
다음은 도로에서 최고속도를 위반하여 자동차등을 운전한 경우 처벌기준에 대한 설명이다. 바르게 설명한 것은?
① 시속 100킬로미터를 초과한 속도로 3회 이상 운전한 사람은 500만원 이하의 벌금 또는 구류
② 시속 100킬로미터를 초과한 속도로 3회 이상 운전한 사람은 500만원 이하의 벌금
③ 시속 100킬로미터를 초과한 속도로 운전한 사람은 1년 이하의 징역이나 500만원 이하의 벌금
④ 시속 80킬로미터를 초과한 속도로 운전한 사람은 50만원 이하의 벌금 또는 구류에 처한다.

093 [난이도: 中]
신호등이 없는 교차로에서 우회전하려 할 때 옳은 것은?
① ①② 최고속도보다 100km/h 초과(3회 이상): 1년 이하의 징역이나 500만원 이하의 벌금
② 최고속도보다 100km/h 초과시: 100만원 이하의 벌금 또는 구류
③ 최고속도보다 80km/h 초과시: 30만원 이하의 벌금 또는 구류

094 [난이도: 中]
도로교통법상 긴급한 용도로 운행 중인 긴급자동차가 다가올 때 운전자의 준수사항으로 맞는 것은?
① 교차로에 있는 때에는 교차로를 피하여 일시정지 한다.
② 교차로에서 우회전할 때에는 교차로 내 좌측 가장자리에 일시정지 한다.
③ 교차로 외의 곳에서는 도로의 우측 가장자리에 일시정지 한다. 그러나 북이 많은 도로의 우측가장자리에 일시정지 할 때에는 다른 교통에 주의하여야 한다.
④ 북이 많은 도로에서는 그 자리에 즉시 정지한다.

095 [난이도: 中]
긴급자동차는 긴급자동차의 구조를 갖추고, 사이렌을 울리는 중일 때 이러한 조치를 취하지 않아도 되는 긴급자동차는?
① 소방차   ② 소송용 자동차
③ 구급차   ④ 속도위반 경찰 자동차

096 [난이도: 上]
어린이가 횡단보도 위를 걸어가고 있을 때 도로교통법상 가장 맞는 운전자의 행동으로 알맞은 것은?
① 횡단보도 표지는 보행자가 횡단할 수 있는 장소임을 표시하는 것이므로 횡단보도 앞에서 일시정지하여야 한다.
② 신호등이 없는 일반도로의 횡단보도 경우 횡단보도 정지선을 지나서도 횡단보도 앞에 일시정지하지 않아도 된다.
③ 신호등이 없는 일반도로의 횡단보도의 경우 횡단보도 상에 사람이 없다면 그대로 통과해도 된다.
④ 횡단보도표지는 횡단보도를 설치한 장소의 필요한 지점의 도로양측에 설치하며 횡단보도 앞에서 일시정지 하여야 한다.

097 [난이도: 上]
어린이 통학버스가 편도 1차로 도로에서 정차하여 어린이가 타고 내리는 중임을 표시하는 점멸등이 작동하고 있을 때 반대 방향에서 진행하는 차의 운전자는 어떻게 하여야 하는가?
① 일시정지하여 안전을 확인한 후 서행하여야 한다.
② 서행하면서 안전 확인한 후 통과한다.
③ 그대로 통과해도 된다.
④ 경음기를 울리면서 통과하면 된다.

098 [난이도: 上]
어린이보호구역의 지정 대상이 근거가 되는 법률이 아닌 것은?
① 유아교육법
② 초·중등교육법
③ 학원의 설립 운영 및 과외교습에 관한 법률
④ 아동복지법

099 [난이도: 上]
도로교통법상 개인형 이동장치의 주차·정차가 금지되는 기준으로 틀린 것은?
① 교차로의 가장자리로부터 10미터 이내인 곳
② 횡단보도로부터 10미터 이내인 곳, 건널목의 가장자리로부터 10미터 이내인 곳
③ 안전지대의 사방으로부터 각각 10미터 이내인 곳
④ 비사찰장치가 설치된 곳으로부터 5미터 이내인 곳, 소화용수시설이 설치된 곳으로부터 5미터 이내인 곳

정답
089 ④ 090 ④ 091 ① 092 ② 093 ② 094 ③ 095 ④ 096 ④ 097 ④ 098 ④ 099 ①

① 교차로에서 긴급자동차 접근할 때에는 교차로 내 좌측 가장자리에 일시정지 하여야 한다.

100. 다음은 도로의 가장자리에 설치한 황색 점선에 대한 설명이다. 가장 알맞은 것은?

① 주차와 정차를 동시에 할 수 있다.
② 주차는 금지되고 정차는 할 수 있다.
③ 주차는 할 수 있으나 정차는 할 수 없다.
④ 주차와 정차를 동시에 금지한다.

101. 황색 점선으로 설치한 가장자리 구획선의 의미는 주차는 금지되고 정차는 할 수 있다는 의미이다.

[난이도 : 上]

101. 빗길에서 차가 미끄러질 때 안전 운전방법 중 옳은 것은?

① 핸들을 미끄러지는 방향으로 조작한다.
② 수동 변속기 차량의 경우 기어를 고단으로 변속한다.
③ 핸들을 반대 방향으로 조작한다.
④ 브레이크를 힘껏 밟는다.

[난이도 : 上]

102. 승용차 운전자가 난폭운전을 하는 경우 도로교통법상 처벌기준으로 옳은 것은?

① 범칙금 6만원의 통고처분을 받는다.
② 과태료 3만원이 부과된다.
③ 6개월 이하의 징역이나 200만 원 이하의 벌금에 처한다.
④ 1년 이하의 징역 또는 500만 원 이하의 벌금에 처한다.

난폭운전 시 운전면허 취소나 정지 및 특별안전교육 실시하고 1년 이하의 징역이나 500만 원 이하의 벌금에 처한다.

[난이도 : 中]

103. 자동차등의 운전자가 다음의 행위를 반복하여 다른 사람에게 위협을 가하는 경우 난폭운전으로 처벌받게 된다. 난폭운전의 대상 행위가 아닌 것은?

① 신호 또는 지시 위반
② 횡단·유턴·후진 금지 위반
③ 정차한 사유 없는 소음 발생
④ 고속도로에서의 지정차로 위반

[난이도 : 中]

104. 도로교통법상 보행신호등의 점멸할 때 올바른 횡단방법이 아닌 것은?

① 보행자는 횡단을 시작하여서는 안 된다.
② 횡단하고 있는 보행자는 신속하게 횡단하여야 한다.
③ 횡단을 중지하고 보도로 되돌아와야 한다.
④ 횡단을 중지하고 그 자리에서 다음 신호를 기다린다.

105. 다음은 난폭운전과 보복운전에 대한 설명이다. 맞는 것은?

① 오토바이 운전자가 정당한 사유 없이 소음을 반복하여 불특정 다수에게 위협을 가하는 경우는 보복운전에 해당된다.
② 승용차 운전자가 중앙선 침범 및 속도위반을 연달아 하여 불특정 다수에게 위해를 가하는 경우는 난폭운전에 해당된다.
③ 대형 트럭 운전자가 고의적으로 특정 차량 앞으로 앞지르기하여 급제동한 경우는 난폭운전에 해당된다.
④ 버스 운전자가 위험한 자전거에 대해 고의적으로 급제동을 하여 위험을 발생하게 한 경우는 보복운전에 해당된다.

106. 자동차 운전자가 중앙선 침범을 반복하여 다른 사람에게 위해를 가하거나 교통상의 위험을 발생하게 하는 행위는 도로교통법상 ( )에 해당한다. ( )안에 맞은 것은?

① 고속 위험 행위
② 난폭 운전
③ 폭력 운전
④ 보복 운전

[난이도 : 中]

107. 일반도로에서 자동차 운전자가 다른 사람에게 위협 또는 위해를 가하거나 교통상의 위험을 발생하게 하는 행위로 난폭 운전으로 처벌받게 되는 행위가 아닌 것은?

① 일반도로에서 지정차로 위반
② 중앙선 침범, 급제동 금지 위반
③ 안전거리 미확보, 차로변경 금지 위반
④ 일반도로에서 앞지르기 방법 위반

[난이도 : 上]

108. 다음 중 수소자동차 연료를 충전할 때 운전자의 행동으로 적절하지 않은 것은?

① 수소자동차에 연료를 충전하기 전에 시동을 끈다.
② 수소자동차 충전소 주변에서 흡연을 하지 않는다.
③ 수소자동차 충전소 내의 설비 등을 임의로 조작하지 않는다.
④ 연료 충전이 완료된 이후 시동을 걸어준다.

[난이도 : 中]

109. 자동차등의 운전자가 둘 이상의 행위를 연달아 하거나, 하나의 행위를 반복하여 다른 사람에게 위협을 가하는 경우 난폭운전으로 처벌받게 된다. 다음의 난폭 운전에 대한 설명으로 적절하지 않은 것은?

① 운전 중 영상 표시 장치를 조작하기 위반에 해당되지 않는다.
② 앞지르기의 방해금지 위반에 해당되지 않는다.
③ 안전거리 미확보, 진로변경 금지 위반에 해당되지 않았다.
④ 속도위반을 반복하여 앞지르기하는 차량에 해당되지 않았다.

[난이도 : 中]

110. 자동차등의 운전자가 다음의 행위를 반복하여 다른 사람에게 위협을 가하는 경우 난폭운전으로 처벌받게 된다. 난폭운전의 대상 행위를 모두 고른 것은?

① 신호 및 지시 위반, 중앙선 침범
② 안전거리 미확보, 급제동 금지 위반
③ 앞지르기 방해 금지, 앞지르기 방법 위반
④ 통행금지 위반, 운전 중 휴대전화사용

[난이도 : 上]

111. 도로교통법령상 차량 운전 중 일시정지해야 할 상황으로 가장 잘못된 것은?

① 어린이가 보호자 없이 도로를 횡단하는 경우
② 차량 신호등이 황색점멸 신호일 때
③ 가변차로에서 황색 점선이 실선으로 바뀌어 있는 경우
④ 차량 신호등이 적색점멸 신호일 때

112. 황색등화의 점멸 신호할 때는 다른 교통 또는 안전표지의 표시에 주의하면서 진행할 수 있다.

① 다른 차량 앞지르기하려면 앞차의 좌측으로 통행해야 한다.
② 중앙선이 황색 점선인 경우 반대방향에 차량이 없을 때는 앞지르기가 가능하다.
③ 가변차로의 경우 신호기가 지시하는 진행방향의 가장 왼쪽 황색 점선에서는 앞지르기 할 수 없다.
④ 편도 4차로 고속도로에서 오르막 차로는 주행하는 차로 1차로가 앞지르기 차로이다.

도로교통법 다른 사람에게 위험과 장해를 주는 운전행동은 불특정 다수에게 행하는 경우는 난폭운전에 해당하고, 바로 앞차량을 대상으로 특정인을 위하여 하는 행동은 보복운전에 해당한다.

정답

100 ② 101 ① 102 ④ 103 ④ 104 ④ 105 ② 106 ② 107 ① 108 ② 109 ① 110 ④ 111 ④ 112 ④

113. 도로교통법상 차로에 따른 통행차의 기준에 대한 설명이다. 잘못된 것은?(버스전용차로 없음)

① 느린 속도로 진행할 때에는 그 통행하던 차로의 오른쪽 차로로 통행할 수 있다.
② 편도 2차로 고속도로의 1차로는 앞지르기를 하려는 모든 자동차가 통행할 수 있다.
③ 일방통행도로에서는 도로의 오른쪽부터 1차로로 한다.
④ 편도 3차로 고속도로의 오른쪽 차로는 화물자동차가 통행할 수 있는 차로이다.

114. 편도 3차로 고속도로에서 통행차의 기준에 대한 설명으로 맞는 것은?

① 1차로는 2차로가 주행차로인 승용자동차의 앞지르기 차로이다.
② 1차로는 승합자동차의 주행차로이다.
③ 갓길은 긴급자동차 및 견인자동차의 주행차로이다.
④ 버스전용차로가 운용되고 있는 경우, 1차로가 화물자동차의 주행차로가 된다.
⑤ 갓길은 견인자동차 차로가 아니다. ⑥ 1차로는 추월차로이다.

115. 다음 중 수소자동차의 주요 구성품이 아닌 것은? [난이도 : 上]

① 연료전지 ② 구동모터 ③ 엔진 ④ 배터리

※ 수소자동차의 기본 작동원리 : 수소 저장용기에 저장된 수소를 연료전지 시스템에 공급하여 산소와 화학반응으로 전기를 생성한다. 생성된 전기는 모터를 구동시켜 자동차를 운행하는 친환경 자동차이다.
※ 엔진은 내연기관 자동차의 하이브리드 또는 자동차에 구성품이다.

116. 도로교통법상 음주운전 방지장치 부착 조건부 운전면허 취득 대상에 해당하지 않는 것은? [난이도 : 上]

① 음주운전 위반한 사람이 5년 이내에 술에 취한 상태에서 운동기장치자전거를 운전하여 벌칙 면허취소 처분을 받은 경우
② 음주운전 위반한 사람이 3년 이내에 술에 취한 상태에서 개인형 이동장치를 운전하여 벌칙 면허취소 처분을 받은 경우
③ 음주운전 위반한 사람이 5년 이내에 술에 취한 상태에서 경운기운전이나 운행하여 벌칙 면허취소 처분을 받은 경우
④ 음주운전 위반한 사람이 3년 이내에 술에 취한 상태에서 음주측정거부에 응하여 면허취소 처분을 받은 사람

117. 다음 도로교통법에서 사용되고 있는 "연석선" 정의로 맞는 것은?

① 차마의 통행방향을 명확하게 구분하기 위한 선
② 자동차가 한 줄로 도로의 정하여진 부분을 통행하도록 한 선
③ 차도와 보도를 구분하는 돌 등으로 이어진 선
④ 차로와 차로를 구분하기 위한 선

118. 최고속도 매시 100킬로미터인 편도4차로 고속도로를 주행하는 적재중량 3톤의 화물자동차 최고속도는?

① 매시 60킬로미터 ② 매시 70킬로미터
③ 매시 80킬로미터 ④ 매시 90킬로미터

119. 운전면허시험 부정행위로 그 시험이 무효로 처리된 자는 그 처분이 있는 날부터 ( )간 해당시험에 응시하지 못한다. ( )안에 기준으로 맞는 것은?

① 2년 ② 3년
③ 4년 ④ 5년

120. 다음 중 도로교통법상 운전면허증 갱신발급이나 정기 적성검사의 연기사유가 아닌 것은? [난이도 : 中]

① 해외에 체류중인 경우
② 질병이나 부상으로 인하여 거동이 불가능한 경우
③ 법령의 규정에 따라 신체의 자유를 구속당한 경우
④ 군 복무중(「병역법」에 따라 교환근무를 하는 경우를 포함하고, 사병으로 한정한다)이거나 의무경찰 또는 의무소방원으로 복무중인 경우

121. LPG차량의 연료특성에 대한 설명으로 적당하지 않은 것은? [난이도 : 上]

① 일반적인 온도에서는 기체로 존재한다.
② 차량용 LPG는 독특한 냄새가 있다.
③ 일반적으로 공기보다 가볍다.
④ 폭발 위험성이 크다.

LPG(액화석유가스)는 일반적인 상온에서는 기체로 존재하며, 압력을 가해 액체 상태로 만들어 차량의 연료로 사용한다. 일반적으로 공기보다 무거우며 특수한 향을 섞어 누출 여부를 확인할 수 있도록 한다. LPG는 폭발 위험이 있기 때문에 특수한 탱크에 보관하여야 한다.

122. 자동차의 제동력을 저하하는 원인으로 가장 거리가 먼 것은? [난이도 : 上]

① 마스터 실린더 고장   ② 휠 실린더 불량
③ 릴리스 포크 변형   ④ 베이퍼 락 발생

123. 수소차량의 안전수칙으로 틀린 것은? [난이도 : 下]

① 충전하기 전 차량의 시동을 끈다.
② 충전소에서 흡연은 차량이 벌어져서 한다.
③ 수소가스가 누설할 때에는 충전소 안전관리자에게 안전점검을 요청한다.
④ 수소차량의 충돌 등의 교통사고 후에는 가스 안전점검을 받은 후 사용한다.

124. 4.5톤 화물자동차의 적재물 추락방지 조치를 하지 않은 경우 범칙금액은? [난이도 : 中]

① 5만원 ② 4만원
③ 3만원 ④ 2만원

125. 다음 중 차량 연료로 사용될 경우, 가재 식유제품으로 볼 수 없는 것은? [난이도 : 上]

① 휘발유에 메탄올이 혼합된 제품
② 보통 휘발유에 고급 휘발유가 약 5% 미만으로 혼합된 제품
③ 경유에 등유가 혼합된 제품
④ 경유에 물이 약 5% 미만으로 혼합된 제품

126. 도로교통법상 자율주행시스템에 대한 설명으로 틀린 것은?

① 도로교통법상 "운전"에는 도로에서 차마를 그 본래의 사용방법에 따라 자율주행시스템을 사용하는 것은 포함되지 않는다.
② 운전자가 자율주행시스템을 사용하여 운전하는 경우에는 휴대전화 사용금지 규정을 적용하지 아니한다.
③ 자율주행시스템의 직접 운전 요구에 지체없이 대응하지 아니한 자율주행 승용자동차의 운전자에 대한 범칙금액은 4만원이다.
④ "자율주행시스템"이란 운전자 또는 승객의 조작 없이 주변상황과 도로 정보 등을 스스로 인지하고 판단하여 자동차를 운행할 수 있게 하는 자동화 장비, 소프트웨어 및 이와 관련한 모든 장치를 말한다.

정답

113 ③ 114 ① 115 ③ 116 ② 117 ③ 118 ③ 119 ① 120 ③ 121 ③ 122 ③ 123 ② 124 ① 125 ④ 126 ①

127. 자동차 내연기관의 크랭크축에서 발생하는 회전력(순간적으로 내는 힘)을 무엇이라 하는가?
① 토크 ② 연비 ③ 배기량 ④ 마력

128. 자동차 사용화 촉진 및 지원에 관한 법령상 자동차에 대한 설명으로 옳지 않은 것은?
① 자율주행자동차의 종류는 완전자율주행자동차와 부분자율주행자동차로 구분할 수 있다.
② 완전자율주행자동차는 자율주행시스템만으로 운행할 수 있어 운전자가 없거나 운전자 또는 승객의 개입이 필요하지 아니한 자동차를 말한다.
③ 부분자율주행자동차는 자율주행시스템만으로 운행할 수 있으나 운전자가 지속적으로 주시할 필요가 있는 등 운전자 또는 승객의 개입이 필요한 자동차를 말한다.
④ 자율주행자동차는 승객의 호흡으로 주행가능한 자동차이다.

[난이도 : 上]

● 자율주행자동차는 승용자동차에 한정되지 않고 승합자동차 또는 화물자동차에도 적용된다.

129. 다음 차량 중 하이패스차로 이용이 불가능한 차량은?
① 적재량 16톤 덤프트럭
② 1t 화물차
③ 2t 화물차
④ 4t 화물차

[난이도 : 上]

130. 자동차관리법상 비사업용 소형 승합자동차(2001년 이후 등록된 차량)의 4년 초과시 검사 유효기간으로 맞는 것은?
① 6개월 ② 1년 ③ 2년 ④ 4년

[난이도 : 上]

131. 자동차관리법상 비사업용 소형 화물자동차(차령이 4년 이하)의 검사 유효기간으로 맞는 것은?
① 6개월
② 1년
③ 2년
④ 4년

[난이도 : 上]

● 비사업용 승용자동차 및 피견인자동차의 검사 유효기간은 2년(신조차로서 신규검사는 4년)이다.

132. 신차 구입 시 임시운행 허가기간 유효기간은?
① 10일 이내 ② 15일 이내
③ 20일 이내 ④ 30일 이내

133. 다음 중 자동차 변경등록 사유가 아닌 것은?
① 자동차의 사용본거지를 변경한 때
② 자동차의 차대번호를 변경한 때
③ 소유권이 변동된 때
④ 법인의 명칭이 변경된 때

134. 자동차 소유권이 상속 등으로 변경될 경우 등록의 종류는?
① 신규등록 ② 이전등록
③ 변경등록 ④ 말소등록

135. 자동차관리법령상 자동차 소유자가 받아야 하는 자동차 검사의 종류가 아닌 것은?
① 수리검사 ② 특별검사 ③ 정기검사 ④ 임시검사

[난이도 : 上]

● 자동차검사의 종류: 신규검사, 정기검사, 튜닝검사, 임시검사, 수리검사

136. 도로교통법상 차의 운전자가 다음과 같은 상황에서 서행해야 할 경우는?
① 자전거를 끌고 횡단보도를 횡단하는 사람을 발견하였을 때
② 이면도로에서 보행자의 옆을 지나갈 때
③ 보행자가 횡단보도를 횡단하는 것을 봤을 때
④ 보행자가 횡단하고 있지 않는 횡단보도를 접근할 때

[난이도 : 中]

137. 다음 중 자동차(이륜자동차 제외) 좌석안전띠 착용에 대한 설명으로 맞는 것은?
① 13세 미만 어린이가 좌석안전띠를 미착용하는 경우 운전자에 대한 과태료는 10만원이다.
② 13세 이상의 동승자가 좌석안전띠를 착용하지 않은 경우 운전자에 대한 과태료는 3만원이다.
③ 일반도로에서는 운전자와 조수석 동승자만 좌석안전띠 착용 의무가 있다.
④ 전 좌석안전띠 착용은 의무이나 3세 미만 영유아는 보호장구 안 해도 된다.

[난이도 : 上]

138. 교통사고를 예방하기 위한 운전자세로 맞는 것은?
① 방향지시등으로 진행방향을 명확히 알린다.
② 급조작과 급제동을 자주한다.
③ 나이가 많은 연장자가 항상 우선이다.
④ 다른 운전자의 법규위반은 반드시 보복한다.

[난이도 : 下]

139. 운전자의 올바른 운전태도로 가장 바람직하지 않은 것은?
① 신호기의 신호보다 교통경찰관의 신호가 우선임을 명심한다.
② 교통 환경 변화에 따라 개정되는 교통법규를 숙지한다.
③ 긴급자동차를 발견한 즉시 장소에 관계없이 일시정지하고 진로를 양보한다.
④ 폭우 시 또는 장마철 자주 비가 내리는 도로에서는 포트홀(pothole)을 주의한다.

[난이도 : 中]

140. 정병·과로한 정상적인 운전을 하지 못할 우려가 있는 상태에서 자동차를 운전한다가 단속된 경우 어떻게 되는가?
① 과태료가 부과될 수 있다.
② 운전면허 정지될 수 있다.
③ 구류 또는 벌금에 처한다.
④ 처벌 받지 않는다.

[난이도 : 上]

141. 교통정체를 하고 있지 아니하는 교차로에서 직좌전하기 위해 한 차로에 이미 교차로에 들어가 좌회전하고 있는 다른 차가 있는 경우의 올바른 운전방법은?
① 다른 차가 있을 때에는 그 차에 진로를 양보한다.
② 다른 차가 있더라도 직전자가 우선이므로 먼저 통과한다.
③ 다른 차가 있을 때에는 좌·우를 확인하고 그 차와 상관없이 신속히 진로를 통과한다.
④ 다른 차가 있더라도 본인의 주행차로가 상대차의 진로보다 더 넓은 경우 통행 우선권에 따라 그대로 진입한다.

142. 도로교통법상 개인형 이동장치의 승차정원에 대한 설명으로 틀린 것은?
① 전동킥보드의 승차정원은 1인이다.
② 전동이륜평행차의 승차정원은 1인이다.
③ 전동기의 동력만으로 움직일 수 있는 자전거의 경우 승차정원은 1인이다.
④ 승차정원을 위반한 경우 범칙금 4만원을 부과한다.

127 ① 128 ④ 129 ③ 130 ② 131 ③ 132 ① 133 ③ 134 ② 135 ② 136 ② 137 ② 138 ① 139 ③ 140 ③ 141 ① 142 ③

143
마약 등 약물복용 상태에서 자동차를 운전하다가 인명피해 교통사고를 야기한 경우 교통사고처리 특례법상 운전자의 책임으로 맞는 것은?
① 책임보험에 가입되었으면 가해자의 처벌규정이 없다.
② 운전자보험에 가입되어 있으며 형사처벌이 면제된다.
③ 종합보험에 가입되어 있으며 형사처벌이 면제된다.
④ 종합보험에 가입되어 있어도 형사처벌을 받게 된다.

144 [난이도: 上]
다음 중 도로교통법상 자동차 운전자의 보호에 관한 설명으로 맞지 않는 것은?
① 보행자가 횡단보도를 통행하고 있을 때 그 직전에 일시 정지하여야 한다.
② 경찰공무원의 지시에 따르거나 도로를 횡단하는 보행자의 통행을 방해하여서는 아니 된다.
③ 교차로에서 도로를 횡단하는 보행자의 통행을 방해하여서는 아니 된다.
④ 보행자가 도로를 횡단하고 있을 때에는 안전거리를 두고 서행하여야 한다.

145 [난이도: 上]
도로교통법상 금지되는 술에 취한 상태의 기준은 운전자의 혈중 알코올농도가 ( )로 한다. ( )안에 맞는 것은?
① 0.01퍼센트 이상인 경우
② 0.02퍼센트 이상인 경우
③ 0.03퍼센트 이상인 경우
④ 0.08퍼센트 이상인 경우

146 [난이도: 中]
다음의 행위를 반복하여 교통상 위험이 발생하였을 때 난폭운전으로 처벌 받을 수 있는 것은?
① 신호위반
② 속도위반
③ 정비불량차 운전금지 위반
④ 자동차 등 운전면허 위반

147 [난이도: 中]
다음 중 행위를 반복하여 교통상 위험이 발생하였을 때, 난폭운전으로 처벌할 수 없는 것은?
① 고속도로 갓길 주·정차
② 음주운전
③ 일반도로 전용차로 위반
④ 중앙선 침범

148 [난이도: 上]
부득이한 사정으로 인건이있다. 운전면허 행정처분은?
① 면허 취소
② 면허 정지 100일
③ 면허 정지 60일
④ 행정처분 없음

149
다음 중 운전자의 올바른 운전습관으로 가장 바람직하지 않은 것은?
① 자동차 주유 중에는 엔진시동을 끈다.
② 긴급한 상황을 제외하고 급브레이크를 밟지 않는다.
③ 위험상황을 예측하고 방어 운전하기 위하여 규정속도와 안전거리를 모두 준수하며 운전한다.
④ 타이어공기압은 계절에 관계없이 본인이 주행 안정성을 위하여 적정량보다 10% 높게 주입한다.

150
운전면허 행정처분 후 이의 신청을 하여 인용되었을 경우, 취소처분에 대한 감경 기준으로 맞는 것은?
① 처분벌점 90점으로 한다.
② 처분벌점 100점으로 한다.
③ 처분벌점 110점으로 한다.
④ 처분벌점 120점으로 한다.

151 [난이도: 上]
연습운전면허 소지자가 혈중알코올농도 ( )퍼센트 이상을 넘어서 운전한 때 연습운전면허를 취소한다. ( )안에 맞는 것은?
① 0.03
② 0.05
③ 0.08
④ 0.10

152 [난이도: 上]
승용자동차 운전자가 보도를 횡단하는 방법을 위반한 경우 범칙금은?
① 3만원
② 4만원
③ 5만원
④ 6만원

153 [난이도: 上]
다음 중 보행자 보호와 관련된 승용자동차 운전자의 범칙행위에 대한 범칙금액이 다른 것은?
① 신호에 따라 횡단하는 보행자 횡단 방해
② 횡단보도에서의 보행자 보호 불이행
③ 보행자전용도로 통행 위반
④ 어린이·앞을 보지 못하는 사람 등의 보호 위반

154 [난이도: 下]
보행자에 대한 운전자의 바람직한 태도는?
① 도로를 무단 횡단하는 보행자는 보호받을 수 없다.
② 자동차 옆을 지나가는 보행자에게 신경 쓰지 않아도 된다.
③ 보행자가 횡단하는 보도나 정치를 우선시해야 한다.
④ 어린이가 보호자 없이 도로를 횡단할 때에는 일시정지하여야 한다.

155 [난이도: 下]
다음 중 어린이 보호에 대한 조치로 잘못된 것은?
① 어린이보호 표지가 있는 곳에서는 어린이가 뛰어 나오는 일이 있으므로 주의해야 한다.
② 보도를 횡단하기 직전에 일시 정치하여 좌우를 살핀 후 보행자의 통행을 방해하지 않도록 횡단하여야 한다.

156 [난이도: 中]
도로교통법상 보행자가 도로를 횡단할 수 있게 안전표지로 표시한 도로의 부분을 무엇이라 하는가?
① 보도
② 길 가장자리구역
③ 횡단보도
④ 보행자전용도로

157 [난이도: 上]
보행자의 도로 횡단방법에 대한 설명으로 잘못된 것은?
① 보행자는 횡단보도가 없는 도로에서 가장 짧은 거리로 횡단해야 한다.
② 보행자는 모든 차의 바로 앞이나 뒤로 횡단하면 안 된다.
③ 무단횡단 방지를 위한 차선분리대가 설치된 도로라도 넘어서 횡단할 수 있다.
④ 도로공사 등으로 보행자의 통행이 금지된 때 차도로 통행할 수 있다.

158
앞을 보지 못하는 사람의 범위에 해당하지 않는 사람은?
① 어린이 또는 영·유아
② 의족 등을 사용하지 아니하고는 보행을 할 수 없는 사람
③ 신체의 평형기능에 장애가 있는 사람
④ 듣지 못하는 사람

[정답]
143 ① 144 ④ 145 ③ 146 ④ 147 ③ 148 ② 149 ④ 150 ③ 151 ① 152 ④ 153 ③ 154 ④ 155 ② 156 ③
157 ③ 158 ③

159 어린이보호구역 안에서 ( )~( ) 사이에 신호위반을 한 승용차의 운전자에 대해 기준의 범칙금 2배로 부과되는 것은?

① 오전 6시, 오후 6시
② 오전 7시, 오후 7시
③ 오전 8시, 오후 8시
④ 오전 9시, 오후 9시

160 4.5톤 화물자동차가 오전 10시부터 11시까지 노인보호구역에서 주차위반한 경우 과태료는?

① 4만원
② 5만원
③ 9만원
④ 10만원

161 다음 중 보행자의 통행방법으로 잘못된 것은?

① 보도에서는 좌측통행을 원칙으로 한다.
② 도로의 통행방향이 일방통행인 경우에는 차마를 마주보지 않고 통행할 수 있다.
③ 보도와 차도가 구분된 도로에서는 언제나 보도로 통행하여야 한다.
④ 보도와 차도가 구분되지 않은 도로에서는 차마와 마주보는 방향의 길 가장자리구역으로 통행하여야 한다.

162 다음 중 차도를 통행할 수 있는 사람 또는 행렬이 아닌 경우는?

① 도로에서의 청소나 보수 등의 작업을 하고 있을 때
② 말·소 등의 큰 동물을 몰고 갈 때
③ 유모차를 끌고 가는 사람
④ 장의(葬儀) 행렬일 때

163 운전자가 진행방향 신호등이 적색일 때 정지선을 초과하여 정지한 경우 처벌 기준은?

① 교차로 통행방법위반
② 일시정지 위반
③ 신호위반
④ 서행위반

164 다음 중 횡단을 보지 못하는 사람이 장애인 보조견을 동반하고 도로를 단너는 모습을 발견하였을 때의 올바른 운전방법은?

① 주·정차 금지 장소인 경우 그대로 진행한다.
② 일시 정지한다.
③ 즉시 정차하여 보지 못하는 사람이 되돌아가도록 안내한다.
④ 경음기를 울리며 보호한다.

165 도로교통법상 모든 차의 운전자는 어린이보호구역 내에 설치된 횡단보도 중 신호기가 설치되지 아니한 횡단보도 앞에서는 보행자의 횡단여부와 관계없이 ( )하여야 한다. ( )안에 맞는 것은?

① 서행
② 일시정지
③ 시행주의
④ 간수주행

166 무단 횡단하는 보행자 보호에 관한 설명으로 맞는 것은?

① 보행자의 보호의 의무는 없다.
② 신호를 위반하는 무단횡단 보행자는 보호할 의무가 없다.
③ 무단횡단 보행자도 보호하여야 한다.
④ 보행자가 있을 수 없는 장소에서는 보행자를 보호하지 않아도 된다.

167 다음 중 차도의 통행이 허용되지 않는 사람은?

① 보행보조용 의자차를 타고 가는 보행자
② 사회적으로 중요한 행사에 따라 행진하는 사람
③ 보행보조용 의자차를 타고 가는 사람
④ 49시시 원동기장치자전거를 타고 가는 사람

168 다음 중 도로교통법상 보도를 통행하는 보행자에 대한 설명으로 가장 올바른 것은?

① 이륜자동차를 타지 않고 보도를 통행하는 다음 신호를 기다렸다가 그냥 시 있다.
② 자전거를 타고 가는 보행자는 보행자로 볼 수 있다.
③ 보행보조용 의자차를 타고 가는 사람은 보행자로 볼 수 있다.
④ 자전거를 원동기장치자전거를 타고 가는 사람은 보행자로 볼 수 없다.

169 다음 중 보행등의 녹색등화가 점멸할 때 보행자의 가장 올바른 통행방법은?

① 횡단보도에 진입하지 않은 보행자는 다음 신호 때까지 기다렸다가 보행자의 녹색 등화 때 통행하여야 한다.
② 횡단보도 중간에 그냥 서 있는다.
③ 다음 신호를 기다리지 않고 횡단보도를 건넌다.
④ 적색등화로 바뀌기 전에는 언제나 횡단을 시작할 수 있다.

170 긴급자동차를 운전하는 사람을 대상으로 실시하는 정기 교통안전교육은 ( )년마다 받아야 한다. ( )안에 맞는 것은?

① 1
② 2
③ 3
④ 5

정기 교통안전교육: 긴급자동차 운전자를 대상으로 3년마다 정기적으로 실시하는 교육이다.

171 도로교통법상 긴급자동차에 대한 특례의 설명으로 잘못된 것은?

① 앞지르기 금지장소에서 앞지르기할 수 있다.
② 개어들기 금지장소에서 개어들기할 수 있다.
③ 횡단보도 횡단중에도 보행자가 개어들지 않고 통행할 수 있다.
④ 도로통행속도의 최고속도보다 빠르게 운전할 수 있다.

172 다음 중 사용하는 기관의 신청에 의하여 시·도경찰청장이 지정할 수 있는 긴급자동차로 맞지 않는 것은?

① 소방차
② 가스누출 복구를 위한 응급작업에 사용되는 가스 사업용 자동차
③ 구급차
④ 혈액공급 차량

긴급자동차
1. 전기사업, 가스사업, 그 밖의 공익사업을 하는 기관에서 위해 방지를 위한 응급작업에 사용되는 자동차
2. 민방위업무를 수행하는 기관에서 긴급예방 또는 복구를 위한 출동에 사용되는 자동차
3. 도로관리를 위하여 사용되는 자동차 중 도로상의 위험을 방지하기 위한 응급작업에 사용되거나 운행이 제한되는 자동차를 단속하기 위하여 사용되는 자동차
4. 전신·전화의 수리공사 등 응급작업에 사용되는 자동차
5. 긴급한 우편물의 운송에 사용되는 자동차
6. 전파감시업무에 사용되는 자동차

정답

159 ③	160 ③	161 ①	162 ③	163 ③	164 ②	165 ②	166 ③
167 ①	168 ③	169 ①	170 ①	171 ③	172 ②		

173. 도로교통법상 소방용수시설, 비상소화장치, 소방시설로부터 ( )미터 이내인 곳은 정차 및 주차의 금지구역입니다. ( )안에 맞는 것은?

① 5 ② 6
③ 8 ④ 10

174. 다음 중 사용하는 사람의 신청에 의하여 시·도경찰청장이 지정할 수 있는 긴급자동차가 아닌 것은?

① 교통단속에 사용되는 경찰용 자동차
② 긴급한 우편물의 운송에 사용되는 자동차
③ 긴급복구를 위한 출동에 사용되는 민방위업무를 수행하는 기관용 자동차
④ 전화의 수리공사 등 응급작업에 사용되는 자동차

175. 도로교통상 긴급통중인 긴급자동차의 법규위반으로 맞는 것은?

① 편도 2차로 일반도로에서 매시 100 킬로미터로 주행하였다.
② 백색 실선으로 차선이 설치된 터널 안에서 앞지르기하였다.
③ 우회전하기 위해 교차로에서 끼어들기하였다.
④ 인명 피해 교통사고가 발생하여도 긴급통중에 필요한 신고나 조치 없이 계속 운행하였다.
※ 긴급자동차의 특례 사항 : 속도제한, 앞지르기 금지, 끼어들기 금지 적용하지 않음. 교통사고 시 신고 및 인명조치를 해야 한다. [난이도 : 上]

176. 긴급자동차가 긴급한 용도 외에 경광등을 사용할 수 있는 경우가 아닌 것은?

① 소방자동차 화재예방을 위하여 순찰하는 경우
② 도로관리용 자동차가 도로상의 위험을 방지하기 위하여 도로의 순찰하는 경우
③ 구급자동차 긴급한 용도의 관련된 훈련에 참여하는 경우
④ 경찰용 자동차 범죄예방을 위하여 순찰하는 경우 [난이도 : 中]

177. 어린이통학버스 특별보호를 위한 운전자의 올바른 운행방법은?

① 편도 1차로인 도로에서는 반대방향에서 진행하는 차의 운전자도 어린이통학버스에 이르기 전에 일시정지하여 안전을 확인한 후 서행시킨다.
② 도로를 통행하는 차마의 운전자는 어린이통학버스를 앞지르지 못한다.
③ 중앙선이 설치되지 아니한 도로인 경우 반대방향에서 진행하는 차는 기준 속도로 진행한다.
④ 모든 차의 운전자는 어린이나 영유아가 타고 내리는 중이라는 표시를 한 어린이통학버스를 앞지를 수 있다. [난이도 : 下]

178. 어린이통학버스운전자가 영유아를 승차하는 방법으로 바른 것은?

① 영유아가 승차하고 있는 경우에는 점멸등을 작동하여 안전을 확보해야 한다.
② 교통이 혼잡한 경우 점멸등을 끄고 영유아를 승차시킨다.
③ 영유아를 승차시킬 경우에만 점멸등을 작동한다.
④ 영유아를 어린이통학버스 주변에 내려주고 바로 출발한다.

179. 어린이 보호구역의 설명으로 바르지 않은 것은?

① 주차금지만이 대한 방침으로 노인보호구역과 같다.
② 영유아를 보호구역 내에는 시행표지를 설치할 수 있다.
③ 어린이보호구역 내에는 주정차를 금지할 수 있다.
④ 어린이보호구역에서는 좌석안전띠를 매지 않아도 된다.

180. 도로교통법상 어린이보호구역의 관련된 설명으로 맞는 것은?

① 어린이가 무단횡단을 하다가 교통사고가 발생한 경우 운전자의 모든 책임이 면제된다.
② 자전거 운전자가 운전 중 어린이를 충격하는 경우 아무런 잘책임이 없다.
③ 차도로 갑자기 뛰어나오는 어린이를 보면 서행하지 않고 일시 정지한다.
④ 경찰서장은 자동차 등의 통행속도를 시속 50킬로미터 이내로 지정할 수 있다.

181. 도로교통법상 어린이통학버스에 대한 규정 및 어린이통학자의 의무에 대한 설명으로 맞는 것은?

① 어린이는 13세 이하의 사람을 의미하며, 어린이가 타고 내릴 때에는 반드시 안전을 확인한 후 출발한다.
② 출발하기 전 영유아를 제외한 모든 어린이가 좌석안전띠를 매도록 한 후 출발한다.
③ 어린이보호구역 내에는 시행표지를 설치할 수 있다.
④ 어린이가 내릴 때에는 어린이가 요구하는 장소에서 안전하게 내려준 후 출발하여야 한다.

182. 도로교통법상 영유아 및 어린이에 대한 규정 및 어린이통학자의 의무에 대한 규정으로 맞는 것은?

① 어린이는 13세 미만의 사람을 의미하며, 어린이가 타고 내리는 경우에만 점멸등 등의 장치를 작동해야 한다.
② 출발하기 전 영유아를 제외한 모든 어린이가 좌석안전띠를 매도록 한 후 출발한다.
③ 영유아는 6세 미만의 사람을 의미한다.
④ 어린이통학버스를 운전하는 사람은 어린이나 영유아가 타고 내리는 경우에만 점멸등 등의 장치를 작동해야 하며, 어린이나 영유아를 태우고 운행 중인 경우에만 표시를 하여야 한다.

183. 승용차 운전자가 어린이통학버스 특별보호 위반행위를 한 경우 범칙금 액수로 맞는 것은?

① 13만원 ② 9만원
③ 7만원   ④ 5만원

184. 노인보호구역에서 노인의 옆을 지나갈 때 운전방법으로 맞는 것은?

① 주행 속도를 유지하여 신속히 통과한다.
② 노인과의 간격을 충분히 확보하며 서행으로 통과한다.
③ 경음기를 울리며 신속히 통과한다.
④ 전조등을 점멸하며 통과한다.

185. 노인보호구역에서 노인의 안전을 위하여 설치할 수 있는 도로시설물과 가장 거리가 먼 것은?

① 미끄럼방지시설, 방호울타리
② 과속방지시설, 미끄럼방지시설
③ 가속차로, 보호구역 도로표지
④ 방호울타리, 도로반사경

186. 야간에 노인보호구역을 통과할 때 운전자가 주의해야 할 사항으로 아닌 것은?

① 증발현상이 발생할 수 있으므로 주의한다.
② 야간에는 노인이 잘 보이지 않으므로 속도를 높여 운행한다.
③ 무단 횡단하는 노인에 주의하며 운행한다.
④ 검은색 옷을 입은 노인은 잘 보이지 않으므로 유의한다.

▶ 도로시설물 : 보호구역 도로표지, 도로반사경, 과속방지턱, 미끄럼방지시설, 방호울타리 등

정답

173 ① 174 ① 175 ④ 176 ② 177 ① 178 ① 179 ① 180 ③ 181 ① 182 ④ 183 ② 184 ② 185 ③ 186 ②

- 어린이·노인: 장애인보호구역 내에서 위반 시 범칙금액은 2배이다. 어린이 보호구역에 과속방지턱을 설치할 수 있으므로, 주정차 금지구역을 보호구역 내에서 사고가 났다면 일반적인 교통사고보다 더 중하게 처벌된다.

- 야간에 노인의 통행이 있을 수 있으므로 서행 또는 일시정지하며 통과한다.

187. 노인보호구역에 대한 설명이다. 틀린 것은? [난이도: 上]

① 자동차 운전자는 신호가 바뀌면 즉시 출발하지 말고 주변을 살피고 천천히 출발한다.
② 승용차가 오전 8시부터 오후 8시 사이에 신호를 위반하면 통과하는 경우 범칙금은 12만원이 부과된다.
③ 자전거 운전자도 아직 횡단하지 못한 노인이 있는 경우 노인의 안전하게 건널 수 있도록 기다린다.
④ 이륜차 운전자가 오전 8시부터 오후 8시 사이에 횡단보도 통행을 방해한 경우 범칙금 9만원이 부과된다.

188. 노인보호구역 내 신호등이 있는 횡단보도 통행방법 및 법규위반에 대한 설명으로 틀린 것은? [난이도: 上]

① 자동차 운전자는 신호가 바뀌면 즉시 출발하지 말고 주변을 살피며 천천히 출발한다.
② 승용차 운전자가 오전 8시부터 오후 8시 사이에 신호를 위반하고 통과하는 경우 범칙금은 12만원이 부과된다.
③ 자전거 운전자도 아직 횡단하지 못한 노인이 있는 경우 노인의 안전하게 건널 수 있도록 기다린다.
④ 이륜차 운전자가 오전 8시부터 오후 8시 사이에 횡단보도 통행을 방해하면 범칙금 9만원이 부과된다.

189. 노인보호구역 내 신호등이 있는 횡단보도에 접근하고 있을 때 운전방법으로 바르지 않은 것은? [난이도: 上]

① 보행신호가 바뀐 후 노인이 보행하는 경우 지키가 하고 대기하다가 횡단한다.
② 신호의 변경을 예상하여 미리 출발한다.
③ 안전하게 정차할 속도로 서행하고 정지신호에 맞춰 정지해야 한다.
④ 노인의 경우 보행속도가 느리다는 것을 감안하여 주의하여야 한다.

190. 승용차 운전자가 오전 11시경 노인보호구역에서 제한속도 25km/h 초과한 경우 범칙은? [난이도: 上]

① 60점   ② 40점
③ 30점   ④ 15점

191. 노인보호구역으로 지정된 경우 할 수 있는 조치사항이다. 바르지 않은 것은? [난이도: 上]

① 노인보호구역의 경우 시속 30킬로미터 이내로 제한할 수 있다.
② 보행신호의 신호시간이 일반 보행신호기 때문에 주의표지를 설치할 수 있다.
③ 과속방지턱 등 교통안전시설을 설치할 수 있다.
④ 보호구역으로 지정한 시설의 주출입문과 가장 가까운 거리에 위치한 간선도로의 횡단보도에는 신호기를 우선적으로 설치·관리할 수 있다.

192. 오전 8시부터 오후 8시 사이에 노인보호구역에서 교통법규 위반 시 범칙금이 가중되는 행위가 아닌 것은? [난이도: 中]

① 신호위반   ② 주차금지 위반
③ 횡단보도 보행자 횡단 방해   ④ 중앙선 침범

193. 노인보호구역에 대한 설명으로 잘못된 것은? [난이도: 中]

① 노인보호구역을 통과할 때는 위험상황 발생을 대비해 주의하여야 한다.
② 노인보호구역 안에서 노인의 보행속도를 지시하는 것을 말한다.
③ 노인보호구역이라도 건물의 이용 정도는 도로 중앙에 설치한다.
④ 승용차 운전자가 노인보호구역에서 오전 10시에 신호를 위반해 범칙금 12만원이 부과된다.

194. 다음 중 회전교차로의 통행우선권으로 맞는 것은? [난이도: 上]

① 회전하고 있는 차가 우선이다.
② 진입하려는 차가 우선이다.
③ 진출한 차가 우선이다.
④ 차량의 우선순위는 없다.

195. 다음 중 회전교차로에서의 금지 행위가 아닌 것은? [난이도: 上]

① 정차   ② 주차
③ 서행 및 일시정지   ④ 앞지르기

196. 회전교차로 통행권이 보장된 회전차량을 나타내는 것은? [난이도: 上]

① 회전교차로 내 회전차로에서 주행 중인 차량
② 회전교차로 진입 전 좌회전하려는 차량
③ 회전교차로 진입 전 우회전하려는 차량
④ 회전교차로 진입 전 및 우회전하려는 차량

197. 회전교차로에 대한 설명으로 옳지 않은 것은? [난이도: 上]

① 차량이 서행으로 교차로에 접근하도록 되어 있다.
② 회전하고 있는 차량이 통행 우선권을 가진다.
③ 신호가 없기 때문에 연속적으로 차량 진입이 가능하다.
④ 회전교차로는 시계방향으로 회전한다.

198. 도로교통법상 색색등화 점멸의 의미는? [난이도: 中]

① 차마는 다른 교통에 주의하면서 서행하여야 한다.
② 차마는 다른 교통에 주의하면서 진행할 수 있다.
③ 차마는 안전표지의 주의하면서 후진할 수 있다.
④ 차마는 정지선 직전에 일시정지한 후 다른 교통에 주의하며 좌회전한다.

199. 비보호좌회전 색색등화 점멸에 대한 설명이다. 맞는 것은? [난이도: 上]

① 신호와 관계없이 다른 교통에 주의하며 좌회전할 수 있다.
② 적색신호에 다른 교통에 주의하며 좌회전할 수 있다.
③ 녹색신호에 다른 교통에 주의하며 좌회전할 수 있다.
④ 황색신호에 다른 교통에 주의하며 좌회전할 수 있다.

200. 도로교통법상 자동차 등의 속도와 관련하여 맞는 것은? [난이도: 上]

① 고속도로의 최저속도는 매시 50킬로미터로 규정되어 있다.
② 자동차전용도로에서는 최고속도는 제한하지만 최저속도는 제한하지 않는다.
③ 일반도로에서는 최저속도와 최고속도를 제한하고 있다.
④ 편도 2차로 이상 고속도로의 최고속도는 차종에 관계없이 동일하게 규정되어 있다.

201. 앞지르기에 대한 설명으로 맞는 것은? [난이도: 上]

① 앞차가 다른 차를 앞지르고 있는 경우에는 앞지르기할 수 있다.
② 터널 안에서 앞지르고자 할 경우에는 반드시 우측으로 해야 한다.
③ 편도 1차로 도로에서 앞지르기는 황색실선 구간에서만 가능하다.
④ 교차로 내에서는 앞지르기가 금지되어 있다.

202. 도로의 중앙선과 관련된 설명이다. 맞는 것은? [난이도: 中]

① 황색실선이 단선인 경우에는 앞지르기가 가능하다.
② 가변차로에서는 신호기가 지시하는 진행방향의 가장 왼쪽에 있는 황색점선을 말한다.
③ 편도 1차로의 지방도에서 버스가 승객을 승하차시키기 위해 정차한 경우에는 황색실선의 중앙선을 넘어 앞지르기할 수 있다.
④ 중앙선은 도로의 폭이 최소 4.75미터 이상일 때부터 설치가 가능하다.

정답

187 ④ 188 ① 189 ② 190 ③ 191 ② 192 ④ 193 ③ 194 ① 195 ③ 196 ① 197 ④ 198 ④ 199 ③ 200 ① 201 ④ 202 ②

203 다음 중 도로교통법상 자전거를 타고 보도 통행을 할 수 있는 사람은?
① "장애인복지법"에 따라 신체장애인으로 등록된 사람
② 어린이
③ 신체의 부상으로 석고붕대를 하고 있는 사람
④ 국가유공자 등 예우 및 지원에 관한 법률에 따른 국가유공자로서 상이등급 제1급부터 제7급까지에 해당하는 사람

204 겨울철 도로 결빙 시 안전한 차량운행에 대한 설명으로 가장 적절하지 않은 것은? [난이도: 上]
① 겨울철 도로 사정에 가장 중요한 것은, 교통상황을 확인한 후 운행하여야 한다.
② 결빙에 취약한 터널, 교량 구간은 더욱 주의하여 주행하여야 한다.
③ 도로 표면의 결빙 직후 노면상태를 체감하지 못하더라도 저속운행을 하여야 한다.
④ 도로가 마른 상태에서는 고속주행 시 기어를 저단 변속 등의 대응 조치로 안전하게 운전을 하면 된다.

205 포트홀(도로의 홈)에 대한 설명으로 맞는 것은? [난이도: 中]
① 포트홀은 여름철 집중 호우 등으로 인해 만들어지기 쉽다.
② 포트홀로 인한 피해를 예방하기 위해 주행 속도를 높인다.
③ 도로 표면 온도가 상승한 상태에서 하중이 많은 차량이 속도를 낸다.
④ 빗길에서는 포트홀이 보이지 않아 확인이 어렵다.

206 집중 호우 시 안전한 운전 방법과 가장 거리가 먼 것은? [난이도: 中]
① 차량의 전조등과 미등을 켜고 운전한다.
② 히터를 내부로 돌려 창이 흐려지지 않도록 한다.
③ 수막현상을 예방하기 위해 타이어의 마모 정도를 확인한다.
④ 빗길에서는 안전거리를 2배 이상 길게 확보한다.

207 강풍 및 풍랑주의보 발생 시 운행 중일 때 안전지역의 조치방법으로 적절하지 못한 것은? [난이도: 上]
① 브레이크 성능이 현저히 감소하므로 평소보다 안전거리를 2배 이상 둔다.
② 침수지역을 지나갈 때는 중간에 멈추지 말고 그대로 통과하는 것이 좋다.
③ 주차할 때는 침수 위험이 낮은 곳에 하차 장소를 피한다.
④ 담벼락 옆이나 대형 간판 아래 주차하는 것이 안전하다.

208 눈길 운전에 대한 설명으로 틀린 것은? [난이도: 下]
① 운전자의 시야 확보가 되는 눈만 치우고 주행하면 안전하다.
② 풋 브레이크보다 엔진브레이크 사용이 효과적이다.
③ 스노체인을 한 상태라면 매시 30킬로미터 이하로 주행하는 것이 안전하다.
④ 평상시보다 안전거리를 확보하고 주행한다.

209 겨울철 빙판길에 대한 설명으로 바르게 설명한 것은? [난이도: 中]
① 터널 안에서 주로 발생하며, 안개입자가 얼어서 빙판이 된다.
② 다리 위, 터널 출입구, 그늘진 도로에서는 빙판이 자주 나타난다.
③ 블랙아이스는 도로 표면에 얇은 얼음막이 생기는 현상이다.
④ 방빙설계를 통과할 경우에는 핸들을 고정하고 급제동을 한다.

210 다음 중 안개 낀 도로를 주행할 때 운전방법이 아닌 것은? [난이도: 中]
① 커브길에서는 속도를 줄여서 정속 운전한다.
② 앞 차와의 안전거리를 확보하고 운전한다.
③ 비가 내리는 중간에는 브레이크 페달을 밟고 주행한다.
④ 낮에 운전하는 경우에도 전조등을 켜고 운전하는 것이 좋다.

211 다음 중 안개 낀 시에 도로를 주행할 때 안전한 운전방법과 거리가 먼 것은? [난이도: 中]
① 뒤차에게 나의 위치를 알리기 위해 차폭등, 미등, 전조등을 켠다.
② 앞 차의 미등을 보고 따라가는 것은 위험하므로 반드시 차간거리를 유지한다.
③ 안전거리를 확보하고 속도를 줄인다.
④ 습기가 많을 경우 와이퍼를 작동해 시야를 확보한다.

212 도로교통법상 편도 2차로 자동차전용도로에 비가 내려 노면이 젖어있는 경우 감속운행 속도는? [난이도: 上]
① 매시 60킬로미터
② 매시 64킬로미터
③ 매시 72킬로미터
④ 매시 80킬로미터

213 다음과 같은 공사구간에서 감속기 시작되는 구간은? [난이도: 中]
① 주의구간
② 완화구간
③ 작업구간
④ 종결구간

214 야간운전과 관련된 내용으로 가장 옳은 것은? [난이도: 中]
① 전방유리에 틴팅(일명 썬팅)을 하면 야간에 넓은 시야를 확보할 수 있다.
② 맑은 날에는 자동차 전조등을 켜고 주행하는 야간이 더 안전하다.
③ 야간에는 낮보다 안전속도 및 앞차와 추돌하면 시야가 어려워진다.
④ 반대편 차량의 불빛을 정면으로 쳐다보면 증상이 발생한다.

215 야간 운전 시 나타나는 증발현상에 대한 설명 중 옳은 것은? [난이도: 上]
① 정반향 차량의 불빛에 현혹되어 물체식별이 어려워지는 현상을 말한다.
② 가로등 불빛이 나타났다 사라졌다 하는 현상이다.
③ 야간에 혼잡한 시내도로를 주행할 때 발생하는 현상이다.
④ 야간에 터널을 진입하면 밝은 빛 때문에 앞이 안 보이는 현상을 말한다.

216 야간 운전자의 가상자하운전에 대한 설명으로 옳은 것은? [난이도: 上]
① 평소보다 인지능력이 향상된다.
② 시내 혼잡한 도로를 주행할 때 발생이 많다.
③ 인조등이 상대적으로 일중에 익숙해져 가슴이 마비되어지는 것을 말한다.
④ 주간보다 시야가 용이해져 운전하기 편하다.

217 해가 지기 시작하면서 어두워질 때 운전자의 조치로 가장 옳은 것은? [난이도: 中]
① 차폭등, 미등을 켠다.
② 주간 주행속도보다 감속 운행한다.
③ 석양이 지는 반대쪽 도로를 주행한다.
④ 숲길이 어두어지는 시간이 부족해 해결해야 가야 한다.

218 자동차 화재를 예방하기 위한 방법으로 가장 옳은 것은? [난이도: 中]
① 차량 내부에 앰프 설치를 위해 배선장치를 임의로 조작한다.
② 겨울철 주차 시 엔진가 냉각되지 않은 상태로 주차한다.
③ 성냥이 장시간 방치되거나 일어져 발생하는 부탄가스를 차량에 비치한다.
④ LPG차량은 주기적으로 차량 점검을 받아야 한다.

정답

203 ③	204 ③	205 ①	206 ②	207 ④	208 ①	209 ②	210 ③
211 ②	212 ③	213 ②	214 ④	215 ②	216 ④	217 ④	218 ②

블랙아이스는 도로 표면에 얇은 얼음막이 생기는 현상이다.

219 다음 중 전기자동차의 충전 케이블의 커플러에 관한 설명이 잘못된 것은?

① 다른 배선기구와 대체 사용할 수 없는 구조로서 극성의 구분이 되어 있을 것
② 접촉부분은 전기자동차 충전 시에만 전기가 통할 것
③ 의도하지 않은 부하의 차단을 방지하기 위해 잠금 또는 탈부착을 위한 기계적 장치가 있을 것
④ 전기자동차 커넥터가 전기자동차 접속구로부터 분리될 때 전기 공급을 중단시키는 인터록 기능이 있을 것

220 자동차 주행 중 타이어가 펑크 났을 때 가장 옳은 조치는?

① 한쪽으로 급격하게 쏠리면 사고 예방을 위해 급제동을 한다.
② 핸들을 꽉 잡고 직진하면서 급제동을 삼가고 엔진 브레이크를 이용하여 안전한 곳에 정차한다.
③ 차량이 쏠리는 방향으로 핸들을 꺾는다.
④ 브레이크 페달이 작동하지 않기 때문에 주차 브레이크를 이용하여 정차한다.

221 도로교통법상 어린이보호구역의 지정 대상이 되는 근거가 아닌 것은?

① 유아교육법
② 초·중등교육법
③ 학원의 설립·운영 및 과외교습에 관한 법률
④ 아동복지법

222 다음 중 승용자동차 운전자에 대한 위반행위별 범칙금이 틀린 것은?

① 속도 위반(매시 60킬로미터 초과)의 경우 12만원
② 신호 위반의 경우 6만원
③ 중앙선 침범의 경우 6만원
④ 앞지르기 금지 시기·장소 위반의 경우 5만원

223 인단에 도로에서 로드킬(road kill)을 예방하기 위한 운전방법으로 바람직하지 않은 것은?

① 사람이나 차량의 왕래가 적은 국도나 산길을 주행할 때는 감속운행을 해야 한다.
② 야생동물 발견 시에는 서행으로 접근하고 한적한 갓길에 세워 동물과의 충돌을 방지한다.
③ 야생동물 발견 시에는 전조등을 끈 채 경음기를 가볍게 울려 도망가도록 유도한다.
④ 출현하는 동물의 발견을 용이하게 하기 위해 가급적 갓길에 가까운 도로를 주행한다.

224 도로에서 로드킬(road kill)이 발생하였을 때 조치요령으로 바르지 않은 것은?

① 감염병이 위험이 있으므로 동물사체 등을 함부로 만지지 않는다.
② 로드킬 사고가 발생하면 야생동물구조센터나 지자체 콜센터로 지역번호+120번 등 신고한다.
③ 2차사고 방지를 위해 사고 발생지점 차로의 가장자리로 신속히 이동한다.
④ 2차사고 방지와 원활한 소통을 위한 조치를 한 경우에는 신고하지 않아도 된다.

225 고속도로에서 고장 등으로 긴급 상황 발생 시 일정 거리를 무료로 견인 서비스를 제공해 주는 기관은?

① 도로교통공단 ② 한국도로공사
③ 경찰청 ④ 한국교통안전공단

226 다음 중 어린이보호구역에 대한 설명이다. 옳지 않은 것은?

① 이웃사이의 교통사고도 특별하 중요하게 해당될 수 있다.
② 자동차등의 통행속도를 시속 30킬로미터 이내로 제한할 수 있다.
③ 범칙금과 벌점은 일반도로의 3배이다.
④ 주·정차가 금지된다.

227 보복운전 또는 교통사고 발생을 방지하기 위한 분노조절기법에 대한 설명으로 맞는 것은?

① 감정이 끓어오르는 상황에서 잠시 빠져나와 시간적 여유를 갖고 마음의 안정을 찾는 분노조절방법을 '타임아웃'이라 한다.
② 부정적인 사고를 긍정적 사고로 전환하는 분노조절방법을 '스톱버튼기법'이라 한다.
③ 분노를 유발하는 부정적인 사고를 중지하고 평소 생각해 둔 즐거운 세면을 타올려 감정을 조절하는 방법을 '타임아웃기법'이라 한다.
④ 양팔, 다리, 아랫배, 가슴, 어깨 등에 힘을 주었다 풀어 긴장된 신체이완된 상태의 힘든 상황을 극복하는 방법을 '긴장이완훈련기법'이라 한다.

228 폭우로 인하여 지하차도가 물에 잠겨 있는 상황이다. 다음 중 가장 안전한 운전 방법은?

① 물에 바퀴가 다 잠길 때까지는 무사히 통과할 수 있으니 서행으로 지나간다.
② 최대한 빠른 속도로 빠져 나간다.
③ 우회도로를 확인한 후에 돌아간다.
④ 통과하다가 시동이 꺼지면 바로 다시 시동을 걸고 빠져나온다.

229 주행 중 자동차 돌발 상황에 대한 올바른 대처 방법으로 다음 중 가장 안전한 운전 방법은?

① 주행 중 핸들이 심하게 떨리면 속도를 줄이고 주행한다.
② 자동차에서 연기가 나면 즉시 안전한 곳으로 이동 후 시동을 끈다.
③ 타이어 펑크가 나면 핸들을 꽉 잡고 감속하며 안전한 곳에 정차한다.
④ 철길건널목 통과 중 시동이 깨지면 신속히 대피 후 신고한다.

230 교통사고 등 응급상황 발생 시 조치요령과 거리가 먼 것은?

① 위험 여부 확인 ② 환자의 반응 확인
③ 기도 확보 및 호흡 확인 ④ 환자의 목적지와 신상 확인

231 다음 중 운전자가 단속 경찰공무원 등에 대한 폭행을 행사할 경우 성립되는 죄는?

① 공무집행방해죄 ② 명예훼손죄
③ 기도피난죄 ④ 특수공무집행방해죄

232 즉결심판이 청구된 운전자가 즉결심판의 선고 전까지 통고받은 범칙금액에 100분의 50을 더한 금액을 내고 신고하면 즉결심판을 취소하여야 한다. ( )안에 맞는 것은?

① 100분의 20 ② 100분의 30
③ 100분의 50 ④ 100분의 70

233 인적 피해가 있는 교통사고를 야기하고 도주한 차량의 운전자를 검거하거나 검거하기 위한 신고를 한 사람에게 특별검찰수가 아닌 경우에도 ( )의 특별점수를 부여한다. ( )에 맞는 것은?

① 10점 ② 20점
③ 30점 ④ 40점

정답 219 ② 220 ② 221 ④ 222 ④ 223 ④ 224 ③ 225 ② 226 ③ 227 ④ 228 ③ 229 ① 230 ④ 231 ③ 231 ③ 232 ③ 233 ④

234 [난이도: 上]
도로교통법상 화재진압용 연결송수관 송수구로부터 5미터 이내에 승용자동차를 정차한 경우 범칙금은?
① 4만원 ② 3만원
③ 2만원

235 [난이도: 上]
다음 중 도로교통법상 범칙 부과기준이 다른 위반행위 하나는?
① 승객의 차내 소란행위 방치운전
② 철길건널목 통과방법 위반
③ 고속도로 갓길 통행
④ 운전 중 휴대 등의 제시의무 위반

236 [난이도: 上]
술에 취한 상태에 있다고 인정할만한 상당한 이유가 있는 자동차 운전자가 경찰공무원의 정당한 음주측정 요구에 불응한 경우 처벌기준으로 맞는 것은?
① 1년 이하의 징역이나 500만원 이하의 벌금
② 1년 이상 3년 이하의 징역이나 500만원 이상 1천만원 이하의 벌금
③ 1년 이상 4년 이하의 징역이나 500만원 이상 1천만원 이하의 벌금
④ 1년 이상 5년 이하의 징역이나 500만원 이상 2천만원 이하의 벌금

237 [난이도: 上]
자동차 번호판을 가리고 자동차를 운행한 경우의 범칙으로 맞는 것은?
① 1년 이하의 징역 또는 1,000만원 이하의 벌금
② 1년 이하의 징역 또는 2,000만원 이하의 벌금
③ 2년 이하의 징역 또는 1,000만원 이하의 벌금
④ 2년 이하의 징역 또는 2,000만원 이하의 벌금

238 [난이도: 上]
자동차 운전자가 고속도로에서 자동차 내에 고장자동차의 표지(안전삼각대를 비치하지 않고 운행하였다. 어떻게 되는가?
① 2만원의 과태료가 부과된다.
② 3만 원의 범칙금으로 통고 처분된다.
③ 30만 원 이하의 벌금으로 처벌된다.
④ 아무런 제재나 처벌되지 않는다.

239 [난이도: 上]
고속도로에서 승용자동차 운전자의 과속행위에 대한 범칙금 기준으로 맞는 것은?
① 제한속도기준 시속 60킬로미터 초과 80킬로미터 이하 - 범칙금 12만원
② 제한속도기준 시속 40킬로미터 초과 60킬로미터 이하 - 범칙금 8만원
③ 제한속도기준 시속 20킬로미터 초과 40킬로미터 이하 - 범칙금 5만원
④ 제한속도기준 시속 20킬로미터 이하 - 범칙금 2만원

240 [난이도: 上]
도로교통법상 작성자가 갖추었는지를 검강진 결과 통보서는 신청일로부터 ( )이내에 범칙금 시큐이어야 한다. ( )안에 알맞은 것은?
① 1년 ② 2년
③ 3년 ④ 4년

241 [난이도: 上]
교통사고를 일으킨 자동차 운전자에 대한 범칙기준으로 맞는 것은?
① 자동차 운전기가 신호위반으로 사망 1명의 교통사고 발생시켜 벌점은 105점 이다.
② 피해자의 명시적인 의사에 반하여 운전자의 피해자에 대하여 공소를 할 수 없다.
③ 교통사고의 원인 경우의 이명의 불적이 할 것이다.
④ 자동차 내 자동차 교차로에서 이명이 두 지역에 있으면 둘 다 범칙점을 산정하지 않는다.

242 [난이도: 上]
도로교통법령상 운전면허 취소처분에 대한 이의가 있는 경우, 운전면허행정처분 이의심의위원회에 신청할 수 있는 기간은?
① 그 처분을 받은 날로부터 90일 이내
② 그 처분을 안 날로부터 90일 이내
③ 그 처분을 받은 날로부터 60일 이내
④ 그 처분을 안 날로부터 60일 이내

243 [난이도: 中]
연습운전면허의 소지자가 도로에서 주행연습을 할 때 갖추어야 하는 자동차를 운전할 수 있는 날로부터 2년이 경과된 사람(운전면허의 정지기간 중인 사람 제외)과 함께 승차하지 아니하고 단독으로 운행한 경우 처분은?
① 통고처분 ② 과태료
③ 연습운전면허 취소

244 [난이도: 上]
연습운전면허의 준수사항을 위반하지 하는 자동차를 운행한 경우 부터 2년이 경과된 사람과 함께 승차하여 그 사람의 지도를 받아야 한다.
① 6개월 이하 징역 또는 200만 원 이하의 벌금
② 도로를 주행하는 경우, 과태료 기만원
③ 신호를 위반한 경우, 과태료 7만원
④ 40점의 벌칙점수를 부여한다.

245 [난이도: 上]
다음 중 승용자동차의 고용주등에게 부과되는 위반행위별 과태료 금액이 틀린 것은?(어린이보호구역 및 노인·장애인보호구역 제외)
① 중앙선 침범의 경우, 과태료 9만원
② 신호 위반의 경우, 과태료 7만원
③ 보도를 침범한 경우, 과태료 7만원
④ 속도 위반(매시 20킬로미터 이하)의 경우, 과태료 5만원

246 [난이도: 上]
무신고 무보험 사약에 의한 범점 감경으로 맞는 것은?
① 주행으로 차 범위를 단지는 경우
② 신호기 조작하다 위반이 없어 특혜접수를 부여한다.
③ 운전자가 정지차를 받고난 경우 누산점수에서 특혜를 포함한다.
④ 운전면허 행정처분에 직접 방문하여 서약서를 제출해야 한다.

247 [난이도: 上]
다음 중 범점이 부과되는 운전자의 행위는?
① 처음으로 음주운전을 단지는 경우
② 자동차번경 시 신호불이행한 경우
③ 부적성작동지 자동 운전한 경우
④ 서행의무 위반한 경우

248 [난이도: 上]
다음 중 특별교통안전 의무교육을 받아야 하는 사람은?
① 처음으로 자동차운전면허를 받으려는 사람
② 자동차면서 처분받기 30점인 사람
③ 부분 위반여교육을 받은 사람
④ 시행유교로 면허가 정지된 사람

정답
234 ① 235 ① 236 ④ 237 ① 238 ① 239 ① 240 ② 241 ① 242 ③ 243 ④ 244 ① 245 ④ 246 ③ 247 ① 248 ④

249 [난이도 : 中]

교차로·횡단보도·건널목이나 보도와 차도가 구분된 도로의 보도에 2시간 이상 주차한 승용자동차의 소유자에게 부과되는 과태료 금액으로 맞는 것은?

① 4만원   ② 5만원
③ 6만원   ④ 7만원

❓ 해설보기

제한속도를 최고속도보다 시속 100킬로미터를 초과한 속도로 운전한 경우 취소 대상이다.

250

다음 중 운전면허 취소 사유가 아닌 것은?

① 정기 적성검사 기간을 1년 초과한 경우
② 보복운전으로 구속된 경우
③ 제한속도를 시속 100킬로미터 초과하여 2회 운전한 경우
④ 다른 사람의 자동차를 훔쳐서 이를 운전한 경우

251 [난이도 : 上]

다음 중 교통사고처리 특례법상 차질의 특례에 대한 설명으로 맞는 것은?

① 차의 교통으로 중과실치상죄를 범한 운전자에 대해 자동차 종합보험에 가입되어 있는 경우 무조건 공소를 제기할 수 없다.
② 차의 교통으로 업무상과실치상죄를 범한 운전자에 대해 피해자와 민사합의를 하면 공소를 제기할 수 없다.
③ 차의 운전자가 교통사고로 인하여 형사처벌을 받게 되는 경우 5년 이하의 금고 또는 2천만원 이하의 벌금형을 받는다.
④ 규정 속도보다 20킬로미터를 초과한 운행으로 인명피해 사고발생시 중과실에 해당되어 형사처벌을 받는다.

252

도로교통법상 보행보조용 의자차(식품의약품 안전청장이 정하는 의료기기의 규격)로 볼 수 없는 것은?

① 수동휠체어   ② 전동휠체어
③ 의료용 스쿠터   ④ 전기자전거

253

초보운전자에 관한 설명 중 옳은 것은?

① 원동기장치자전거 면허를 받은 날로부터 1년이 지나지 않은 경우를 말한다.
② 연습 운전면허를 받은 날부터 1년이 지나지 않은 경우를 말한다.
③ 처음 운전면허를 받은 날부터 2년이 지나기 전에 취소되었다가 다시 면허를 받는 경우 취소되기 전의 기간을 초보운전자 경력에 포함한다.
④ 제1종 보통면허를 새롭게 취득하여 2년이 지나지 않은 사람은 초보운전자에 해당한다.

254

다음 중 도로교통법상 원동기장치자전거에 대한 설명으로 옳은 것은?

① 모든 이륜자동차를 말한다.
② 자동차 관리법에 의한 250시시 이하의 이륜자동차를 말한다.
③ 배기량 150시시 이상의 원동기를 단 차를 말한다.
④ 전기를 동력으로 사용하는 경우에는 최고정격출력 11킬로와트 이하의 원동기를 단 차로서 자전거 등을 제외한다.

255

어린이보호구역에서 어린이를 상해에 이르게 한 경우 특정범죄 가중처벌 등에 관한 법률에 따른 형사처벌 기준은?

① 1년 이상 15년 이하의 징역 또는 500만원 이상 3천만원 이하의 벌금
② 무기 또는 5년 이상의 징역
③ 2년 이하의 징역이나 500만원 이하의 벌금
④ 5년 이하의 징역이나 2천만원 이하의 벌금

256 [난이도 : 中]

다음 중 교통사고처리 특례법상 교통사고에 해당하지 않는 것은?

① 4.5톤 화물자동차와 승용자동차가 충돌하여 운전자가 다친 경우
② 철길건널목에서 보행자가 기차에 부딪혀 다친 경우
③ 수사시 실수로 자전거를 넘어뜨려 신고인이 다친 경우
④ 보도에서 자전거를 타고 가다가 보행자를 충격한 경우

257 [난이도 : 中]

도로교통법상 도로의 구간 또는 장소에 설치하는 노면표시의 색채에 대한 설명으로 맞는 것은?

① 중앙선은 노랑색, 안전지대 양쪽이 노랑색이다.
② 버스전용차로표시는 파랑색이다.
③ 소방시설 주변 정차·주차금지 표시는 빨강색이다.
④ 주차 금지 표시 및 정차·주차금지 표시는 노랑색이다.

258 [난이도 : 上]

도로교통법상 일시정지하여야 할 장소로 맞는 것은?

① 승용자동차 노선
② 버스전용차로 파생노선이다.
③ 특수자동차
④ 주차금지 표시 및 정차·주차금지 표시는 노랑색이다.

259 [난이도 : 中]

다음 중 도로교통법상 자동차가 아닌 것은?

① 원동기장치자전거
② 승용자동차
③ 특수자동차
④ 승합자동차

260 [난이도 : 中]

도로교통법상 4색 등화의 횡령순서로 맞는 것은?

① 우측부터 적색 → 녹색화살표 → 황색 → 녹색
② 좌측부터 적색 → 황색 → 녹색화살표 → 녹색
③ 좌측부터 황색 → 녹색화살표 → 적색 → 녹색
④ 우측부터 녹색화살표 → 황색 → 적색 → 녹색

261 [난이도 : 上]

다음 중 사용하는 사람의 신청에 의하여 시·도경찰청장이 지정할 수 있는 긴급자동차로 맞는 것은?

① 헬액공급차량
② 경찰용 자동차 중 범죄수사, 교통단속, 그 밖의 긴급한 경찰업무 수행에 사용되는 자동차
③ 전파감시업무에 사용되는 자동차
④ 수사기관의 자동차 중 범죄수사를 위하여 사용되는 자동차

262

다음 중 교통사고처리 특례법상 피해자의 명시된 의사에 반하여 공소를 제기할 수 있는 속도위반 교통사고는?

① 최고속도가 100킬로미터인 고속도로에서 매시 110킬로미터로 주행하다가 발생한 사고
② 최고속도가 80킬로미터인 일반도로에서 매시 95킬로미터로 주행하다가 발생한 사고
③ 최고속도가 90킬로미터인 자동차전용도로에서 매시 100킬로미터로 주행하다가 발생한 사고
④ 최고속도가 60킬로미터인 편도 1차로 일반도로에서 매시 82킬로미터로 주행하다가 발생한 사고

정답

249 ② 250 ③ 251 ③ 252 ④ 253 ④ 254 ④ 255 ① 256 ② 257 ③ 258 ③ 259 ② 260 ② 261 ③ 262 ④

263 도로교통법상 적성검사 기준을 갖추었는지를 판정하는 서류가 아닌 것은?
① 국민건강보험법에 따른 건강검진 결과통보서
② 의료법에 따른 건강검진 결과 통보서
③ 병역법에 따른 징병 신체검사 결과 통보서
④ 대한안경사협회장이 발급한 시력검사서

264 다음 중 가장 바람직한 운전을 하고 있는 노인운전자는?
① 장거리를 이동할 때는 대중교통을 이용하지 않고 주로 자가용을 이용한다.
② 운전을 하는 경우 시간절약을 위해 무조건 목적지까지 쉬지 않고 운전한다.
③ 통행 차량이 없는 야간에 주로 운전을 한다.
④ 시야확보를 위하여 차간거리를 유지하고 규정 속도를 준수하며 운행한다.

265 노인운전자의 안전운전과 가장 거리가 먼 것은?
① 운전하기 전 충분한 휴식 ② 주기적인 건강상태 확인
③ 운전전에 약복용 확인 ④ 심야운전

266 도로교통법상 노인운전자가 다음과 같은 운전행위를 하는 경우 벌점기준이 가장 높은 위반행위는?
① 횡단보도 내에 정차하여 보행자 통행을 방해하였다.
② 보행자를 뒤늦게 발견 급제동하여 보행자가 넘어질 뻔하였다.
③ 무단 횡단하는 보행자를 발견하고 경음기를 울리며 보행자 통과를 기다렸다.
④ 보행자가 횡단하고 있는 횡단보도 앞에 일시정지하였다.

267 자전거 이용 활성화에 관한 법률상 ( )세 미만인 어린이의 보호자는 어린이가 자전거를 운행하게 하여서는 아니 된다. ( ) 안에 기준으로 맞는 것은?
① 10 ② 13 ③ 15 ④ 18

268 도로교통법상 자전거(전기자전거 제외) 운전자의 도로 통행 방법으로 바람직하지 않은 것은?
① 진행방향 가장 좌측 차로에서 좌회전하였다.
② 도로 파손 복구공사가 있어서 보도로 통행하였다.
③ 횡단보도 이용시 내려서 끌고 횡단하였다.
④ 보행자 사고를 방지하기 위해 서행을 하였다.

269 자전거(전기자전거 제외) 운전자의 도로 통행 방법으로 바람직하지 않은 것은?
① 어린이가 자전거를 타고 자동차 도로에서 주행하였다.
② 안전표지로 자전거 통행이 허용된 보도를 통행하였다.
③ 도로의 파손으로 부득이하게 보도로 통행하였다.
④ 통행 차량이 없어 도로 중앙으로 통행하였다.

270 자전거 운전자가 전기자전거리구역을 통행할 때 올바른 것은?
① 보행자의 통행에 방해가 될 때에는 서행하거나 일시정지한다.
② 노인이나 어린이가 자전거를 운전하는 경우에만 전기자전거리구역을 통행할 수 있다.
③ 자전거 전용도로가 아니어도 자전거를 끌고 갈 수 없다.
④ 전기자전거리구역에서도 2명 이상이 나란히 자전거가 통행할 수 있다.

271 도로교통법상 개인형 이동장치 운전자에 대한 설명으로 바른지 않은 것은?
① 횡단보도를 이용하여 도로를 횡단할 때에는 개인형 이동장치에서 내려서 끌거나 들고 보행하여야 한다.

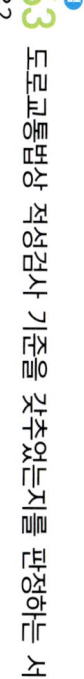

272 자전거도로의 교차로 좌회전 통행방법에 대한 설명이다. 맞는 것은?
① 자전거도로가 설치되지 아니한 곳에서는 도로 우측 가장자리에 붙어서 통행하여야 한다.
② 전동킥보드는 승용자동차로 1명을 초과하여 태우고 운행할 수 없다.
③ 전동이륜평행차는 교차로 가장자리 부분을 이용하여 좌회전해야 한다.
④ 도로의 가장 하위차로를 이용하여 서행하면서 교차로의 가장자리 부분을 이용하여 좌회전해야 한다.

273 승용차가 자전거 전용차로를 통행하다 단속되는 경우 도로교통법상 처벌은?
① 1년 이하 징역에 처한다.
② 300만 원 이하 벌금에 처한다.
③ 범칙금 4만 원의 통고처분에 처한다.
④ 처벌할 수 없다.

274 자전거 도로를 주행할 수 있는 전기자전거의 기준으로 옳지 않은 것은?
① 부착된 장치의 무게를 포함한 자전거 전체 중량이 30킬로그램 미만인 것
② 시속 25킬로미터 이상으로 움직일 경우 전동기가 작동하지 아니할 것
③ 전동기만으로는 움직이지 아니할 것
④ 최고정격출력 11킬로와트 이하의 전기자전거

275 자전거 운전자가 밤에 도로를 통행할 때 올바른 것은?
① 경음기를 자주 사용하면서 주행한다.
② 전조등과 미등을 켜고 주행한다.
③ 반사조끼 등을 착용하고 주행한다.
④ 야광띠 등 발광장치를 착용하고 주행한다.

276 다음 중 자동차 연료를 절약하는 운전방법으로 가장 바람직한 것은?
① 자동차 고장에 대비하여 각종 공구 및 부품을 싣고 운행한다.
② 법정속도에 따른 정속 주행한다.
③ 급출발, 급가속, 급제동 등을 수시로 한다.
④ 연비 향상을 위해 타이어 공기압을 30퍼센트로 유지한다.

277 도로교통법상 자전거 통행에 대한 벌금 대상이 아닌 것은?
① 신호위반 ② 중앙선침범
③ 횡단보도 보행자의 통행 방해 ④ 규정속도 위반

278 자동차의 관리를 통한 친환경 경제운전 방법은?
① 타이어 공기압을 낮게 한다.
② 에어컨 작동은 고단으로 시작한다.
③ 엔진오일을 교환할 때 오일필터와 에어클리너는 교환하지 않고 계속 사용한다.
④ 자동차 연료는 절반정도만 채운다.

[정답]
263 ④ 264 ③ 265 ④ 266 ④ 267 ② 268 ① 269 ④ 270 ① 271 ③ 272 ① 273 ③ 274 ④ 275 ① 276 ② 277 ④ 278 ④

279 [난이도: 下]
다음 중 운전습관 개선을 통한 친환경 경제운전이 아닌 것은?
① 자동차 연료를 가득 유지한다.
② 자동차 공기압을 적절히 유지한다.
③ 정속주행을 유지한다.
④ 수소연료전지 자동차의 연료는 수소이므로 누출에 유의해야 한다.

280 [2점]
수소자동차 관련 설명 중 적절하지 않은 것은?
① 수소는 가연성 가스이므로 수소자동차 주기적인 점검이 필수적이다.
② 수소자동차 점검은 환기가 잘 되는 장소에서 실시해야 한다.
③ 수소자동차 충전소 주변에서 흡연을 하여서는 아니 된다.
④ 수소자동차 연료 충전 중에는 시동을 끈다.

281 [2점]
다음 중 경제운전에 대한 운전자의 올바른 운전습관으로 가장 바람직하지 않은 것은?
① 내리막길 시 가속페달 밟지 않기
② 경제적 절약을 위해 유사연료 사용하기
③ 출발은 천천히, 급정지하지 않기
④ 주차할 때는 수시로 주차점검 하기

282 [2점]
다음 중 자동차 배기가스의 미세먼지를 줄이기 위한 가장 적절한 운전방법은?
① 출발할 때는 가속페달을 힘껏 밟고 출발한다.
② 급가속을 하지 않고 부드럽게 출발한다.
③ 정지할 때는 시동을 끄지 않고 급정지 한다.
④ 정차 및 주차할 때는 수시로 가속 페달을 밟아준다.

283 [2점]
다음 중 수소자동차 점검에 관한 설명으로 틀린 것은?
① 수소는 가연성 가스이므로 수소자동차의 주기적인 점검이 필수적이다.
② 수소자동차 점검은 환기가 잘 되는 곳에서 실시한다.
③ 수소자동차 점검 시 가스배관라인, 충전구 등의 수소 누출 여부를 확인해야 한다.
④ 수소자동차를 운전하는 자는 해당 차량이 안전 운행에 지장이 없는지 점검해야 할 의무가 있다.

284 [2점]
친환경 경제운전 중 관성 주행(fuel cut) 방법이 아닌 것은?
① 교차로 진입 전 미리 가속페달에서 발을 떼고 엔진브레이크를 활용한다.
② 평지에서는 수동으로 엔진브레이크를 활용한다.
③ 내리막길에서는 엔진브레이크를 적절히 활용한다.
④ 오르막길에서는 가속페달을 최대한 밟아 관성을 이용한다.

285 [2점]
수소자동차 충전소 이용 시 주의사항으로 올바르지 않은 것은?
① 수소자동차 충전소 주변에서 흡연을 하여서는 아니 된다.
② 수소자동차 연료 충전 중에 자동차를 이동할 수 있다.
③ 수소자동차 연료 충전 중에는 시동을 끈다.
④ 충전소 직원의 지시를 받아 충전한다.

286 [2점]
차마의 운전자가 도로의 좌측으로 통행할 수 없는 경우로 맞는 것은?
① 안전표지 등으로 앞지르기를 제한하고 있는 경우
② 평지에서 자동차를 추월해야 하는 경우
③ 도로 공사 등으로 도로의 우측 부분을 통행할 수 없는 경우
④ 도로의 우측 부분의 폭이 차마의 통행에 충분하지 아니한 경우

287 [2점] [난이도: 上]
장애인전용주차구역에 물건을 쌓거나 그 통행로를 막는 등 주차를 방해하는 행위를 한 경우 과태료 부과 금액으로 맞는 것은?
① 4만 원
② 20만 원
③ 50만 원
④ 100만 원

288 [2점] [난이도: 上]
다음 중 어린이보호를 위하여 어린이통학버스에 장착된 황색 및 적색표시등의 작동방법에 대한 설명으로 맞는 것은?
① 정차할 때는 적색표시등을 점멸 작동하여야 한다.
② 제동할 때는 적색표시등이 점멸 작동하여야 한다.
③ 도로에 정지하려 할 때는 황색표시등이 점멸 작동하여야 한다.
④ 주차할 때는 적색표시등과 황색표시등을 동시에 점멸 작동하여야 한다.

289 [2점] [난이도: 中]
도로교통상 안전한 보행 하고 있지 않은 어린이는?
① 횡단보도가 없는 도로에서 어린이가 횡단하고 있는 경우
② 보행신호등의 녹색불이 점멸하고 있을 때 횡단보도에 진입한 어린이
③ 보도와 차도가 구분되지 않은 도로의 가장자리에서 차가 오는 방향으로 걸어가는 어린이
④ 보도 내에서 우측으로 걸어가고 있는 어린이

290 [2점] [난이도: 下]
도로교통법상 안전한 보행에 대한 설명으로 옳지 않은 것은?
① 횡단보도가 없는 도로에서 어린이가 횡단하고 있는 경우 일시정지하여야 한다.
② 보행전용도로의 경우 차마가 통행할 수 없다.
③ 보도와 차도가 구분된 도로에서는 반드시 차도로 다녀야 한다.
④ 횡단보도에 이르기 전 일시정지 하여야 한다.

291 [2점] [난이도: 下]
다음 중 운전자의 올바른 운전방법으로 가장 바람직하지 않은 것은?
① 자전거도로가 설치되어 있는 도로에서는 자전거도로로 통행하여야 한다.
② 초등학교 앞 교차로에서 좌회전 시 보행자 보호에 유의하여야 한다.
③ 도로에서 자전거를 타고 가다가 횡단보도를 이용하여 도로를 횡단할 때에는 자전거를 타고 통행하여야 한다.
④ 차도의 우측으로 주행한다.

292 [2점]
도로교통법상 자전거 통행방법에 대한 설명으로 틀린 것은?
① 자전거도로가 따로 있는 곳에서는 그 자전거도로로 통행하여야 한다.
② 자전거도로가 설치되지 아니한 곳에서는 도로 우측 가장자리에 붙어서 통행하여야 한다.
③ 자전거의 운전자는 길가장자리구역(안전표지로 자전거 통행을 금지한 구간은 제외)을 통행할 수 있다.
④ 자전거의 운전자가 횡단보도를 이용하여 도로를 횡단할 때에는 자전거를 타고 통행하여야 한다.

293 [2점] [난이도: 上]
승용자동차 운전자가 주 정차된 차만 손괴하는 교통사고를 일으키고 피해자에게 인적사항을 제공하지 아니한 경우 도로교통법상 어떻게 되는가?
① 처벌하지 않는다.
② 과태료 10만원을 부과한다.
③ 범칙금 12만원의 통고처분한다.
④ 30만 원 이하의 벌금 또는 구류에 처한다.

정답
279 ① 280 ④ 281 ② 282 ② 283 ④ 284 ② 285 ② 286 ① 287 ③ 288 ③ 289 ① 290 ① 291 ② 292 ④ 293 ③

3절

294. 갓길 결상사고 노인 보호구역 안에서 할 수 있는 조치로 맞는 것은?
① 자동차의 통행을 금지하거나 제한하는 것
② 자동차의 정차나 주차를 금지하는 것
③ 노상주차장을 설치하는 것
④ 보행자의 통행을 일정하게 제한하는 것

3절

295. 긴급자동차의 주차 정차 시 가장 안전한 방법 2가지는? [난이도: 上]
① 자동차의 주차제동장치만 작동시킨다.
② 조향장치를 도로의 가장자리(자동차에서 가까운 쪽을 말한다) 방향으로 돌려놓는다.
③ 경사의 내리막 방향으로 바퀴에 고임목 등 자동차의 미끄럼 사고를 방지할 수 있는 것을 설치한다.
④ 수동변속기 자동차는 기어를 중립에 둔다.

3절

296. 다음 중 정차 방법에 대한 설명으로 맞는 2가지는? [난이도: 下]
① 도로에서 정차를 하고자 하는 때에는 차도의 우측 가장자리에 세워야 한다.
② 안전표지로 정차 정지를 금지한 곳에 우편물자동차 및 경찰용 긴급자동차는 정차할 수 있다.
③ 신호에 따라 정지하는 경우에는 교차로의 가장자리에 정지하여야 한다.
④ 5분을 초과하지 않고 운전자가 차를 떠나 즉시 운전할 수 없는 상태

3절

297. 다음 중 주차에 해당하는 2가지는? [난이도: 中]
① 차량이 고장 나서 계속 정차하고 있는 경우
② 화물을 싣기 위해 운전자가 차를 떠나 즉시 운전할 수 없는 경우
③ 신호 대기를 위해 정지한 경우
④ 지하철역에 친구를 내려주기 위해 일시정지

3절

298. 다음 중 주차가 해당하는 2가지는? [난이도: 中]
① 택시 정류장에서 대기 중 운전자가 화장실에 간 경우
② 화물을 싣기 위해 운전자가 차를 떠나 5분 이내에 다시 돌아와 운전할 수 없는 경우
③ 신호 대기를 위해 정지한 경우
④ 차를 정지하고 지나가는 행인에게 길을 묻는 경우

3절

299. 도로교통법상 정차 또는 주차를 금지하는 장소의 특례를 적용하지 않는 2가지는? [난이도: 上]
① 어린이보호구역 내 주출입문으로부터 50미터 이내
② 횡단보도로부터 10미터 이내
③ 비상소화장치가 설치된 곳으로부터 5미터 이내
④ 안전지대의 사방으로부터 각각 10미터 이내

3절

300. 다음 중 도로교통법상 주차가 가능한 장소로 맞는 2가지는?
① 도로의 모퉁이로부터 5미터 지점
② 소방용수시설이 설치된 곳으로부터 7미터 지점
③ 비상소화장치가 설치된 곳으로부터 7미터 지점
④ 안전지대로부터 5미터 지점

3절

301. 교차로에서 좌회전하는 차량 운전자의 가장 안전한 운전 방법 2가지는?
① 횡단보도에 보행자가 없다면 속도를 높여 통과한다.
② 소방용수시설이 설치된 곳에서는 좌우회전을 주의해야 한다.
③ 건물 방향으로 우회전하는 차량에 주의해야 한다.
④ 함께 좌회전하는 측면 차량에도 주의해야 한다.

3절

302. 차로를 구분하는 차선에 대한 설명으로 맞는 것 2가지는? [난이도: 上]
① 차로가 실선과 점선이 병행하는 경우 점선에서는 차로 변경이 가능하다.
② 차로가 실선과 점선이 병행하는 경우 실선에서는 차로 변경이 불가하다.
③ 차로가 실선과 점선이 병행하는 경우 실선에서는 차로 변경이 가능하다.
④ 차로가 실선과 점선이 병행하는 경우 점선에서는 차로 변경이 불가하다.

3절

303. 교차로에서 좌·우회전할 때 가장 안전한 운전 방법 2가지는? [난이도: 中]
① 우회전 시에는 미리 도로의 우측 가장자리로 서행하면서 우회전해야 한다.
② 혼잡한 도로에서 좌회전할 때에는 좌측 유도선과 상관없이 신호에 따라 진행해야 한다.
③ 좌회전할 때에는 미리 도로의 중앙선을 따라 서행하면서 교차로의 중심 안쪽을 이용하여 좌회전해야 한다.
④ 유도선이 있는 교차로에서 좌회전할 때에는 좌측 방향지시기를 켜고 좌측 유도선을 따라 진행해야 한다.

3절

304. 다음 중 신호등이 없는 경우 2가지는? [난이도: 中]
① 적색신호 때에는 교차로 직전에서 정지선 일단 주의하여야 한다.
② 우측 도로의 횡단보도 신호등이 녹색이더라도 횡단보도 직전에서 일단 주의하면서 서행한다.
③ 횡단보도 횡단자가 없어도 신호가 있어도 보행자가 나타날 수 있어 통과할 수 없다.
④ 편도 3차로의 도로에서 적색 신호일 경우에는 보행자가 없는 2차로에서 우회전이 안전하다.

3절

305. 편도 3차로 도로의 교차로에서 우회전할 때 올바른 통행 방법 2가지는? [난이도: 中]
① 색색신호 시 정지선을 초과하여 정지
② 황색 점멸 시 다른 교통에 주의하며 진행
③ 적색 점멸 시 일시정지 후 다른 교통에 주의하며 진행
④ 적색 신호 시 일시정지 후 다른 교통에 주의하며 진행

3절

306. 다음 중 자동차관리법상 승합차의 기준과 승합차를 따라 좌회전하고자 할 때 주의해야 할 것 2가지는? [난이도: 下]
① 대형승합차는 36인승 이상이며, 대형승합차로 인해 신호등이 안 보일 수 있으므로 안전거리를 유지하며 서행한다.
② 중형승합차는 16인 이상 35인승 이하이며, 승용차가 방향지시기를 켜는 경우 다른 차가 끼어들 수 있으므로 차간거리를 좁혀 진행한다.
③ 소형승합차는 15인승 이하이며, 승용차에 비해 무게중심이 높아 전도될 수 있으므로 안전거리를 유지하며 진행한다.
④ 경형승합차는 배기량이 1200시시 미만을 의미하며, 승용차가 무게중심이 이동해 전도될 수 있으므로 안전거리를 유지하며 진행한다.

3절

307. 차로 변경할 때 안전한 운전방법 2가지는? [난이도: 下]
① 변경하고자 하는 차로의 뒤따르는 차와 거리가 있을 때 방향지시등을 켜고 차로를 변경한다.
② 변경하고자 하는 차로의 뒤따르는 차와 거리가 있을 때 방향지시등을 켜고 급차로 변경한다.
③ 변경하고자 하는 차로의 차가 접근하고 있을 때 급차로를 변경한다.
④ 변경하고자 하는 차로의 뒤따르는 차가 접근하고 있을 때 방향지시등을 켜고 차로를 변경한다.

● 주차금지장소
· 터널 안 및 다리 위
· 소방용수시설이 설치된 곳으로부터 5미터 이내
· 비상소화장치가 설치된 곳으로부터 5미터 이내
· 안전지대 사방으로부터 각각 10미터 이내

● 경형승합차 10인승 이하, 소형승합차 11~15인승, 중형승합차 16~35인승, 대형승합차 36인승 이상

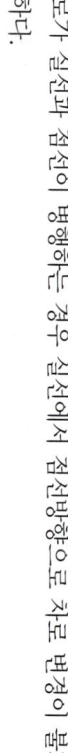

정답
294 ①,② 295 ②,③ 296 ①,④ 297 ①,③ 298 ③,④ 299 ③,④ 300 ②,③ 301 ②,④ 302 ①,④ 303 ①,③ 304 ①,② 305 ②,③ 306 ①,③ 307 ①,③

308 다음 중 강풍이나 돌풍 상황에서 가장 올바른 운전방법 2가지는?

① 핸들을 양손으로 꽉 잡고 차로를 유지한다.
② 바람에 관계없이 속도를 높인다.
③ 표지판이나 신호등, 가로수 부근에 주차한다.
④ 산약 지대나 다리 위, 터널 출입구에서는 강풍의 위험이 많으므로 주의한다.

[난이도 : 下]

309 자갈길 운전에 대한 설명한 2가지는?

① 운전대는 최대한 느슨하게 한 손으로 잡는 것이 좋다.
② 최대한 속도를 높여서 운전하는 것이 좋다.
③ 차체에 무리가 가도록 속도를 높이 운전하는 것이 좋다.
④ 타이어 접지력이 떨어지므로 서행하는 것이 좋다.

310 빗길 주행 중 앞차가 정지하는 것을 보고 제동했을 때 발생하는 현상으로 바르지 않은 2가지는?

① 급제동 시에는 타이어와 노면의 마찰로 차량의 앞숙임 현상이 발생한다.
② 노면의 마찰력이 작아지기 때문에 빗길에서는 공주거리가 길어진다.
③ 앞 차량의 안전거리를 좁히며 안전거리를 유지한다.
④ 수막현상과 편(偏)제동 현상이 발생하여 차로를 이탈할 수 있다.
⑤ 자동차타이어의 마모율이 커질수록 제동거리가 짧아진다.

311 언덕길의 오르막 정상 부근으로 접근 중이다. 안전한 운전행동으로 맞는 2가지는?

① 연료 소모를 줄이기 위해서 엔진의 RPM(분당 회전수)을 높인다.
② 오른 차량의 안전거리를 바로 주차 브레이크를 사용한다.
③ 앞 차량의 맞은편 속도기를 내밀며 안전거리를 유지한다.
④ 고단기어보다는 저단기어로 주행한다.

[난이도 : 上]

312 내리막길 주행 시 가장 안전한 운전 방법 2가지는?

① 기어 내렬수는 아무런 관계가 없으므로 편리한 대로 선택한다.
② 위험한 상황이 발생하면 바로 주차 브레이크를 사용한다.
③ 풋브레이크 때문 내습가기관과 함께 사용하는 것이 좋다.
④ 풋 브레이크만 시용하면서 내려간다.

[난이도 : 中]

313 지진이 발생할 경우 안전한 대처 요령 2가지는?

① 지진이 발생하면 신속하게 주차이 시동을 끄고 하차한다.
② 자신가리를 충분히 확보한 후 도로의 수축에 정차시킨다.
③ 차로에 있는 경우 안전한 속으로 차를 대피시킨다.
④ 지진 발생과 관계없이 계속 주행한다.

[난이도 : 中]

314 자동차 운전 중 터널 내에서 화재가 났을 경우 조치해야 할 행동으로 맞는 2가지는?

① 차에서 내려 이동할 경우 자동차이 시동을 끄고 하차한다.
② 소화기로 불을 끌 경우 바람을 등지고 서야 한다.
③ 터널 밖으로 이동이 어려운 경우 차량은 최대한 중앙선 쪽으로 정차시킨다.
④ 차량 두고 대피할 경우 자동차 시동을 끄고 키를 가지고 신속하게 하차한다.

[난이도 : 中]

315 자동차가 미끄러지는 현상에 관한 설명으로 맞는 2가지는?

① 고속 주행시 급제동 시에 주로 발생하기 때문에 과속이 주된 원인이다.
② 빗길에서는 저속 운행 시에 주로 발생한다.
③ 미끄러지는 현상에 의한 노면 흔적은 사고 원인 추정에 별 도움이 되지 못한다.
④ ABS 장착 차량도 미끄러지는 현상이 발생할 수 있다.

[정답]
308 ①,④   309 ③,④   310 ②,④   311 ③,④   312 ③,④   313 ②,③   314 ①,②   315 ①,④   316 ②,③   317 ②,③   318 ②,④   319 ①,③   320 ①,③   321 ①,④

- ABS는 미끄러운 노면에서 바퀴이 잠금을 최소화하기 위한 장치이지만 ABS가 작동된다고 마찰저항이 발생되는 것은 아니다.

316 교통사고처리특례법상 형사 처벌되는 경우로 맞는 2가지는?

① 종합보험에 가입하지 않은 경우 차가 있는 교통사고를 일으키고 피해자의 인적 피해가 있는 교통사고를 일으킨 때
② 택시공제조합에 가입한 택시가 중상해의 교통사고를 일으키고 피해자와 합의한 때
③ 종합보험에 가입한 차가 신호를 위반하여 인적 피해가 있는 교통사고를 일으킨 때
④ 화물공제조합에 가입한 화물차가 안전운전 불이행으로 물적 피해가 있는 교통사고를 일으킨 때

[난이도 : 上]

317 고속도로 주행 중 엔진 룸(보닛)에서 연기가 나고 화재가 발생했을 때 가장 바람직한 조치 방법은?

① 발견 즉시 그 자리에 정차한다.
② 갓길로 이동한 후 시동을 끄고 재빨리 차에서 내려 대피한다.
③ 초기 진화가 가능한 경우에는 차량에 비치된 소화기를 사용하여 불을 끈다.
④ 초기 진화에 실패했을 때에는 119 등에 신고한 후 차량 바로 옆에서 기다린다.

[난이도 : 下]

318 다음 중 자동차 주행 중 앞엔진 위험을 느끼고 브레이크 페달을 밟아 실제로 정자할 때까지의 '정지거리'가 가장 길어질 수 있는 경우 2가지는?

① 차량의 중량이 상대적으로 가벼울 때
② 차량의 속도가 상대적으로 빠를 때
③ 출발지와 도착지 간의 거리가 길 때
④ 타이어를 새로 구입하여 장착한 직후
⑤ 승차 정원 초과 시 도로자 관할 경찰서장의 허가를 받은 후

[난이도 : 上]

319 자동차 승차인원에 관한 설명으로 맞는 2가지는?

① 고속도로 운행 승용차는 승차정원 이내를 조과할 수 있다.
② 자동차등록증에 기재된 승차정원을 초과하여 안전운전에 인원이다.
③ 출발지를 관할하는 경찰서장의 허가를 받은 때에는 승차정원을 초과하여 운행할 수 있다.
④ 이륜차의 승차정원은 운전자 1인이다.

[난이도 : 下]

320 장애인 교통안전에 관한 교통사고를 방지하기 위한 가장 안전한 운전방법 2가지는?

① 앞지르기 전 정차하거나 서행하는 승차는 속도를 줄이며 앞지른다.
② 비상점멸등을 켜고 긴급자동차를 따라서 운행한다.
③ 안전과 주행을 위해 급조자동차를 피해 다른 차로로 주행한다.
④ 위험이 발견되면 풋브레이크를 급히 밟아 긴급 주차조치하여 제동거리를 줄인다.

321 좌석안전띠에 관한 설명으로 맞는 2가지는?

① 운전자가 안전띠를 착용하지 않은 경우 과태료 3만원이 부과된다.
② 일반적으로 경부에 대한 편타손상은 2점식에서 더 많이 발생한다.
③ 13세 미만이 어린이가 안전띠를 착용하지 않으면 과태료 6만원이 부과된다.
④ 안전띠는 착용방식에 따라 2점식, 3점식, 4점식으로 구분된다.

322 [난이도 : 下]
좌석 안전띠 착용에 대한 설명으로 맞는 2가지는?
① 가까운 거리를 운행할 경우에는 큰 효과가 없으므로 착용하지 않아도 된다.
② 자동차의 승차자는 안전을 위하여 좌석 안전띠를 착용하여야 한다.
③ 어린이는 부모의 도움을 받을 수 있도록 좌석에 태우고, 좌석 안전띠를 착용시키지 않는 것이 안전하다.
④ 긴급한 용무로 출동하는 긴급자동차의 운전자도 좌석 안전띠를 반드시 착용하여야 한다.

323 [3점]
도로교통법상 교통사고발생 시 긴급을 요하는 경우 동승자에게 조치를 하도록 하고 운전을 계속할 수 있는 차량 2가지는?
① 병원으로 부상자를 운반 중인 승용자동차
② 화재 진압 후 소방서로 돌아오는 소방자동차
③ 교통사고 현장으로 출동하는 경찰자동차
④ 택배화물을 신고 가던 중인 우편자동차

324 [3점]
긴급한 환자를 수송 중인 구급차 운전자가 교통사고 발생 시 계속 운전할 수 있는가?
① 긴급한 환자의 수송 중이므로 모든 ا차는 통행 우선권이 있으므로 계속 운전한다.
② 긴급한 회송을 위해 교통사고 발생시에도 긴급자동차는 동승자로 하여금 필요한 조치 등을 하게하고 계속 운전한다.
③ 긴급 환자 수송 중이기에 승객이 대신 사고 처리를 하도록 하고 계속 운전한다.
④ 긴급 환자를 수송 중이라도 동승자로 하여금 필요한 조치 등을 하게하고 계속 운전한다.

325 [2점]
술에 취한 상태에 있다고 인정할만한 상당한 이유가 있는 자전거 운전자가 경찰공무원의 정당한 음주측정 요구에 불응한 경우 도로교통법상 어떻게 되는가?
① 처벌하지 않는다.
② 과태료 부과한다.
③ 범칙금 10만원의 통고처분한다.
④ 10만원 이하의 벌금 또는 구류에 처한다.

326 [3점]
자동차가 차로를 이탈할 가능성이 가장 큰 경우 2가지는?
① 오르막길에서 주행할 때
② 커브 길에서 급하게 핸들을 조작할 때
③ 내리막길에서 주행할 때
④ 노면이 미끄러울 때

327 [3점]
밤차에 술을 통고처분 받은 사람이 2차 남부 경과기간을 초과한 경우에 대한 설명으로 맞는 2가지는?
① 지체 없이 즉결 심판을 청구하여야 한다.
② 즉결심판을 받지 아니한 때 운전면허를 40일 정지한다.
③ 과태료 부과한다.
④ 범칙금액에 100분의 30을 더한 금액을 납부하면 즉결심판을 청구하지 않는다.

328 [3점]
고속도로 공사구간을 주행할 때 운전자의 올바른 운전요령이 아닌 지는?
① 전방 공사 구간 상황에 주의하며 운전한다.
② 공사구간 제한속도표지에 표시된 속도보다 빠르게 주행한다.
③ 무리한 끼어들기 및 앞지르기를 하지 않는다.
④ 원활한 교통흐름을 위하여 공사구간 접근 전 미리 차로를 변경하여 주행한다.

329 [2점]
혈중알코올농도 0.03퍼센트 이상 0.08퍼센트 미만의 술에 취한 상태로 운전한 사람에 대한 처벌기준으로 맞는 것은?
① 1년 이하의 징역이나 500만원 이하의 벌금
② 2년 이하의 징역이나 1천만원 이하의 벌금
③ 3년 이하의 징역이나 1천500만원 이하의 벌금
④ 2년 이상 5년 이하의 징역이나 1천만원 이상 2천만원 이하의 벌금

330 [2점]
도로교통법상 정비불량차량 발견 시 ( )일의 범위 내에서 그 사용을 정지시킬 수 있다. ( ) 안에 기준으로 맞는 것은?
① 5 ② 7 ③ 10 ④ 14

331 [난이도 : 下]
산충에 대한 설명으로 맞는 2가지는?
① 황색의 등화 점멸 – 차마는 다른 교통 또는 안전표지의 표시에 주의하면서 진행할 수 있다.
② 적색의 등화 – 보행자는 횡단보도를 주의하면서 진행할 수 있다.
③ 녹색화살 표시의 등화 – 차마는 화살표 방향으로 진행할 수 있다.
④ 황색의 등화 – 차마가 이미 교차로에 진입하고 있는 경우에는 신속히 교차로 밖으로 진행하여야 한다.

332 [2점]
도로교통법상 '자동차'에 해당하는 2가지는?
① 천공기(트럭적재식) ② 노상안정기
③ 자전거 ④ 유모차

333 [난이도 : 中]
도로교통법상 자동차등(개인형 이동장치 제외)을 운전한 사람에 대한 처벌기준에 대한 내용이다. 옳게 연결된 2가지는?
① 혈중알코올농도 0.2% 이상으로 음주운전한 사람 - 1년 이상 2년 이하의 징역이나 500만원 이상 1천만원 이하의 벌금
② 공동위험행위를 한 사람 - 2년 이하의 징역이나 500만원 이하의 벌금
③ 난폭운전을 한 사람 - 1년 이하의 징역이나 500만원 이하의 벌금
④ 마약 등의 영향으로 정상적인 운전을 하지 못할 우려가 있는 상태에서 자동차등을 운전한 사람 - 50만 원 이하의 벌금이나 구류

334 [3점]
도로교통법상 자동차등을 운전에 대한 설명이다. 맞는 2가지는?
① 피로한 상태에서의 운전은 사고위험이 증가되므로 주의력, 판단력 등이 떨어진 상태에서의 운전은 피하여야 한다.
② 피로한 상태에서의 운전은 음주운전 보다 위험할 수 있다.
③ 마약을 복용하고 운전을 하다가 교통사고로 사람을 상해에 이르게 한 경우는 500만원 이하의 벌금이나 구류에 처한다.
④ 마약을 복용하고 운전을 하다가 교통사고로 사람을 상해에 이르게 한 경우는 3년 이상의 유기징역에 처한다.

335 [3점]
음주운전에 취한 상태에서 자동차등을 운전한 경우 처벌 기준에 해당하는 설명으로 해당하지 않은 2가지는?
① 술에 취한 상태의 기준은 혈중알코올농도가 0.03퍼센트 이상인 경우이다.
② 술에 만취한 상태(혈중알코올농도 0.2퍼센트 이상)에서 운전한 경우 2년 이상 5년 이하의 징역이나 1천만원 이상 2천만원 이하의 벌금이다.
③ 술에 취한 상태에서 운전한 이유로 2회 이상 위반한 사람이 다시 술에 취한 상태에서 자동차등을 운전한 경우 1년 이상 5년 이하의 징역이나 500만원 이상 2천만원 이하의 벌금이다.
④ 술에 취한 상태에 있다고 인정할 만한 상당한 이유가 있는 사람이 경찰공무원의 측정에 응하지 아니한 경우 1년 이상 5년 이하의 징역이나 500만원 이상 2천만원 이하의 벌금에 해당한다.

정답

322 ②,④　323 ①,④　324 ④　325 ③　326 ②,④　327 ①,②　328 ②,④　329 ①　330 ③　331 ①,③　332 ①,②　333 ①,④　334 ②,③　335 ②,④

336 승용차가 해당 도로에서 법정 속도를 위반하여 운전하고 있는 경우 2가지는?

① 편도 2차로인 일반도로를 매시 85킬로미터로 주행 중이다.
② 서해안 고속도로를 매시 90킬로미터로 주행 중이다.
③ 자동차전용도로를 매시 95킬로미터로 주행 중이다.
④ 편도 1차로인 고속도로를 매시 75킬로미터로 주행 중이다.

[난이도 : 中]

337 길 가장자리 구역에 대한 설명으로 맞는 2가지는?

① 경계 표시는 하지 않는다.
② 보행자의 안전 확보를 위하여 설치한다.
③ 보도와 차도가 구분되지 아니한 도로에 설치한다.
④ 도로가 아니다.

[난이도 : 上]

338 어린이가 도로에서 타는 경우 인명보호장구를 착용하여야 하는 행정안전부령으로 정하는 위험성이 큰 놀이기구에 해당하지 않는 것은?

① 킥보드
② 전동이륜평행차
③ 롤러스케이트
④ 스케이트보드

[난이도 : 上]

339 자전거 통행방법에 대한 설명으로 맞는 2가지는?

① 자전거 운전자는 안전표지로 통행이 허용된 경우를 제외하고는 2대 이상이 나란히 차도를 통행하여서는 아니 된다.
② 자전거 운전자가 횡단보도를 이용하여 도로를 횡단할 때에는 자전거를 끌고 통행하여야 한다.
③ 자전거 운전자는 도로의 파손, 도로 공사나 그 밖의 장애 등으로 도로를 통행할 수 없는 경우에도 보도를 통행할 수 없다.
④ 자전거 운전자는 안전표지로 자전거 통행이 허용된 곳에서는 도로 중앙으로 서 통행하여야 한다.

[난이도 : 中]

340 다음 중 수소자동차의 주요 구성품이 아닌 것은?

① 연료전지시스템(스택)
② 수소저장용기
③ 내연기관에 의해 구동되는 발전기
④ 구동용 모터

[난이도 : 下]

341 전기자동차 관리방법으로 옳지 않은 2가지는?

① 비사용 충전용 승용자동차의 자동차검사 유효기간은 6년이다.
② 장거리 운전 시에는 사전에 배터리를 확인하고 충전한다.
③ 충전 직후에는 급속 가속, 급정지를 하지 않는 것이 좋다.
④ 열선시트, 열선핸들보다 공기 히터를 사용하는 것이 효율적이다.

[난이도 : 上]

342 다음 중 친환경운전과 관련된 내용으로 맞는 것 2가지는?

① 온실가스 감축 목표에 관한 교토 의정서와 관련이 있다.
② 대기오염을 일으키는 물질에는 탄화수소, 이산화탄소, 질소산화물 등이 있다.
③ 자동차 실내 온도를 높이기 위해 엔진 시동 후 장시간 공회전을 한다.
④ 수소 연료전지 전기차는 공해 물질을 배출하지 않는다.

[난이도 : 中]

343 다음 중 도로교통법상 보행자전용도로에 대한 설명으로 맞는 2가지는?

① 통행이 허용된 차마의 운전자는 통행 속도를 보행자의 걸음 속도로 운행하여야 한다.
② 차마의 운전자는 원칙적으로 보행자전용도로를 통행할 수 없다.
③ 경찰서장이 특히 필요하다고 인정하는 경우는 차마의 통행을 허용할 수 없다.
④ 통행이 허용된 차마의 운전자는 보행자를 위험하게 할 때는 일시정지하여야 한다.

[난이도 : 上]

94

344 노인보호구역에서 자동차에 신고 기간 화물이 떨어져 노인이 상해를 다쳐 하여 2주 진단의 상해를 발생시킨 경우 교통사고처리특례법상 처벌로 맞는 것은?

① 피해자의 처벌의사에 관계없이 형사처벌 된다.
② 피해자와 합의하면 형사처벌되지 않는다.
③ 손해를 전액 보상받을 수 있는 보험가입 여부와 관계없이 형사처벌 된다.
④ 손해를 전액 보상받을 수 있는 보험에 가입되어 있으면 형사처벌 되지 않는다.

[난이도 : 上]

345 긴급한 용도로 운행 중인 긴급자동차에 양보하는 운전방법으로 맞는 2가지는?

① 모든 자동차는 좌측 가장자리로 피하는 것이 원칙이다.
② 비탈진 좁은 도로에서 긴급자동차가 피양하는 경우에는 좁은 도로의 우측 가장자리로 피하여 진로를 양보하여야 한다.
③ 교차로 부근에서는 교차로를 피하여 일시정지하여야 한다.
④ 교차로나 그 부근 외의 곳에서는 긴급자동차가 우선 통행할 수 있도록 진로를 양보하여야 한다.

[난이도 : 中]

346 어린이보호구역 신고에 대한 설명이다. 맞는 것 2가지는?

① 어린이통학버스를 운영하려면 미리 도로교통공단에 신고하고 신고증명서를 발급받아야 한다.
② 어린이통학버스는 원칙적으로 승차정원 9인승(어린이 1명을 포함한다) 이상의 자동차로 한다.
③ 어린이통학버스는 교육부장관이 정한 색상으로 도색한다.
④ 어린이통학버스 신고증명서가 헐어 못 쓰게 된 경우에는 어린이통학버스 운 영자 소재지 관할 경찰서장에게 재교부 신청한다.

[난이도 : 下]

347 어린이통학버스에 대한 설명과 주행방법이다. 맞는 것 2가지는?

① 어린이 보호를 위하여 필요한 경우 통행속도 시속 30킬로미터 이내로 제한할 수 있고 통행할 때에는 항상 제한속도 이내로 서행한다.
② 위 ①의 경우 속도제한의 대상은 자동차, 원동기장치자전거가 해당되며 긴급자동차는 제외된다.
③ 대안학교나 외국인학교의 주변도로는 어린이 보호구역 지정 대상이 아니므로 횡단보도가 아닌 곳에서 어린이가 횡단하는 경우 보호의무가 없다.
④ 어린이보호구역 내 설치된 신호기의 보행 시간은 어린이 최고 보행속도를 기준으로 설정되어 있으므로 무리하여야 한다.

[난이도 : 下]

348 도로교통법상 연습운전면허의 유효 기간은?

① 받은 날부터 6개월
② 받은 날부터 1년
③ 받은 날부터 2년
④ 받은 날부터 3년

[난이도 : 下]

349 다음 중 긴급자동차의 준수사항으로 옳은 것 2가지는?

① 속도에 관한 규정을 위반하는 자동차 등을 단속하는 긴급자동차는 자동차의 안전운행에 필요한 기준에서 정한 긴급자동차의 구조를 갖추어야 한다.
② 국내외 요인에 대한 경호업무수행에 공무로 사용되는 자동차는 사이렌을 울리거나 경광등을 켜지 않아도 된다.
③ 일반자동차는 긴급조치를 위해 비상표시등을 모든 긴급한 목적으로 운행되고 있음을 표시하여도 긴급자동차로 볼 수 없다.
④ 긴급자동차는 사이렌을 울리거나 경광등을 켜서 긴급한 용무 중임을 표시하여도 전용차로를 통행할 수 없다.

[난이도 : 上]

정답

336 ①,③ 337 ②,③ 338 ② 339 ①,② 340 ③ 341 ①,④ 342 ①,② 343 ①,④ 344 ①,④ 345 ③,④ 346 ②,③ 347 ①,② 348 ② 349 ②,④

350 회전교차로 통행방법으로 맞는 것 2가지는?

① 교차로 진입 전 일시정지 후 교차로 내 차량이 없으면 진입한다.
② 회전교차로에서의 회전은 시계방향으로 회전해야 한다.
③ 회전교차로 진입 시에는 좌측 방향지시등을 작동해야 한다.
④ 회전교차로 내에 진입한 후에는 가급적 멈추지 않고 진행해야 한다.

[난이도 : 上]

351 바닥이 철 때 안전한 운전 방법 2가지는?

① 자동차는 큰 나무 아래에 잠시 세운다.
② 차의 창문을 닫고 자동차 안에 그대로 있는다.
③ 건물 옆은 젖을 위험이 있으므로 피해야 한다.
④ 벼락이 자동차에 진다면 매우 위험한 상황이니 차 밖으로 피신한다.

[난이도 : 上]

352 개인형 이동장치의 기준에 대한 설명이다. 바르게 설명된 것은?

① 원동기를 단 차 중 시속 30킬로미터 이상으로 운행할 경우 전동기가 작동하지 아니하여야 한다.
② 전동기의 동력만으로 움직일 수 없는(PAS : Pedal Assist System) 전기자전거를 포함한다.
③ 최고 정격출력 11킬로와트 이하의 원동기를 단 차 중 차체 중량이 35킬로그램 미만인 것을 말한다.
④ 차체 중량은 30킬로그램 미만이어야 한다.

[난이도 : 上]

353 다음 중 도로교통법상 안전 운전의무를 발급 받을 수 있는 사람은?

① 운전면허 시험에 합격하여 운전면허증을 신청하는 경우
② 운전 중 적성검사시에 합격하여 운전면허증을 신청하는 경우
③ 외국면허증을 국내면허증으로 교환 발급 신청하는 경우
④ 연습운전면허증을 신청하는 경우

[난이도 : 中]

354 2회 이상 경찰공무원의 음주측정을 거부한 승용차운전자의 처벌 기준은? (범칙금 이용의 형 확정된 날로부터 10년 내)

① 1년 이상 6년 이하의 징역이나 500만 원 이상 3천만 원 이하의 벌금
② 2년 이상 6년 이하의 징역이나 500만 원 이상 2천만 원 이하의 벌금
③ 3년 이상 5년 이하의 징역이나 500만 원 이상 3천만 원 이하의 벌금
④ 1년 이상 5년 이하의 징역이나 500만 원 이상 2천만 원 이하의 벌금

[난이도 : 上]

355 혈중알코올농도 0.08퍼센트 이상 0.2퍼센트 미만의 술에 취한 상태로 운전한 사람에 대한 처벌기준으로 맞는 것은?

① 2년 이하의 징역이나 500만 원 이하의 벌금
② 3년 이하의 징역이나 500만 원 이상 1천만 원 이하의 벌금
③ 1년 이상 2년 이하의 징역이나 500만 원 이상 1천만 원 이하의 벌금
④ 2년 이상 5년 이하의 징역이나 1천만 원 이상 2천만 원 이하의 벌금

[난이도 : 上]

356 다음은 도로교통법에서 정의하고 있는 용어이다. 알맞은 내용 2가지는?

① "차도"란 연석선, 안전표지 또는 그와 비슷한 인공구조물을 이용하여 경계(境界)를 표시하여 모든 차가 통행할 수 있도록 설치된 도로의 부분을 말한다.
② "자전거"란 차로와 차로를 구분하기 위하여 그 경계지점을 안전표지로 표시한 선을 말한다.
③ "차도"란 차마가 한 줄로 도로의 정하여진 부분을 통행하도록 차선으로 구분한 도로의 부분을 말한다.
④ "자전거"란 연석선 등으로 경계를 표시하여 보행자가 통행할 수 있도록 한 도로의 부분을 말한다.

357 도로 우측 부분의 폭이 6미터가 되지 아니하는 도로에서 다른 차를 앞지르기할 수 있는 경우로 맞는 것은?

① 도로의 좌측 부분을 확인할 수 있으며 반대 방향의 교통을 방해할 우려가 없는 경우
② 앞차가 저속으로 진행하고, 다른 차와 안전거리가 확보된 경우
③ 안전표지 등으로 앞지르기를 금지하거나 제한하고 있는 경우
④ 해당 도로의 좌측 부분을 확인할 수 없는 경우

[난이도 : 上]

358 승차정원이 11명인 승합자동차로 총중량 780킬로그램의 피견인차를 견인하고자 한다. 운전자가 취득해야 하는 운전면허의 종류는?

① 제1종 보통면허 및 소형견인차면허
② 제2종 보통면허 및 제1종 소형견인차면허
③ 제1종 보통면허 및 구난차면허
④ 제2종 보통면허 및 제1종 구난차면허

[난이도 : 中]

359 다음 안전표지에 대한 설명으로 맞는 것은?

① 노약자 보호를 우선하라는 지시를 하고 있다.
② 노약자 보호구역을 알리고 있다.
③ 어린이보호를 지시하고 있다.
④ 보행자전용도로임을 지시하고 있다.

[난이도 : 下]

360 다음 안전표지에 대한 설명으로 맞는 것은?

① 노인보호구역에서 노인의 보호를 지시하고 있다.
② 노인보호구역에서 노인이 나란히 걸어가면 것을 지시하는 것
③ 노인보호구역에서 노인이 나란히 경자가는 것을 지시하는 것
④ 노인보호구역에서 남자노인과 여성노인을 차별하지 않을 것을 지시하는 것

[난이도 : 中]

361 다음 중 도로교통법의 지시표지로 맞는 것은?

① ② ③ ④

[난이도 : 下]

362 다음 안전표지가 의미하는 것은?

① 우회전 표지
② 우로 굽은 도로 표지
③ 우회전 우선 표지
④ 우측방 우선 표지

363 다음 안전표지에 대한 설명으로 맞는 것은?

① 좌회전 녹색 화살표시가 등화된 경우에만 좌회전할 수 있다.
② 좌회전 신호 시 좌회전하거나 진행신호 시 반대 방면에서 오는 차량에 방해가 되지 아니하도록 좌회전할 수 있다.
③ 신호등과 관계없이 반대 방면에서 오는 차량에 방해가 되지 아니하도록 좌회전할 수 있다.
④ 황색등화 시 반대 방면에서 오는 차량에 방해되지 아니하도록 좌회전할 수 있다.

정답
350 ①,④ 351 ②,③ 352 ④ 353 ④ 354 ① 355 ③ 356 ②,④ 357 ③ 358 ① 359 ④ 360 ① 361 ③ 362 ① 363 ②

정답
364 ① 365 ② 366 ③ 367 ④ 368 ② 369 ② 370 ④ 371 ④ 372 ① 373 ④ 374 ③ 375 ② 376 ③ 377 ④ 378 ②

364 다음 안전표지의 의미로 맞는 것?

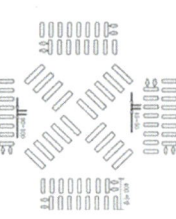

① 자전거 우선도로 표시
② 자전거 전용도로 표시
③ 자전거 횡단도로 표시
④ 자전거 보호구역 표시

[난이도: 下]

365 다음 차도 부분의 가장자리에 설치된 노면표시의 설명으로 맞는 것?

① 정차를 금지하고 주차를 허용한 곳을 표시하는 것
② 정차 및 주차금지를 표시하는 것
③ 정차는 허용하고 주차금지를 표시하는 것
④ 구역·시간·장소 및 차의 종류를 정하여 주차를 허용할 수 있음을 표시하는 것

[난이도: 下]

366 다음 안전표지의 의미로 맞는 것?

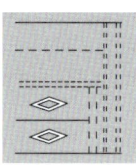

① 교차로에서 좌회전하려는 차량이 다른 교통에 방해가 되지 않도록 좌회전 유도 차로 안에서 대기하는 지점을 표시하는 것
② 교차로에서 좌회전하려는 차량이 다른 교통에 방해가 되지 않도록 사전에 지정해 놓은 좌회전 유도 차선의 진입 지점을 표시하는 것
③ 교차로에서 좌회전하려는 차량이 다른 교통에 방해가 되지 않도록 대기하는 지점을 알려주는 것
④ 교차로에서 좌회전하려는 차량이 다른 교통에 방해가 되지 않도록 대기하는 지점을 좌회전 차로 내에 표시하는 것

[난이도: 上]

367 다음 안전표지의 의미로 맞는 것?

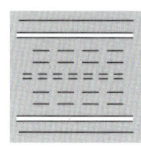

① 차집 표지
② 자로변경 제한선 표시
③ 유턴 구역선 표시
④ 길 가장자리 구역선 표시

[난이도: 上]

368 다음 노면표시의 의미로 맞는 것?

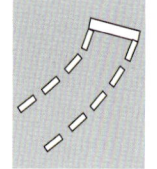

① 전방에 과속방지턱이 있음을 알리는 것
② 전방에 횡단보도가 있음을 알리는 것
③ 고속도로 노상장애물이 있음을 알리는 것
④ 전방에 주정차 금지 구역이 있음을 알리는 것

[난이도: 下]

369 다음과 같은 기점 표지판의 의미는?

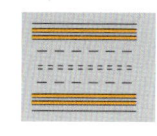

① 국도와 고속도로 IC까지의 거리를 알려주는 표지
② 고속도로가 시작되는 기점에서 현재 위치까지 거리를 알려주는 표지
③ 고속도로 휴게소까지 거리를 알려주는 표지
④ 진행방향 다음 나들목까지의 거리를 알려주는 표지

[난이도: 下]

370 다음 안전표지에 대한 설명으로 맞는 것?

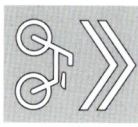

① 대각선횡단보도표시를 나타낸다.
② 모든 방향으로 통행이 가능한 횡단보도이다.
③ 보도 통행량이 많거나 어린이 보호구역 등 보행자 안전과 편의를 확보할 수 있는 지점에 설치한다.
④ 횡단보도 표시 사이 빈 공간은 횡단보도에 포함되지 않는다.

371 다음 중 관광서용 건물번호판은?

①
②
③
④

[난이도: 中]

372 다음 건물번호판에 대한 설명으로 맞는 것?

① 평촌길은 도로명, 30은 건물번호이다.
② 평촌길은 주 출입구, 30은 기초번호이다.
③ 평촌길은 도로시작점, 30은 건물주소이다.
④ 평촌길은 도로별 구분기준, 30은 상세주소이다.

[난이도: 中]

373 다음 3방향 도로명 예고표지에 대한 설명으로 맞는 것?

① 좌회전하면 300미터 전방에 시청이 나온다.
② 관평로는 도로의 시작점, 300미터는 남은 거리를 나타낸다.
③ 우회전하면 300미터 전방에 평촌역이 나온다.
④ 직진하면 300미터 전방에 '관평로'가 나온다.

[난이도: 中]

374 다음 안전표지에 대한 설명으로 맞는 것?

① 차가 양보하여야 할 장소임을 표시하는 것이다.
② 노상에 장애물이 있음을 표시하는 것이다.
③ 차가 들어가 정차하는 것을 금지하는 표시이다.
④ 주차할 수 있는 장소임을 표시하는 것이다.

[난이도: 中]

375 다음 방향표지와 관련된 설명으로 맞는 것?

① 150m 앞에서 6번 일반국도와 합류한다.
② 나들목(IC)의 명칭은 군포이다.
③ 고속도로 기점에서 47번째 나들목(IC)이라는 의미이다.
④ 고속도로와 고속도로를 연결해 주는 분기점(JCT) 표지이다.

[난이도: 中]

376 다음 사진 속의 유턴표지에 대한 설명으로 틀린 것은?

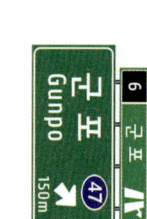

① 차마가 유턴할 지점의 도로의 우측에 설치할 수 있다.
② 차마가 유턴할 지점의 중앙이나 도로의 중앙에 설치한다.
③ 지시표지이므로 녹색등화 시에만 유턴할 수 있다.
④ 유턴표지는 교통안전표지 중 지시표지에 해당한다.

[난이도: 中]

377 고속도로에 설치된 표지판 속의 대전 143km가 의미하는 것은?

① 대전광역시 행정구역 경계선까지 전방거리
② 대전광역시 청사(시청)까지 전방거리
③ 위도상 대전광역시 중간지점까지 전방거리
④ 가장 먼저 닿게 되는 대전 지역 나들목까지 전방거리

[난이도: 下]

378 다음 안전표지의 뜻으로 가장 옳은 것은?

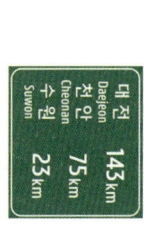

① 자동차와 이륜자동차는 08:00~20:00 통행을 금지
② 자동차와 이륜자동차 및 원동기장치자전거는 08:00 ~20:00 통행을 금지
③ 이륜자동차 및 원동기장치자전거는 08:00~20:00 통행을 금지
④ 이륜자동차와 자전거는 08:00~20:00 통행을 금지

379 [2점]
도로교통법상 다음의 안전표지에 따라 견인되는 경우로 틀린 것은? [난이도: 下]

① 운전자가 차에서 떠나 5분 동안 화장실에 다녀오는 경우 견인된다.
② 운전자가 차에서 떠나 10분 동안 잠을 배달하고 오는 경우 견인된다.
③ 운전자가 차를 정지시키고 운전석에 5분 동안 앉아 있는 경우 견인된다.
④ 운전자가 차를 정지시키고 운전석에 10분 동안 앉아 있는 경우 견인된다.

380 [2점]
다음 그림에 대한 설명 중 적절하지 않은 것은?

① 전봇대가 없는 도로변이나 공터에 설치하는 주소정보시설 (기초번호판)이다.
② 녹색로의 시작 지점으로부터 4.73km 지점의 오른쪽 도로변에 설치된 기초번호판이다.
③ 녹색로의 시작 지점으로부터 40.73km 지점의 왼쪽 도로변에 설치된 기초번호판이다.
④ 기초번호판에 표기된 도로명과 해당 지점의 정확한 위치를 알 수 있다.

381 [2점]
다음 안전표지에 대한 설명으로 맞는 것은? [난이도: 下]

① 일요일, 공휴일만 버스전용차로 통행 차량이 통행할 수 있다.
② 일요일, 공휴일을 제외하고 버스전용차로 통행 차량이 통행할 수 있다.
③ 모든 요일에 버스전용차로 통행 차량이 통행할 수 있다.
④ 일요일, 공휴일을 제외하고 모든 차가 통행할 수 있다.

382 [2점]
도로교통법령상 다음 안전표지에 대한 설명으로 바르지 않은 것은?

① 어린이 보호구역에서 어린이통학버스가 어린이 승하차를 위해 표지판에 표시된 시간 동안 정차를 할 수 있다.
② 어린이 보호구역에서 어린이통학버스가 어린이 승하차를 위해 표지판에 표시된 시간 동안 정차와 주차 모두 할 수 있다.
③ 어린이 보호구역에서 자동차등이 어린이의 승하차를 위해 정차를 할 수 있다.
④ 어린이 보호구역에서 자동차등이 어린이의 승하차를 위해 정차는 할 수 있으나 주차는 할 수 없다.

383 [2점]
도로교통법상 다음 도로표지의 명칭으로 맞는 것은?

① 위험구간 예고표지
② 속도제한 해제표지
③ 해제표지
④ 출구감속 유도표지

384 [2점]
다음 도로명판에 대한 설명으로 맞는 것은?

① 인천광역시 방향용 도로명판이다.
② "1→" 이 위치는 도로 끝지점이다.
③ 강남대로는 699미터이다.
④ "강남대로"는 도로이름이다.

385 [2점]
다음 안전표지 중 도로교통법령에 따른 도로의 규제표지는 몇 개인가? [난이도: 下]

① 1개 ② 2개 ③ 3개 ④ 4개

386 [2점]
도로교통법상 안전표지 지시표지가 설치된 도로의 통행방법으로 맞는 것은? [난이도: 下]

① 특수자동차만 이 도로를 통행할 수 있다.
② 화물자동차는 이 도로를 통행할 수 없다.
③ 이륜자동차는 긴급자동차인 경우만 이 도로를 통행할 수 있다.
④ 원동기장치자전거는 긴급자동차인 경우만 이 도로를 통행할 수 있다.

387 [2점]
도로교통법령상 다음 안전표지가 설치된 도로를 통행할 수 있는 차로 맞는 것은? [난이도: 下]

① 전기자전거
② 전동이륜평행차
③ 개인형 이동장치
④ 원동기장치자전거(개인형 이동장치 제외)

388 [2점]
다음 안전표지에 대한 설명으로 맞는 것은?

① 어린이 보호구역 안에서 어린이 또는 유아의 보호를 지시한다.
② 보행자 횡단보도로 통행할 것을 지시한다.
③ 보행자 전용도로임을 지시한다.
④ 노인 보호구역 안에서 노인의 보호를 지시한다.

389 [2점]
다음 안전표지에 대한 설명으로 맞는 것은?

① 차가 직진 후 좌회전할 것을 지시한다.
② 차가 좌회전 후 직진할 것을 지시한다.
③ 차가 직진 또는 좌회전할 것을 지시한다.
④ 좌회전하는 차보다 직진하는 차가 우선임을 지시한다.

390 [2점]
중앙선표시 위에 설치된 도로안전시설에 대한 설명으로 틀린 것은? [난이도: 中]

① 중앙선 노면표시에 설치된 도로안전시설물은 중앙분리봉이다.
② 교통사고 발생의 위험이 높은 곳으로 위험구간을 예고하는 목적으로 설치한다.
③ 운전자의 주의가 요구되는 장소에 노면표시를 보조하여 시설물을 이용, 동일 및 반대방향 교통흐름을 공간적으로 분리하기 위해 설치한다.
④ 동일 및 반대방향 교통흐름을 공간적으로 분리하기 위해 설치한다.

391 [2점]
다음 노면표시가 의미하는 것은?

① 전방에 과속방지턱 또는 교차로에 오르막 경사면이 있다.
② 전방 도로가 좁아지고 있다.
③ 차량 두 대가 동시에 통행할 수 있다.
④ 산악지역 도로이다.

정답

379 ③ 380 ② 381 ② 382 ④ 383 ④ 384 ④ 385 ③ 386 ③ 387 ④ 388 ③ 389 ③ 390 ① 391 ①

강남대로의 남은 길 시작점을 의미하며 길끝미터를 의미한다.

 Gangnam-daero 1→699

강남대로 1→699

유문미터를 의미하여 "1→"이 위치는 도로의 시작점을 의미하고 강남대로는 6.99킬로미터로 "강남대로"는 도로이름을 나타낸다.

392 [난이도: 下]

도로교통법령상 다음의 노면표시가 설치되는 장소로 맞는 것은?

① 차마의 역주행을 금지하는 도로의 구간에 설치
② 차마의 유턴을 금지하는 도로의 구간에 설치
③ 회전교차로에서 내에서 역주행을 금지하는 도로의 구간에 설치
④ 회전교차로에서 내에서 유턴을 금지하는 도로의 구간에 설치

393 [난이도: 下]

다음 상황에서 적색 노면표지에 대한 설명으로 맞는 것은?

① 차의 보도를 구획하는 경계지리 구역을 표시하는 것
② 차의 자동차명을 제한하는 것
③ 보행자를 보호해야 하는 구역을 표시하는 것
④ 소방시설 등이 설치된 구역을 표시하는 것

394 [난이도: 下]

🔍 도로교통법령상 다음과 같은 노면표시에 따른 운전행동으로 맞는 것은?

소방시설 등이 설치된 곳으로부터 각각 5미터 이내인 곳에서 신속한 소방 활동을 위해 특히 필요하다고 인정하는 곳에 정차·주차금지를 표시하는 것

① 어린이보호구역으로 어떤 경우에도 정차하여 어린이를 태우지 않는다.
② 어린이보호구역 내 횡단보도 예고표시가 있으므로 미리 서행해야 한다.
③ 어린이보호구역으로 어린이 및 영유아 안전에 유의해야 한다.
④ 어린이보호구역 중 하차구간표시이므로 어린이를 승차시킬 수 있다.

395 [난이도: 中]

다음 안전표지에 대한 설명으로 틀린 것은?

① 어린이보호구역 안에서 어떤 경우에도 정차하여 어린이를 태우지 않는다.
② 고원식횡단보도 표시이다.
③ 노면이 인접하여 시트롤 설치하여 과속방지턱 형태로 하며 높이는 10cm로 한다.
④ 운전자의 주의를 환기시킬 필요가 있는 지점에 설치한다.

396 [난이도: 下]

다음 안전표지에 대한 설명으로 맞는 것은?

① 전방에 안전지대가 있음을 알리는 것이다.
② 차가 양보하여야 할 장소임을 표시하는 것이다.
③ 전방에 횡단보도가 있음을 알리는 것이다.
④ 주차할 수 있는 장소임을 표시하는 것이다.

397 [난이도: 下]

다음 안전표지에 대한 설명으로 맞는 것은?

① 자전거 전용도로임을 표시하는 것이다.
② 자전거의 횡단도로임을 지시하는 것이다.
③ 자전거주차장이 있음을 알리는 것이다.
④ 자전거도로에서 2대 이상 자전거의 나란히 통행을 허용하는 것이다.

398

다음 안전표지에 대한 설명으로 맞는 것은?

① 횡단보도임을 표시하는 것이다.
② 차가 들어가 정차하는 것을 금지하는 표지이다.
③ 차가 양보하여야 할 장소임을 표시하는 것이다.
④ 교차로에 오르막 경사면이 있음을 표시하는 것이다.

399 [난이도: 中]

다음과 같은 상황에서 가장 안전한 운전방법 2가지는?

[도로상황]
- 어린이 보호구역
- 중앙선이 없는 이면도로

① 어린이 보호구역 정문 부터 미리 속도를 낮춰 진행한다.
② 중앙선이 없는 이면도로에서는 보행자의 안전에 특히 주의하며 운전한다.
③ 어린이 보호구역의 횡단보도는 보행자가 없으면서 시행한다.
④ 일반 상황이므로 전방의 안전을 살피기 위해 상향등을 켜고, 경음기를 계속 사용한다.
⑤ 도로 우측이 황색실선은 주차는 허용하나 정차는 불가하므로 못하므로 주차는 가능하다.

400 [난이도: 中]

다음과 같은 상황에서 가장 안전한 운전방법 2가지는?

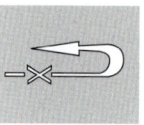

[도로상황]
- 어린이 보호구역
- 좌우측 주차차량
- 진입로가 많은 오르막 도로
- 편도 1차로 도로

① 어린이 보호구역이므로 어린이가 없더라도 경음기를 울리며 서행한다.
② 중앙선을 넘어 진행하는 차량이 있으므로 속도를 낮춰 진행한다.
③ 좌측 전방 주차차량으로 들어가는 진입로에 주의하며 진행한다.
④ 맞은편에서 진행 중인 버스로 인해 화물차가 어려워 교행사고의 위험이 있으므로 주의한다.
⑤ 어린이 보호구역 내 과속방지턱에서는 주차는 가능은 일지정지는 가능하다.

401 [난이도: 中]

다음 중 소방기본법령 소방자동차 전용구역에 대한 설명으로 옳지 않은 2가지는?

[도로상황]
- 출입구 차단봉이 있는 공동주택

① 소방활동의 원활한 수행을 위하여 공동주택에 설치한다.
② 누구든지 전용구역에 차를 주차하거나 전용구역을 가로막는 등 방해행위를 하여서는 아니 된다.
③ 공동주택의 건축주는 예외 없이 각 동별로 1개소 이상 설치해야 한다.
④ 사진과 같은 주차라인을 경우 과태료 부과대상이다.
⑤ 전용구역 표지를 훼손하는 행위는 전용구역 방해행위에 해당되지 않는다.

| 392 ② | 393 ④ | 394 ① | 395 ④ | 396 ③ | 397 ② | 398 ③ | 399 ②,③ | 400 ②,④ | 401 ③,⑤ |

402. 소방자동차 긴급출동 중 통행 방해 차량의 강제처분에 관한 설명으로 틀린 2가지는?

[난이도 : 中]

도로상황
- 주택가 이면도로
- 화재 진압을 위해 출동 중인 소방차
- 불법 주차된 차량들

① 소방활동에 방해가 되는 불법 주차된 차량을 이동할 수 있다.
② 소방활동에 방해가 되는 주차 구획선 내에 주차된 차량을 이동할 수 있다.
③ 소방자동차의 통행에 방해가 되는 물건들을 제거하거나 이동시킬 수 있다.
④ 강제처분된 불법 주차된 차량의 손실보상을 청구할 수 있다.
⑤ 강제처분된 주차 구획선 내에 주차된 차량은 손해배상을 청구할 수 있다.

403. 다음 상황에서 가장 잘못된 운전행동 2가지는?

[난이도 : 中]

도로상황
- 사거리 교차로
- 편도 3차로 도로
- 보도에서 개인형 이동장치를 타는 사람

① 우회전하려면 정지선의 직전에 일시정지한 후 우회전한다.
② 우회전할 때에는 미리 도로의 우측 가장자리를 서행하면서 우회전한다.
③ 우회전하는 차량의 신호에 따라 정지하거나 진행하는 보행자 또는 자전거 등의 주의해야 한다.
④ 동승자가 하차할 때에는 정차한 것이므로 소화전 앞에 정차할 수 있다.
⑤ 시내도로에서는 야간이라도 주변이 밝기 때문에 전조등을 켤 필요는 없다.

404. 다음 상황에서 가장 잘못된 운전행동 2가지는?

도로상황
- 자전거 운전자
- 주차 중인 어린이통학버스

① 자전거 운전자는 자전거를 타고 횡단보도를 통행할 수 있다.
② 자전거 운전자는 자전거가 어린이라면 보도를 통행할 수 있다.
③ 자전거 운전자는 안전모를 착용해야 한다.
④ 자전거 운전자는 보도를 통행하는 때에는 차도 미닫이 미만을 지거나 이용하는 등 보행자의 안전에 주의해야 한다.
⑤ 어린이통학버스는 어린이의 승하차 편의를 위해 도로의 우측에 주차하거나 정차할 수 있다.

405. 다음 상황에서 가장 안전한 운전방법 2가지는?

도로상황
- 농어촌도로

① 농기계가 주행 중이 아니라면 특별히 주의할 것은 없다.
② 농어촌도로는 제한속도 규정이 없으므로 가속하여 운전한다.
③ 노면에 모래나 먼지가 많으므로 이를 주의하여 운전한다.

---

406. 다음 상황에서 교통안전시설과 이에 따른 행동으로 가장 올바른 2가지는?

[난이도 : 下]

도로상황
- 사거리 교차로 입구
- 자전거 신호등은 설치되어 있지 않음
- 횡단보도에서 자전거를 타고 진행하고 있는 상황

① 횡단보도 - 자전거에서 내려 일시정지하거나 감속하는 등 농기계와 안전거리를 확보한다.
② 자전거횡단도 - 자전거를 타고 있는 도로를 횡단할 때에는 자전거를 타고 자전거횡단도를 이용한다.
③ 보행신호등 - 녹색등화의 점멸 상태라면 보행자는 빠르게 시작하여야 한다.
④ 보행신호등 - 자전거 신호등이 설치되지 않은 경우 자전거도 보행자 신호등의 지시에 따른다.
⑤ 차량신호등 - 자전거 신호등이 설치되지 않은 경우 자전거도 차량신호등의 지시에 따른다.

① 2만원 범칙금, ② 10만원 범칙금, ③ 10만원 과태료, ④ 10만원 과태료, ⑤ 범칙금 4만원

407. 다음 상황에서 가장 안전한 운전방법 2가지는?

[난이도 : 中]

도로상황
- 농어촌도로
- 황색 자동차 주행 중

① 농어촌도로는 제한속도가 없으므로 가속하여 진행한다.
② 승용차와 농기계 사이에 진행공간이 있다 하더라도 경음기에 탑승하는 사람과 안전을 위해 일시정지 한다.
③ 농기계에 이르기 전부터 일시정지하거나 감속하는 등 농기계와 안전거리를 확보한다.
④ 농기계 운전자에게 방해가 되지 않도록 경음기는 작동하지 않는다.
⑤ 도로 좌측 길가장자리구역은 정차는 금지되므로 주차할 수 있다.

408. 다음 상황에서 가장 안전한 운전방법 2가지는?

도로상황
- 편도 2차로 도로
- 맞은편 진행하는 차량 없음

① 경운기를 앞지르기 위해 중앙선을 넘어 주행해도 된다.
② 경운기가 주차된 차량을 통과하며 안으로 진행하므로 수속을 유지해야 한다.
③ 경운기 운전자가 먼저 가라는 손짓을 하더라도 안전거리를 유지하며 안전하게 뒤따른다.
④ 경운기 운전자가 2차로로 차로변경을 하면 경우 중앙선을 넘어 앞지르기 한다.
⑤ 주차된 차량 앞으로 보행자가 나타날 예상하며 진행할 필요는 없다.

정답

402 ④,⑤ 403 ④,⑤ 404 ①,⑤ 405 ③,④ 406 ②,④ 407 ②,③ 408 ③,④

409

다음 상황에서 가장 안전한 운전방법 2가지는?

[도로상황]
- 편도 3차로 도로
- 신호기가 작동하지 않는 교차로
- 전방에서 진행하는 경운기

[난이도 : 中]

① 신호기가 작동하지 않기 때문에 교차로 진입과 동시에 진입한다.
② 우회전하는 경우 경운기 좌측으로 경운기를 앞지르기한다.
③ 경운기는 운행속도가 느리기 때문에 경운기 뒤를 우측으로 앞지른다.
④ 3차로에서 직진하는 차는 경운기의 진행상황을 주의하며 진행한다.
⑤ 경운기가 직진할 수 있으므로 미리 예상하여 2차로로 급히 차로를 변경한다.

410

다음 상황에서 가장 안전한 운전방법 2가지는?

[도로상황]
- 편도 4차로 도로
- 차량신호등 적색등화
- 차량 직좌신호 및 우회전, 2·3차로 직진, 4차로 우회전 차로

[난이도 : 中]

① 직진하려는 경우 전방 차량신호등이 적색등화이므로 정지선 직전에 정지한다.
② 차량신호등이 녹색등화로 바뀌면 일단 현재 진행하고 있다가 중분한 거리가 확보된 후 안전하게 차로변경한다.
③ 좌회전 차로로 진로를 변경하여 차량신호등이 녹색등화로 바뀌면 재빨리 맞은편 차로를 이용하여 진행한다.
④ 트랙터를 따라 후행하는 경우 트랙터를 무리하게 앞지르기할 수 있다.
⑤ 유턴하려는 경우 차량 신호등이 녹색으로 앞지르기가 가능하다.

411

다음 상황에서 가장 안전한 운전방법 2가지는?

[도로상황]
- 편도 1차로 도로
- 우측으로 노견 상태
- 우측 화물차량 정차 중
- 트랙터가 정차하여 우측 화물 자동차와 대화 중

① 트랙터가 정차하고 있으므로 좌측 차로 줄인 진행할 것을 예측한다.
② 맞은편 차량이 통과하면 바로 중앙선을 넘어 좌측으로 앞지르기한다.
③ 우측 화물차량이 정지 중 갑자기 출발할 수 있으므로 대비하여 운전한다.
④ 트랙터 우측에 공간이 있으면 그 공간을 이용하여 앞지른다.
⑤ 자동차에 비해 트랙터의 속도가 느리므로 안전한 차량 유지하며 진행한다.

412

다음 상황에서 가장 안전한 운전방법 2가지는?

[도로상황]
- 편도 1차로 도로
- 전방 우측 보행자용 의자차
- 전방 화물차 앞지르기 중

① 보행보조용 의자차는 보행자 간주되므로 주로 진행한다.
② 전방 화물차의 앞지르기가 완료되면 바로 뒤따라 앞지르기한다.
③ 전방 상황에 대한 확인이 불가하므로 화물차 뒤따르며 진행한다.

413

다음 상황에서 가장 안전한 운전방법 2가지는?

[도로상황]
- 중앙선 없는 우로 굽은 오르막 도로
- 적색 점멸등

[난이도 : 中]

① 도로 우측에 보행자가 있으므로 도로 중앙으로 통과한다.
② 주변을 살피기 어려운 곳은 도로반사경을 통해 교통상황을 확인한다.
③ 좌측 굽은길에 차량이 있을 수 있으므로 교차로 진입 전 안전속도로 줄이며 진행한다.
④ 우측 굽은 오르막 도로는 전방 상황 확인이 곤란하므로 경음기를 울리며 진행한다.
⑤ 맞은편에서 내려오는 차량이 없다면 우측도 가지 않고 진행한다.

414

다음 상황에서 가장 안전한 운전방법 2가지는?

[도로상황]
- 전방 "ㅏ"자 삼거리 교차로

① 삼색신호등이 있는 교차로에서는 유턴표지가 없어도 다른 차로에 방해가 되지 않는다면 유턴할 수 있다.
② 지그재그 차선에 백색실선은 진로변경제한선이므로 진로변경 안 된다.
③ 지그재그 중 우회전하는 차량이 인지를 낮추기 위해 서행한다.
④ 1차로 진행 중 우회전하고자 하는 경우 우측 주행 차량이 없다면 속도를 줄이며 3차로로 한 번에 진로변경한다.
⑤ 전방 삼색신호등이 적색등화로 바뀔 수 있으므로 누색등화라 하더라도 정지선 직전에 대기한다.

415

다음 상황에서 가장 안전한 운전방법 2가지는?

[도로상황]
- 전방 자전거신호등 황색점멸
- 우측 지하차도

① 우회전하려는 경우 도로가 한산하므로 직진자로에서 바로 우회전할 수 있다.
② 전방에 농기계가 진행하고 있으므로 경음기를 계속 울리며 통과한다.
③ 우측 지하차도에 진입하는 차량에 대한 확인이 어려우므로 차로에 진입한다.
④ 횡단보도에 보행자가 있는 도로이므로 우측에 주차된 차량의 안전을 확인한 후 진행한다.
⑤ 황단하려는 보행자가 있는 경우 임시정지를 하여 보행자의 안전을 확인한 후 진행한다.

정답
409 ①,④
410 ①,②
411 ③,⑤
412 ①,⑤
413 ②,③
414 ②,③
415 ③,⑤

416 다음 상황에서 가장 안전한 운전방법 2가지는?

[난이도 : 中]

도로상황
- 다리 위 편도 2차로 도로

① 앞지르기를 하려면 좌측 차로에서 진행하는 승용차가 지나간 후 안전하게 좌측 차로로 앞지르기한다.
② 다리 위 도로에서는 주차할 수 없다.
③ 2차로에서 1차로로 차로를 변경하여 진행할 수 있다.
④ 다리 위 도로에서는 앞지르기할 수 없다.
⑤ 전방 위 차량의 속도로 앞지르기할 수 있다.

417 다음 상황에서 가장 안전한 운전방법 2가지는?

[난이도 : 中]

도로상황
- 공사 중인 도로
- 맞은편에서 진행해오는 차량
- 길 우측에 주차시켜 놓은 공사 차량

① 도로 공사 중이므로 전방 상황을 잘 주시하며 운전한다.
② 노면에 고르지 않으므로 속도를 줄이고 빠르게 진행한다.
③ 맞은편에서 진행하는 차량이 있고 공사 차량에 서행한다.
④ 경음기를 계속 사용하여 우측의 주차되어 있는 공사 차량에 경고하고 속도를 높여 신속하게 진행한다.
⑤ 맞은편에서 진행하는 차량이 가까워질 때까지 속도를 유지하다가 급정지한다.

418 다음 상황에서 가장 안전한 운전방법 2가지는?

[난이도 : 中]

도로상황
- 회전교차로

① 회전교차로에서는 시계방향으로 통행하므로 안전하다.
② 회전교차로에 진입하려는 경우에는 진행하기에 앞서 일시정지하여야 한다.
③ 맞은편에서 진행하는 차로에 차량이 있고 사행한다.
④ 회전교차로 안에서 진행하고 있는 차는 회전교차로에 진입하려는 차에게 양보해야 한다.
⑤ 회전교차로에서 진행하는 차량이 우측에 있는 방향지시등을 점등하지 않고 그대로 진행해야 한다.

419 다음 상황에서 가장 안전한 운전방법 2가지는?

도로상황
- 회전교차로

① 회전교차로에 진입하려는 경우에는 그 회전교차로를 이용하는 다른 차가 있을 때에는 그 다른 차에게 진로를 양보해야 한다.
② 자동차 전용도로
③ 차속으로 진행하는 1차로의 화물차가 2차로로 차로 변경 중
④ 화물차가 2차로로 차로 변경 중
⑤ 2차로에서 진행

420 다음 상황에서 가장 안전한 운전방법 2가지는?

[난이도 : 中]

도로상황
- 자동차 전용도로
- 전방 화물차가 저속으로 진행
- 3차로에서 진행

① 경음기나 상향등을 연속적으로 사용하여 화물차의 차로변경을 유도한다.
② 화물차 뒤를 따라가다 안전한 곳에서 속도를 높여 진행한다.
③ 3차로로 진행하여 화물차 뒤쪽에 바싹 붙어 진행한다.
④ 3차로로 진행하여 후행차량에 관계없이 3차로로 급차로 변경하여 화물차를 바싹 붙어 진행한다.
⑤ 실내외 후사경을 통해 후방의 상황을 확인하고 주의하며 좌측으로 진로를 변경한다.

421 다음 상황에서 가장 안전한 운전방법 2가지는?

[난이도 : 中]

도로상황
- 자동차 전용도로
- 2차로에서 3차로로 차로변경 하려는 상황

① 전방 화물차가 앞지르기하려면 경음기를 연속적으로 사용하여 좌측으로 진로변경 한다.
② 4차로를 이용하여 안전하게 앞지르기 한다.
③ 전방 화물차에 최대한 가깝게 진행하여 앞지르기 한다.
④ 속도를 높여 안전지대를 밟고 미리 진입하여 3차로로 앞지르기 한다.
⑤ 차로변경 시 좌측차로에 진행하는 차량을 살피고 무리하게 앞지르기 시도하지 않는다.

422 다음 상황에서 가장 안전한 운전방법 2가지는?

[도로상황]
- 어린이 보호구역
- 2차로에서 3차로로 차로변경
- "T"자형 교차로(삼거리)

① 전방 차량신호등은 적색등화이나 우회전하려는 경우 일시정지 없이 진행 회전할 수 있다.
② 우측 보행신호가 녹색등화이고 브레이크가 횡단보도 중이므로 우회전 경우 일시정지 후 진행한다.
③ 차량신호가 적색등화로 바뀌어도 브레이크 전에 일시정지한다.
④ 우측 보행신호가 녹색등화에도 브레이크 제동한다.
⑤ 뒤늦게 횡단하는 보행자가 있을 수 있으므로 안전에 대비 주의하며 운전한다.

정답
416 ②,④   417 ①,③   418 ②,⑤   419 ②,⑤   420 ④,⑤   421 ①,④   422 ②,⑤

423 ③점

다음 상황에서 가장 안전한 운전방법 2가지는?

■ 도로상황
- 자동차 전용도로
- 전방 자전거로에서 3차로로 차로 변경하는 하는 화물차
- 2차로 진행 중

① 자로변경하려는 화물차를 피해 1차로로 진로변경한다.
② 화물차와의 충돌을 피하기 위해 후방 상황을 확인하고 감속하여 주행한다.
③ 전방에 짐을 싣는 터널 위의 교통상황을 확인할 수 있으므로 터널을 빠져나갈 때 가속하여 주행한다.
④ 터널 내에 진입하면 전조등을 점등한다.
⑤ 화물차가 3차로로 자로변경하여 앞 승용차와의 거리가 멀어지면 최대한 앞 승용차에 가깝게 붙어서 뒤따라간다.

424 ③점

다음 상황에서 가장 안전한 운전방법 2가지는?

[난이도 : 中]

■ 도로상황
- 비 오는 날 등굣길
- 중앙선이 없는 이면도로
- 교통안전 활동 중인 봉사자
- 신호기 없는 교차로

① 우산을 쓴 보행자가 있어 매우 주의하며 운전한다.
② 주의에 보행자가 많으므로 속도를 낮게 빼르게 통과한다.
③ 이면에 보행구역이 아닌 곳이라 하더라도 항상 보행자의 안전에 주의하여 진행한다.
④ 신호기가 없는 교차로이므로 좌우측 시야 확보가 불가한 상황이므로 주의하며 서행한다.
⑤ 주정차된 차량 사이로 보행자가 나타날 수 있으므로 경음기를 계속 울리며 경고하여 진행한다.

425 ③점

자전거를 운전 중이다. 가장 안전한 운전방법 2가지는?

■ 도로상황
- 자전거 운전 중

① 어린이 보호구역
② 좌측 도로 진입으로 및 우측 보호 길
③ 전방 신호기 없는 횡단보도

① 전방 보행자 안전에서 정지한다.
② 자전거가 우선권이 있어 경쟁을 놓아 앞지르기 한다.
③ 이면 보호자의 중요 보이므로 계속 주행한다.
④ 우측 보행자의 중요기능이 높이 있어 자전거를 끌고 간다.
⑤ 자전거의 경우 속도제한이 없어 위협 구간을 신속히 통과한다.

426 ③점

다음 상황에서 가장 안전한 운전방법 2가지는?

① 어린이 보호구역
② 좌측 도로 진입로 및 우측 보호 길
③ 전방 신호기 없는 횡단보도

427 ③점

다음 상황에서 가장 안전한 운전방법 2가지는?

[난이도 : 中]

■ 도로상황
- 편도 2차로 도로
- 우천시 노면이 젖어있음
- 2차로 소방차량 출동 중

① 긴급자동차가 접근하는 경우 일반 차로는 도로 좌측으로 피양하여 진로를 양보하여야 한다.
② 긴급자동차의 뒤를 따라 진행하면 매우 빨리 운행할 수 있으므로 속도를 더욱 높여 진행한다.
③ 우측의 자동차가 긴급자동차 진로로 바꿀 수 없도록 속도를 더욱 높여 진행한다.
④ 긴급자동차가 긴급한 용무를 마치고 가는 경우이므로 사이에 진행하는 자동차도 규정에 따르는 바 필요는 없다.
⑤ 긴급자동차 주행에 따라 양측 방향에서 오는 차를 발견하면 즉시 정지하여야 한다.

428 ③점

다음 상황에서 예측되는 가장 위험한 상황은?

[난이도 : 中]

※ 동영상 시청 : 스마트폰으로 앞 QR 코드로 검색하면 동영상 문제를 볼 수 있습니다. (카페의 동영상 문제 13번)

① 자로에서 주정차는 검은색 승용차가 자로변경 할 수 있다.
② 승객을 하차시킬 버스가 후진 할 수 있다.
③ 긴급자동차가 중앙하여 진행하는 앞차를 발견하면 즉시 정지하여야 한다.
④ 이면도로에서 우회전하는 승용차가 앞지르기 할 수 있다.

429 ⑤점

다음 영상에서 운전자가 운전 중 예측되는 위험한 상황으로 발생 가능성이 적은 것은?

[난이도 : 中]

※ 동영상 시청 : 스마트폰으로 앞 QR 코드로 검색하면 동영상 문제를 볼 수 있습니다. (카페의 동영상 문제 14번)

① 골목길 주정차 차량사이에 어린이가 뛰어 나올 수 있다.
② 파란색 승용차의 운전자가 자문을 열고 나올 수 있다.
③ 마주 오는 개인형 이동장치 운전자가 일시정지 할 수 있다.
④ 전방의 이륜차 운전자가 마주하는 승용차 운전자에게 안보하려 남아있을 수 있다.

430 ⑤점

다음 영상에서 예측되는 가장 위험한 상황은?

※ 동영상 시청 : 스마트폰으로 앞 QR 코드로 검색하면 동영상 문제를 볼 수 있습니다. (카페의 동영상 문제 15번)

① 전방의 화물차량이 속도를 높일 수 있다.
② 1차로와 3차로에서 주행하던 차량이 화물차량 앞으로 앞지르기 할 수 있어 화물차량이 2차로로 진로 변경할 수 있다.
③ 4차로의 차량이 진출램프로 진출하고자 5차로로 차로 변경할 수 있다.
④ 3차로로 주행하던 승용차가 4차로로 차로 변경할 수 있다.

정답

423 ②,④ 424 ①,③ 425 ①,④ 426 ②,④ 427 ①,④ 428 ④ 429 ③ 430 ②

① 보행자가 없더라도 경음기를 계속 울리며 진행한다.
② 우측 주차된 화물차량 뒤로 공무원이 있어 보행자나 자전거가 설치될 위기

431
운전자의 행위 중 도로교통법 위반은?

※ 동영상 시청 : 스마트폰으로 옆 QR 코드로 검색하면 동영상 문제를 볼 수 있습니다. (카페의 동영상 문제 16번)

① 횡단보도를 예고 노면표시를 확인하고 서행했다.
② 횡단보도를 횡단하려는 보행자가 보여 정지했다.
③ 우회전자전거에서 방향지시등을 켰다.
④ 우회전 전 동시에 안쪽 직진차로로 신속하게 진입했다.

[난이도 : 中]

432
운전자의 행위 중 도로교통법 위반은?

※ 동영상 시청 : 스마트폰으로 옆 QR 코드로 검색하면 동영상 문제를 볼 수 있습니다. (카페의 동영상 문제 17번)

① 도로구간의 제한최고속도로 준수하였다.
② 진로변경이 가능한 장소에서 안전하게 진로변경하였다.
③ 횡단보도를 통행하는 보행자를 보호하기 위해 일시정지하였다.
④ 횡단보도 신호등이 적색등화로 변경되어 교차로 직전 정지선으로 이동하여 정지하였다.

[난이도 : 中]

433
운전자의 행위 중 도로교통법 위반은?

※ 동영상 시청 : 스마트폰으로 옆 QR 코드로 검색하면 동영상 문제를 볼 수 있습니다. (카페의 동영상 문제 18번)

434
다음 중 도로교통법을 준수한 차로 짝지어진 것은?

※ 동영상 시청 : 스마트폰으로 옆 QR 코드로 검색하면 동영상 문제를 볼 수 있습니다. (카페의 동영상 문제 19번)

① 검은색 이륜차, 흰색 승용차
② 주인용 차, 흰색 승용차
③ 검은색 이륜차, 검은색 승용차
④ 주인용 차, 검은색 이륜차

435
영상에서 확인되는 주인용 운전자의 도로교통법 위반으로 바르게 짝지어진 것은?

※ 동영상 시청 : 스마트폰으로 옆 QR 코드로 검색하면 동영상 문제를 볼 수 있습니다. (카페의 동영상 문제 20번)

① 보행자보호의무위반, 신호 위반, 지정차로 지역위반
② 주정차금지위반, 신호 위반, 지정차로 위반
③ 진로변경금지장소 위반, 안전거리 방향위반, 보행자보호의무위반
④ 진로변경금지장소 위반, 주정차금지 지역위반, 신호 위반

436
주차지역을 통행중이다. 운전 중 주의해야 할 대상 및 장소와 가장 거리가 먼 것은?

※ 동영상 시청 : 스마트폰으로 옆 QR 코드로 검색하면 동영상 문제를 볼 수 있습니다. (카페의 동영상 문제 21번)

① 반대편으로 주차되는 자동차
② 반대편에서 통행하는 자동차
③ 신호등 없는 횡단보도
④ 안쪽 보도에서 통행하는 보행자

[난이도 : 中]

437
다음 영상에서 가장 올바른 운전행동으로 맞는 것은?

※ 동영상 시청 : 스마트폰으로 옆 QR 코드로 검색하면 동영상 문제를 볼 수 있습니다. (카페의 동영상 문제 22번)

① 1차로로 주행하는 승용차 운전자는 직진할 수 있다.
② 2차로로 주행 중인 화물차 운전자는 좌회전할 수 있다.
③ 3차로 승용차 운전자는 우회전 시 일시정지하고 우측 후사경을 보면서 위험에 대비해야 한다.
④ 3차로 승용차 운전자는 보행자가 횡단보도를 건너 올 수 있을 때에도 우회전 할 수 있다.

[난이도 : 中]

438
영상에서 확인되는 교통사고의 예방하는 방법과 거리가 먼 것은?

※ 동영상 시청 : 스마트폰으로 옆 QR 코드로 검색하면 동영상 문제를 볼 수 있습니다. (카페의 동영상 문제 23번)

① 미리 속도를 줄이고 위험에 대비한다.
② 오르막에서 진입하려는 자동차에게 양보하여 한다.
③ 앞쪽에서 진행하는 자동차는 오른쪽으로 주행해야 한다.
④ 노면에 얼음이 있으므로 브레이크 페달을 강하게 밟는다.
⑤ 눈이 내리는 경우 타이어에 스노우 체인을 장착하여 운전하는 것이 바람직하다.

[난이도 : 中]

439
교차로에 접근하여 통과중이다. 도로교통법상 위반으로 맞는 것은?

※ 동영상 시청 : 스마트폰으로 옆 QR 코드로 검색하면 동영상 문제를 볼 수 있습니다. (카페의 동영상 문제 24번)

① 진출 시 방향지시기 켰다.
② 진출 시 교차로에서 켰다.
③ 진출 시 교차로 내에서 진로변경 했다.
④ 진출 시 교차로 내에서 진로변경이 안쪽 차로로 그대로 진출했다.

440
교차로에 직진전용으로 진입하여 통행하려 한다. 확인되는 상황으로 맞은 설명은?

※ 동영상 시청 : 스마트폰으로 옆 QR 코드로 검색하면 동영상 문제를 볼 수 있습니다. (카페의 동영상 문제 25번)

① 주인용 운전자는 교차로에 신호에 따라 좌회전하였다.
② 주인용 운전자가 시행하여 다른 운전자가 앞지르기를 이용하였다.
③ 앞지르기를 한 운전자가 시행하여 교차로 진입 시 우선순위를 이행하였다.
④ 앞지르기한 운전자는 신호등의 적색전멸등에 진입하였다.

---

431 ④ 432 ④ 433 ④ 434 ③ 435 ④ 436 ④ 437 ③ 438 ③ 439 ② 440 ①

441 안개과 같은 하이패스로 통행에 대한 설명이다. 잘못된 것은?

※ 동영상 시청 : 스마트폰으로 옆 QR 코드로 검색하면 동영상 문제를 볼 수 있습니다. (카페의 동영상 문제 26번)

① 단차로 하이패스이므로 시속 30킬로미터 이하로 서행하여서 통과하여야 한다.
② 통행료를 납부하지 아니하고 고속도로를 통행한 경우에는 통행한 날부터 15일 이내에 해당 요금을 부과할 수 있다.
③ 하이패스카드 잔액이 부족한 경우에는 한국도로공사의 홈페이지에서 납부할 수 있다.
④ 하이패스차로를 이용하는 군작전용차량은 통행료의 100%를 감면받는다.

442 다음 중 이면도로에서 위험을 예측할 때 가장 주의하여야 하는 것은?

※ 동영상 시청 : 스마트폰으로 옆 QR 코드로 검색하면 동영상 문제를 볼 수 있습니다. (카페의 동영상 문제 27번)

[난이도 : 中]

① 정체 중인 차 사이에서 뛰어나올 수 있는 어린이
② 실내 후사경 속 청색 화물차의 좌회전
③ 오른쪽 자전거 운전자의 우회전
④ 전방 승용차의 급제동

443 편도1차로를 통행중이다. 위험한 상황으로 맞는 것은?

※ 동영상 시청 : 스마트폰으로 옆 QR 코드로 검색하면 동영상 문제를 볼 수 있습니다. (카페의 동영상 문제 28번)

① 앞쪽 농기계와 안전거리를 유지하지 않기 때문에 뒤따르는 자동차의 앞지르기를 유발했다.
② 급감속하여 서행했기 때문에 뒤따르고 있는 자동차의 앞지르기를 유발했다.
③ 지방도로에서는 통행하거나 횡단하는 농기계에 의한 앞지르기 지연이 될 수 있다.
④ 뒤따르는 자동차의 안전한 앞지르기를 방해하였었다.

444 다음 읍성에서 우회전하고자 경운기를 앞지르기 하는 상황에서 예측되는 가장 위험한 상황은?

※ 동영상 시청 : 스마트폰으로 옆 QR 코드로 검색하면 동영상 문제를 볼 수 있습니다. (카페의 동영상 문제 29번)

① 우측도로의 회물차가 교차로를 통과하기 위하여 속도를 낮출 수 있다.
② 좌측도로의 빨간색 승용차가 우회전을 하기 위하여 속도를 낮출 수 있다.
③ 경운기가 우회전 하는 도중 우측도로의 하얀색 승용차가 회물차를 교차로에서 앞지르기 할 수 있다.
④ 경운기가 우회전하기 위하여 정지선에 일시정지 할 수 있다.

445 고속도로에서 전방전하고 한다. 올바른 방법으로 가장 적절한 것은?

※ 동영상 시청 : 스마트폰으로 옆 QR 코드로 검색하면 동영상 문제를 볼 수 있습니다. (카페의 동영상 문제 30번)

① 신속한 진출을 위해서 연속으로 차로를 횡단한다.
② 급감속으로 신속히 차로를 변경한다.
③ 감속차로에서부터 서서히 감속하여 진출로를 통해 빠져나간다.
④ 진출로를 지나친 경우 즉시 차를 세우고 후진으로 진출로를 통과한다.

---

446 안개에서 확인된 위험한 요소 및 상황으로 볼 수 없는 것은?

※ 동영상 시청 : 스마트폰으로 옆 QR 코드로 검색하면 동영상 문제를 볼 수 있습니다. (카페의 동영상 문제 31번)

[난이도 : 上]

① 터널 진입 시 진 보이지 않는 상황
② 터널 안 갓길에 정차되어 있는 청색 화물차
③ 터널 의출구 모르 교행하지 않은 상임 불빛이
④ 터널 통행 시 앞지르기 위반 차량

447 동영상에서 확인되는 운전자의 준법운전을 설명한 것으로 맞는 것은?

※ 동영상 시청 : 스마트폰으로 옆 QR 코드로 검색하면 동영상 문제를 볼 수 있습니다. (카페의 동영상 문제 32번)

① 전조등을 작동하고 있다.
② 안전한 앞지르기를 하고 있다.
③ 이상기후 감속운전 기준을 준수하고 있다.
④ 옆쪽 보행자에 불이 닿지 않도록 서행하고 있다.

448 야간에 커브 길을 주행할 때 운전자의 눈이 부실 수 있다. 어떻게 해야 하나?

※ 동영상 시청 : 스마트폰으로 옆 QR 코드로 검색하면 동영상 문제를 볼 수 있습니다. (카페의 동영상 문제 33번)

① 도로의 우측가장자리를 본다.
② 불빛을 벗어나기 위해 가속한다.
③ 감속하여 속도를 줄인다.
④ 도로의 좌측가장자리를 본다.

449 다음 중 신호등이 없는 횡단보도로 횡단하는 보행자를 보호하기 위해 도로교통법규를 준수하는 차는?

※ 동영상 시청 : 스마트폰으로 옆 QR 코드로 검색하면 동영상 문제를 볼 수 있습니다. (카페의 동영상 문제 34번)

[난이도 : 中]

① 현색 승용차
② 한색 회물차
③ 검정 승용차
④ 적색 승용차

450 동영상에서 확인되는 도로교통법 위반으로 맞는 것은?

※ 동영상 시청 : 스마트폰으로 옆 QR 코드로 검색하면 동영상 문제를 볼 수 있습니다. (카페의 동영상 문제 35번)

① 보행자보호의무 위반, 신호 및 지시 위반, 중앙선 침범
② 보행자보호의무 위반, 신호 및 지시 위반, 속도위반
③ 신호 및 지시 위반, 어린이통학버스 특별보호의무 위반, 속도위반
④ 신호 및 지시 위반, 어린이통학버스 특별보호의무 위반, 보행자보호의무 위반

정답

441 ② 442 ① 443 ③ 444 ③ 445 ③ 446 ④ 447 ① 448 ① 449 ① 450 ②